Elektronikreparaturen

Gerd Weichhaus

ELEKTRONIKREPARATUREN

Impressum

Bibliografische Information der Deutschen Nationalbibliothek:
Die Deutsche Nationalbibliothek verzeichnet diese Publikation in der Deutschen Nationalbibliografie; detaillierte bibliografische Daten sind im Internet über http://dnb.dnb.de abrufbar.

Veröffentlicht über:

Bookmundo, Delftsestraat 33, 3013AE Rotterdam, Niederlande

Gedruckt in Deutschland

ISBN: 9789403761756

Vorwort

Am Samstagabend, mitten in der Musikshow ist es auf einmal soweit:

Statt Vergnügen und schönen Erinnerungen ist es von einem Moment auf den anderen zappenduster. Der Ton spielt fröhlich vor sich hin, aber das Bild ist weg.

Etwas irritiert sehe ich mich um und glaube für einen Moment, dass ich im falschen Film bin. Was ist denn nun los? Fakt: Der Fernseher hat soeben seinen Geist aufgegeben. Zumindest teilweise. Bild weg, Ton (noch) da. Was soll das denn auf einmal, denke ich mir. Und so wie mir ist es wahrscheinlich schon vielen Menschen gegangen. Das Bild ist von einem Moment auf den anderen weg, oft Gleiches beim Ton, also alles zappenduster. Und dabei ist der Fernseher gerade mal knapp zweieinhalb Jahre alt.

Und dabei hatte ich erst neulich Pech beim Kaffeekochen. Ich kippe Wasser in den Behälter der Maschine, gebe einen Filter und Kaffeepulver in den Filterbehälter und schalte das Gerät ein. Wie gewohnt mache ich dann meinen Gang ins Bad und freue mich schon auf die erste Tasse Kaffee an diesem Tag. Doch Pustekuchen. Statt heißem Kaffee erwartet mich eine Kaffeemaschine mit still vor sich hinleuchtender Einschaltkontrollleuchte, deren Platte aber kalt geblieben ist. Das Wasser ist nach wie vor im Behälter, das Kaffeepulver trocken im Filter. Das ist doch genau der richtige Start in den Tag.

Bestimmt kennen Sie solche oder ähnliche Situationen. Völlig unerwartet trifft es Sie:

Eines Ihrer elektrischen Geräte gibt den Geist auf. Der MP3-Player beschallt auf einmal nur noch ein Ohr. Oder auf dem Handy sehen Sie nach dem letzten Sturz plötzlich die berüchtigte Spider-App (gebrochenes Display). Was machen Sie nun? Das Gerät in eine Werkstatt geben?

Sofort stellt sich die Frage:

Lohnt sich das überhaupt noch? Bei einer Kaffeemaschine meist ohnehin nicht. Das sind doch heute Wegwerfartikel. Aber auch bei vielen anderen Geräten ist es nicht anders. Haben Sie schon einmal Ihren defekten Fernseher zur Reparatur gegeben? Ich meine in den letzten paar Jahren und nicht in den siebziger und achtziger Jahren des vergangenen Jahrhunderts. Wenn ja, kennen Sie wahrscheinlich die Sätze, die in solchen Fällen meist fällig sind:

„Das lohnt sich doch überhaupt nicht, kaufen Sie sich besser gleich einen neuen Fernseher!“ (Oder was auch immer für ein Gerät Sie in die Reparatur geben wollten.)

„Dafür gibt es doch gar keine Ersatzteile mehr, und wenn doch, kosten die mehr als der komplette Fernseher noch wert ist.“

Oder wie wäre es hiermit:

„Eine Kaffeemaschine reparieren? Wer macht denn so was heute noch?“

Vielleicht kennen Sie solche oder ähnliche Aussagen schon zur Genüge.

Doch was sagen diese eigentlich aus?

Lohnt es sich denn heute überhaupt nicht mehr, etwas zu reparieren? Außer vielleicht, es handelt sich um ein Auto oder um eine defekte Installation im Haus. Sind alle Elektrogeräte heute abgesehen von ein paar besonders teuren und hochwertigen Geräten inzwischen Wegwerfartikel geworden? Und stimmt es wirklich, dass es für ein defektes Gerät wie einen Fernseher oder einem Hi-Fi-Gerät kaum noch bezahlbare Ersatzteile gibt oder sind das alles nur Ausreden, um neue Geräte zu verkaufen?

Oder handelt es sich schlichtweg um das, was man heute als geplante Obsoleszenz bezeichnet? Schließlich liest man davon in zahlreichen Veröffentlichungen, ob online oder offline. Die Foren sind voll von interessierten Menschen, die ihre alten Geräte weiterhin reparieren und nutzen wollen. Und das gilt nicht nur für historische oder besonders hochwertige elektronische Geräte. Auch bei den Alltagsgeräten herrscht ein großes Interesse an Reparaturen.

Vielleicht haben Sie auch schon einmal daran gedacht, die Sache selbst in die Hand zu nehmen und sich an eine Reparatur zu wagen? Doch was braucht man dafür eigentlich? Ist es nicht besser, man lässt die Finger von solchen Dingen? Oder sollte man sich der geplanten Obsoleszenz besser entgegenstellen und so dazu beizutragen, wertvolle Ressourcen zu schonen, um noch reparable Geräte instand zu setzen und weiterhin nutzen zu können und somit etwas für die Nachhaltigkeit tun?

Wenn Sie auch der Meinung sind, dass das Reparieren auch heute noch seinen festen Platz haben sollte und die Sache wirklich in die Hand nehmen wollen, dann möchte Ihnen dieses Buch dabei helfen. Helfen Sie mit, die Wegwerfmentalität in der heutigen Gesellschaft zu stoppen und mit etwas unkonventionellen Methoden halbwegs modernen Geräten ein verlängertes Leben zu geben. Aber wenn Sie das tun möchten, dann mit Informationen, die Ihnen beim Start helfen und vor allem zu Ihrer Sicherheit beitragen sollen.

An den Messgeräten oder Werkzeugen braucht es nicht zu scheitern. Viele ehemals teure oder für Privatpersonen fast unerschwingliche Dinge können Sie heute problemlos kaufen und mit etwas Einarbeitung nutzen. Interesse daran sollte natürlich vorhanden sein. Aber davon gehe ich aus, sonst würden Sie wahrscheinlich dieses Buch nicht lesen wollen.

Es ist für Sie geschrieben, wenn Sie kein gelernter Elektroniker oder Elektrotechniker, aber an der Technik interessiert sind. Eine komplette Anleitung für die Fehlersuche in elektronischen Geräten oder Schaltungen kann ich Ihnen natürlich nicht in die Hand geben. Dafür ist die Materie viel zu komplex und zu vielseitig. Genauso, wie es auch die Elektronik heute ist.

Ohne Zweifel werden Sie noch zusätzliche Literatur benötigen, um weitere Erklärungen zu erhalten und die Ihnen entsprechendes Grundwissen zu vermitteln imstande ist.

Hier in diesem Buch geht es vor allem um den Aufbau einiger ausgewählter Geräte und um die grundsätzliche Vorgehensweise bei der Fehlersuche und Reparatur. Und dabei möchte ich Ihnen schon jetzt viel Erfolg wünschen.

Hinweise zu diesem Buch

Hier sind noch einige wenige Hinweise, bevor es schließlich losgeht. Der Wichtigste zuerst:

Denken Sie immer zuerst an Ihre eigene Sicherheit.

Das gilt insbesondere bei der Reparatur elektronischer Geräte. Solange Sie es mit Geräten zu tun haben, die mit nur geringen Spannungen arbeiten (wie batteriebetriebene Geräte), scheint zunächst keine besondere Gefahr zu bestehen.

Aber das kann täuschen.

Auch Geräte mit Akkus oder Batterien können Gefahren durch hohe Spannungen verursachen, etwa in Form von Elektroblitzgeräten in Kameras, die mit Elektrolytkondensatoren bestückt sind, die sehr hohe Spannungen von mehren hundert Volt speichern können. Und das auch lange Zeit, nachdem sie das letzte Mal benutzt wurden. Außerdem können Akkus starke Ströme liefern, Leitungen und Bauteile stark erhitzen und dadurch Brände auslösen.

Deshalb der Hinweis:

Gehen Sie auch bei der Reparatur solcher Geräte immer vorsichtig und sorgfältig vor. Holen Sie sich gegebenenfalls Hilfe, wenn Sie unsicher sind. Gefahren gehen auch von alten Geräten der Unterhaltungselektronik aus, zum Beispiel alten Radios, Tonbandgeräten oder Verstärkern mit eingebauten Elektronenröhren. Spätestens dann haben Sie es mit höheren Spannungen zu tun, die auch lebensgefährlich sind. Denken Sie immer an den Hinweis, der auf der Rückwand steht:

Vor dem Öffnen den Netzstecker ziehen!

Hinzu kommt noch, dass die alten elektronischen Geräte meistens nicht die Sicherheitsstandards aufweisen, welche man heute kennt. So besitzen viele alte Röhrenradios keinen Netztransformator, der die wichtige Netztrennung herstellt. Oder sie haben einen sogenannten Spartransformator verbaut. Was das ist, können Sie in diesem Buch lesen. Es kann durchaus sein, dass am Chassis eines alten Röhrengerätes - je nach Polarität des Netzsteckers - die volle Netzspannung anliegt, eine Berührung ist demnach lebensgefährlich.

Sollten Sie später einmal beabsichtigen, auch solche alten Geräte zu reparieren und möglicherweise im geöffneten Zustand in Betrieb zu nehmen, denken Sie unbedingt immer zuerst an die eigene Sicherheit.

Es kann vonseiten des Autors oder Verlages keinerlei Haftung für Schäden an Personen, Geräten oder sonstigen Dingen übernommen werden.

Setzen Sie sich unbedingt mit den entsprechenden Sicherheitsmaßnahmen oder Sicherheitsvorschriften auseinander, bevor Sie sich mit der Reparatur und dem Betrieb von elektrischen oder elektronischen Geräten beschäftigen.

Noch einige notwendige Hinweise:

Das vorliegende Buch wurde mit großer Sorgfalt geschrieben, die darin enthaltenen Informationen wurden nach bestem Wissen und Gewissen erarbeitet und, soweit möglich, in praktischen Versuchen überprüft.

Dennoch übernimmt der Autor für die Richtigkeit sämtlicher Angaben oder Hinweise keine Haftung, ebenso wenig für eventuelle Druckfehler.

Inhalt

Einleitung

Früher war doch alles besser, oder?

War ein Gerät kaputt, wurde es einfach repariert und konnte danach wieder viele weitere Jahre seinen Dienst versehen. Das galt für den Fernseher ebenso wie für den Toaster, den Staubsauger oder viele andere Haushaltsgeräte, die heute ohne große Reparaturversuche kurzerhand auf dem Müll (oder besser gesagt: auf dem Wertstoffhof) landen.

Reparieren ist heute oft teurer als ein Neukauf. Das ist das Argument, dass viele Anfragen heute hervorbringen, wenn Interesse an einer Reparatur eines Gerätes besteht. Andere Aussagen lauten, dass die Ersatzteile nicht verfügbar seien, die Fehlersuche viel zu aufwendig wäre oder dass ein neues Gerät ohnehin die bessere Entscheidung für die Zukunft wäre.

Das kann zum Beispiel das Smartphone sein, das mit neueren Apps nicht mehr zurechtkommt oder der Fernseher, dessen Internetfunktionen meist nach wenigen Jahren schon nicht mehr vernünftig genutzt werden können.

Die Software ist dann schon veraltet oder die Hardware nicht mehr leistungsfähig genug, um neue Funktionen nutzen zu können, zumindest mit einer annehmbaren Arbeitsgeschwindigkeit und Nutzbarkeit. Denn die meisten Fernseher sind heute schon Computer und mit umfangreicher Software versehen.

Aber wie sieht es dann mit der Nachhaltigkeit aus?

Ist die Reparatur elektronischer Geräte heute ein irrationales Unterfangen geworden? Ist der Neukauf wirklich immer besser als eine Reparatur?

Jedes Jahr sammelt sich allein in Europa ein riesiger Berg an Elektroschrott an. Das Smartphone, die elektrische Zahnbürste, der Computer oder der alte Laptop, der noch mit Windows 7 oder Windows 8 läuft (gilt ab 2025 auch für Windows 10):

Geräte, die kaputt oder einfach veraltet sind, wandern sofort in den Müll oder in die Entsorgung. Manchmal landen sie sogar in der Natur, wo sie ganz sicher nicht hingehören.

Seit kurzer Zeit gibt es sogar ein Recht auf Reparatur. In der Praxis sieht das allerdings noch anders aus. In der heutigen Zeit wird deutlich mehr weggeworfen als repariert.

Aber das war nicht immer so. Bis vor wenigen Jahrzehnten waren Reparaturen ein bedeutender Wirtschaftsfaktor. Viele Betriebe sind daraus entstanden. Allein mit der Reparatur von Elektrogeräten oder Geräten der Unterhaltungselektronik wurden noch bis vor wenigen Jahrzehnten große Umsätze gemacht. Weniger Geräte landeten auf dem Müll, die Nachhaltigkeit war in einigen Bereichen noch eher gegeben als heutzutage.

Was die Gesellschaft heute für ganz normal hält, ist eigentlich völlig irrational. Gerade in einer Zeit, in der überall von Nachhaltigkeit gesprochen wird, sieht die Praxis oft ganz anders aus. Was nicht mehr funktioniert, wird sofort weggeworfen. Es besteht schon seit einiger Zeit sogar der Verdacht auf die hier bereits angesprochene geplante Obsoleszenz.

Entweder werden in die Geräte mit Absicht elektronische Bauteile eingebaut, die nach einer gewissen Zeit kaputtgehen müssen. Oder die in immer mehr Geräten vorhandene Software sorgt dafür, dass die Elektronik innerhalb kürzester Zeit bereits veraltet ist, da ein Softwareupdate nicht mehr auf vermeintlich veralteter Hardware läuft.

Immer mehr wird die Umwelt mit elektronischem Schrott geflutet, die Verbraucher werden dazu angehalten, sich alle paar Jahre einen neuen Fernseher, ein neues Smartphone oder einen neuen Computer zu kaufen. Und das funktioniert anscheinend auch. Zumindest funktioniert das bei den Menschen, die diesen Wahnsinn mitmachen und nach wie vor auf Reparaturen verzichten, die früher ganz normal waren.

Dieses Buch möchte sich an die Menschen richten, die Interesse an Reparaturen haben und sich für die Technik interessieren.

Wohlgemerkt: Es richtet sich nicht an Menschen, die Elektrotechnik studiert haben oder bereits Fachkraft auf ihrem Gebiet sind. Es richtet sich an Quereinsteiger, die sich mit der Reparatur auseinandersetzen möchten und motiviert sind, ihr Wissen zu vertiefen.

Wenn bereits Grundkenntnisse der Elektronik/Elektrotechnik vorhanden sind, ist das aber sehr hilfreich. Wenn nicht, gibt es heute mehr Möglichkeiten als jemals zuvor, um sich mit den fehlenden Infos oder geeigneter Literatur auszustatten, um die Wissenslücken zu füllen. Natürlich kann an dieser Stelle keine Anleitung zur Fehlersuche für alle möglichen Geräte gegeben werden. Das würde auch den Rahmen dieses Buches sprengen. Aber Sie sollten doch am Ende wissen, wie das grundsätzliche Vorgehen bei einer Reparatur aussieht und welche Strategie dahinter steckt.

Es geht hier um das Entdecken und um die Freude an der Technik und der Reparatur elektrischer Geräte.

Natürlich benötigen Sie nach und nach noch weiteres Wissen. Dazu gibt es zahlreiche Möglichkeiten. Im Internet finden Sie zu allen möglichen Themen Informationen. In den Foren und auf diversen Webseiten können Sie sich heutzutage fast alles an Wissen aneignen, was Sie benötigen.

Allerdings ist das Zusammentragen solcher Informationen alles andere als einfach.

Dieses Buch möchte Ihnen als Ratgeber dienen und Ihnen helfen, sich innerhalb bestimmter elektronischer Geräte zunächst einmal zurechtzufinden und sich einen Überblick zu verschaffen.

Es richtet sich an den Hobbybastler und interessierte Quereinsteiger und an alle, die Spaß an der Reparatur von Geräten haben und sich freuen, wenn am Ende das wieder funktioniert, was eigentlich schon für den Müll bestimmt war.

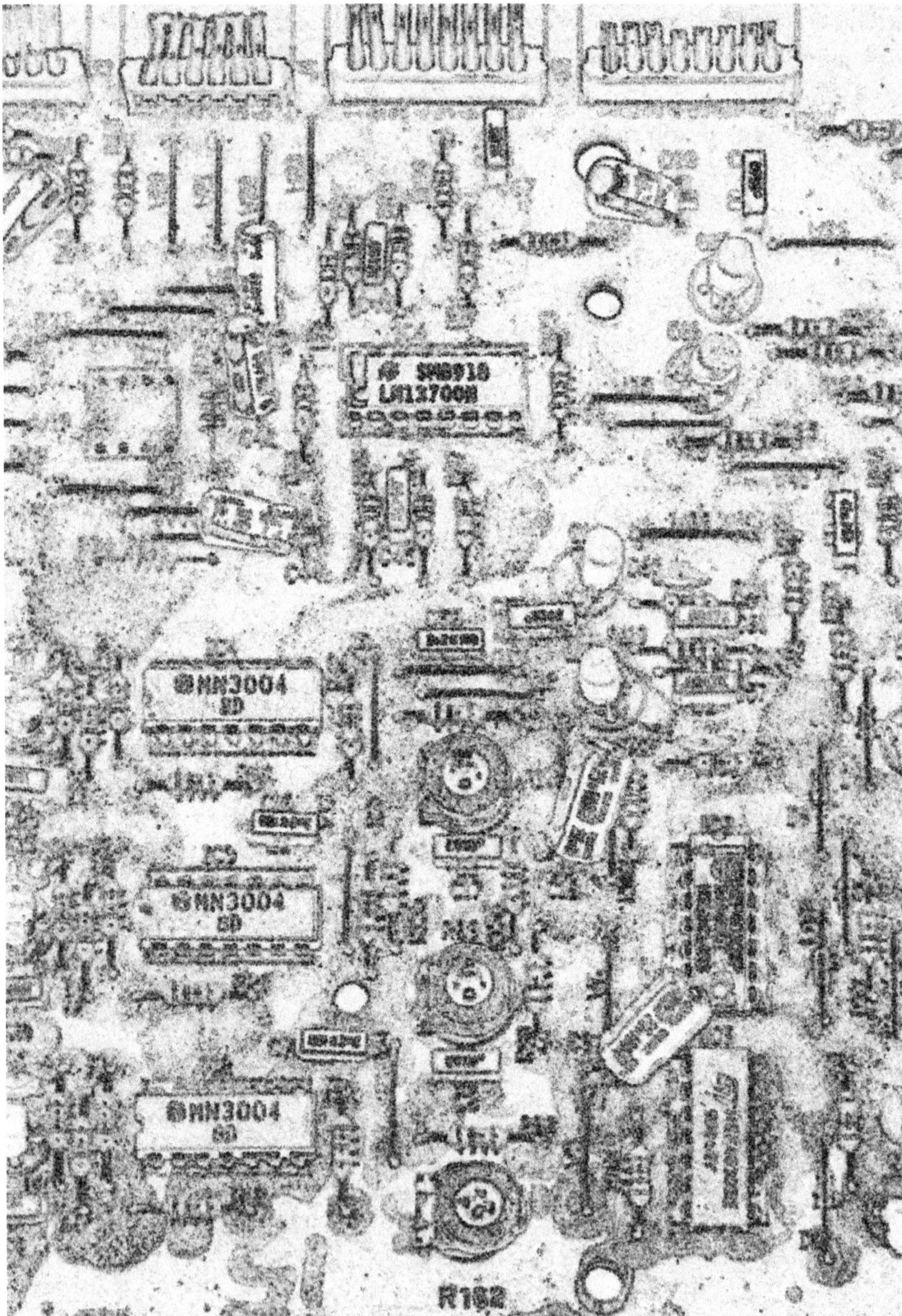
LM13700N
MN3004
MN3004
MN3004

Kapitel 1: Elektronik heute noch reparieren?

Vielleicht können Sie sich noch an die guten alten Zeiten erinnern, als Fernseher noch mit Elektronenröhren bestückt waren, die man bei einem Defekt einfach durch neue ersetzen konnte. Und auch später, als die Farbfernseher längst Einzug in die Wohnzimmer gehalten hatten und die Elektronik sich immer mehr modernisierte, waren Reparaturen noch etwas ganz Normales und gehörten zum täglichen Geschäft vieler Fachbetriebe.

Die Modultechnik machte es möglich, defekte Komponenten in den Geräten ganz einfach auszutauschen, wenn etwas mal nicht so funktionierte wie vorgesehen. Und wenn es einen Fehler gab, der nicht sofort durch den Austausch eines Steckmoduls oder einer Röhre zu finden und zu beheben war, ging es an die Fehlersuche.

Und wie sieht das heute aus?

Haben Sie schon einmal in einem Fachbetrieb für Elektroartikel nachgefragt, ob Ihr defekter Fernseher noch repariert werden kann? Oder ihr Toaster? Oder Ihr Kaffeevollautomat? Vielleicht haben Sie auch schon einmal nach einer Reparatur eines Telefons oder eines anderen elektronischen Gerätes gefragt und die Antwort erhalten, dass sich das überhaupt nicht mehr lohnen würde.

Und warum lohnt es sich nicht mehr, zumindest nach den Aussagen vieler Fachbetriebe?

Wegen des enormen Zeitaufwandes, den eine Fehlersuche häufig mit sich bringt.

Was sagt uns das?

Den Profis geht es bei der Reparatur nicht besser als vielen Menschen, die sich mit dieser Thematik erst seit kurzer Zeit beschäftigen.

Fehler in solchen Geräten lassen sich nicht immer so klar eingrenzen und deutlich bestimmten Bauteilen und Defekten daran zuordnen, wie man sich das wünscht.

Und all das kostet eines: wertvolle Zeit und damit Stundenlöhne.

Eines kommt noch hinzu:

So manche Fehlersuche ist auch schon erfolglos geblieben.

Wem wollen Sie es also übel nehmen, dass bei den heutigen Lohnkosten keiner mehr so wirklich an solche Reparaturen herangehen möchte, die viele Stunden dauern, die so viel kosten, dass sehr schnell der Restwert eines gebrauchten Elektrogerätes überschritten wird?

Und da sind wir auch schon beim Thema. Für die meisten Fachbetriebe lohnt sich die Reparatur alleine aus diesen wirtschaftlichen Gesichtspunkten nicht mehr.

Oder wären Sie bereit, für einen Fernseher mehrere hundert Euro an Reparaturkosten plus Kosten für die Ersatzteile zu tragen, der vielleicht noch einen Restwert von 120 Euro hat?

Wenn Sie sich selbst mit der Reparatur elektronische Geräte beschäftigen möchten, spielt das alles keine Rolle. Es geht hier nicht um die Wirtschaftlichkeit, sondern um andere Dinge wie die Nachhaltigkeit oder einfach den Spaß an der Sache. Wenn Sie diese Einstellung haben, sind Sie schon mal soweit richtig.

Aber behalten Sie immer im Hinterkopf, dass sich ein Erfolg niemals garantieren lässt. In dem einen oder anderen Fall müssen Sie sich möglicherweise geschlagen geben und das Gerät am Ende (und nach einer stundenlangen Fehlersuche) doch aufgeben.

Es dient dann bestenfalls noch als Ersatzteilträger.

Und glauben Sie mir: Das passiert keineswegs nur dem Anfänger, sondern jedem noch so engagierten Elektroniker, vom Anfänger bis hin zum Profi.

Im Laufe der Zeit entwickeln Sie aber ein Gefühl dafür, wann sich eine Reparatur lohnen könnte und ab welchem Punkt es keinen wirklichen Sinn mehr macht, die Fehlersuche weiter voranzutreiben. Das hängt aber nicht nur von den eigenen Erfahrungen ab, sondern auch von den Möglichkeiten, welche Sie hinsichtlich Ihrer Werkzeuge und Messtechnik haben. Auch wenn Sie wirtschaftlich nicht darauf angewiesen sind, sollten Sie immer den Aufwand in einem Verhältnis zum Wert des Gerätes für Sie persönlich sehen. Oder schlichtweg den Restwert des Gerätes, wenn Sie eine Reparatur in Erwägung ziehen.

Halten Sie sich zu lange mit einem sinnlosen Unterfangen auf, verderben Sie sich nur den Spaß an der Reparatur und an der Erhaltung defekter Geräte. Und das ist sicherlich nicht Sinn der Sache. Doch nun gehen wir direkt zum eigentlichen Thema dieses Buches über, nämlich den Dingen, die Sie am Anfang benötigen. Denn schließlich geht ohne Werkzeuge und diverse andere Hilfsmittel gar nichts.

Kapitel 2: Was brauche ich am Anfang?

Eines möchte ich gleich zu Beginn dieses Artikels anmerken: Was die Ausstattung Ihrer Werkstatt angeht, gibt es „nach oben" praktisch keine Grenzen. Sie können sich Ihren Arbeitsplatz so einrichten, wie Sie es für richtig und notwendig halten. Ich kann an dieser Stelle nur einige Empfehlungen abgeben, was an Handwerkszeugen unbedingt vorhanden sein sollte und was Sie aller Wahrscheinlichkeit nach benötigen werden.

Natürlich hängt das auch immer davon ab, welche Geräte Sie später reparieren möchten. Und es hängt auch davon ab, wie intensiv Sie Ihr neues Hobby betreiben wollen.

Der Geldbeutel spielt ebenfalls eine große Rolle. Denn nicht jeder hat die notwendigen Geldmittel, um sich eine teure Ausstattung der eigenen Werkstatt leisten zu können.

Geht es Ihnen nur darum, hin und wieder eine Reparatur einfacher Art vornehmen zu können? Oder wollen Sie sich sogar auf bestimmte Geräte spezialisieren, die Sie schon immer interessiert haben? Wie auch immer.

Außerdem:

Es kommt nicht nur auf die Werkzeuge oder auf Ihrer Werkstattausstattung an, sofern Sie diese bereits planen. Auch einiges an Basiskenntnissen der Elektrotechnik sollte vorhanden sein, damit Sie nicht völlig ohne Fachwissen dastehen, auch im Hinblick auf Ihre eigene Sicherheit.

Hier sind ein paar Punkte, die in dieser Hinsicht wichtig sind:

- Sie besitzen bereits einige Basiskenntnisse der Elektrotechnik (so sind Ihnen die wichtigsten elektrischen Größen wie Spannung, Strom, Widerstand, Leistung bekannt).
- Auch das Ohmsche Gesetz ist für Sie kein Neuland, und wenn doch, dann informieren Sie sich unbedingt in dieser Richtung weiter.
- Außerdem kennen Sie die wichtigsten elektronischen Bauteile wie Widerstand, Kondensator und Elektrolytkondensator, Diode, Transistor und wissen zum Beispiel, was ein IC oder ein Transformator ist.

- Sagt Ihnen der Begriff galvanische Trennung etwas? Wenn nicht, sollten Sie sich damit vertraut machen, bevor Sie ein netzbetriebenes elektrisches Gerät reparieren.
- Einfache Berechnungen elektrischer Größen sollten Ihnen ebenfalls bekannt sein.
- Idealerweise haben Sie schon ein Multimeter und können dieses für einfache Messungen (Strom, Spannung, Widerstand) einsetzen.
- Kennen Sie den Unterschied zwischen einem Trafo- und einem Schaltnetzteil? Falls nicht, finden Sie auch in diesem Buch (in Kapitel 7) dazu einige Erklärungen.
- Bevor Sie an die Reparatur eines Gerätes gehen, sollten Sie natürlich dessen grundlegende Funktionsweise kennen. Das hilft Ihnen schon einmal sehr viel bei der Fehleranalyse und bei der späteren Reparatur.

Unverzichtbar ist sicherheitsbewusstes Arbeiten. Setzen Sie daher Ihre eigene Sicherheit und die der späteren Nutzer der Geräte immer an die höchste Stelle.

Es ist ein sehr schönes Gefühl, ein älteres Gerät weiter nutzen zu können, nachdem es wieder repariert werden konnte. Der daraus resultierende Reparaturerfolg ist zwar eine schöne Sache, die Sicherheit ist aber viel wichtiger. Deswegen gehen Sie hier keine Kompromisse ein und nehmen Sie alle Reparaturen sorgfältig und mit Blick auf die Betriebssicherheit vor. Das betrifft zum Beispiel die Verwendung von Bauteilen und Ersatzteilen, die für den jeweiligen Einsatzzweck geeignet sein müssen.

Ähnliche Sicherheitsmaßstäbe sollten natürlich auch bei der Reparatur selbst angesetzt werden. Vor allem lassen Sie sich nicht unter Zeitdruck setzen und arbeiten Sie unter allen Umständen handwerklich sauber und verwenden Sie nur passende und geeignete Ersatzteile und Werkzeuge.

Soviel erst einmal zu den Dingen die eigene Einstellung und die Grundkenntnisse betreffend. Kommen wir nun zu den häufig benötigten Werkzeugen. Zunächst geht es um die einfachen Helferlein bei allen Arten von Reparaturen, die in jedem Hobbyraum zu finden sein sollten, der für die Reparatur von elektrischen Geräten eingerichtet wurde.

Später folgen noch weitere Utensilien und Werkzeuge, die Sie wahrscheinlich auch benötigen werden.

Geeignete Handwerkzeuge

Wenn Sie sich ein Gerät für eine Reparatur vornehmen, benötigen Sie als Erstes in der Regel einige Handwerkzeuge wie Schraubendreher, Zangen oder andere Dinge. Deshalb möchte ich an dieser Stelle auch auf diese Werkzeuge eingehen.

Hier ist zunächst eine kleine Übersicht, was immer wieder gebraucht wird:

- Schraubendrehersätze für feine Arbeiten sollten Sie immer griffbereit haben. Dazu gehören unter anderem Schlitz- und Kreuzschlitzschraubendreher (JIS, Japan Industrial Standard, Philips PH und Pozidriv PZ). Auch wenn es vielleicht etwas banal klingt: Verwenden Sie nur geeignete Schraubendreher, da Sie sonst sehr schnell Schraubenköpfe beschädigen können und die Schrauben vielleicht gar nicht vernünftig aus dem Gehäuse bekommen.
- Immer häufiger benötigt werden auch Torx® und Innensechskant-Schraubendreher. Torx® ist eine eingetragene Marke. Der Vorteil dieses Antriebs besteht darin, dass ein sehr sicherer Halt gegeben ist. Außerdem gibt es einen geringeren Verschleiß am Antrieb und an den Schraubenköpfen. Eine Tabelle mit den gängigen Größen, den dazugehörigen Durchmessern und üblichen Gewindegrößen finden Sie weiter hinten in diesem Kapitel.
- Verschiedene Zangen dürfen ebenfalls nicht fehlen. Zur Grundausstattung gehören Seitenschneider in unterschiedlichen Größen, mit denen Sie feinere und dickere Drähte durchschneiden können. Außerdem immer wieder benötigt: Flachzangen und Spitzzangen, mit denen Sie verschiedene Aufgaben ausführen können. Sei es nun das Zurechtbiegen von Anschlüssen für Bauteile oder das Greifen von Bauteilen und mechanischen Elementen bei einer Reparatur. Legen Sie sich am besten ein hochwertiges Sortiment an Zangen für den Elektronikbereich zu.
- Ebenfalls sinnvoll sind Pinzetten in verschiedenen Größen, mit denen Sie kleinere Gegenstände und Bauteile fassen können.

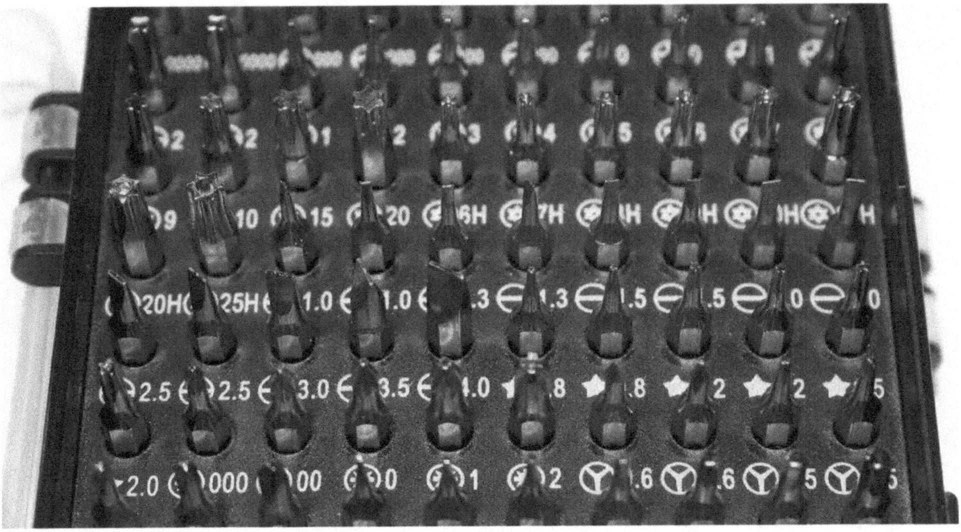

Schraubendrehersatz mit Bits in verschiedenen Größen

Mit dem Seitenschneider lassen sich Anschlussdrähte kürzen oder Kabel auf die richtige Länge abschneiden. Und eine Spitzzange ist hilfreich vor allem bei beengten Verhältnissen innerhalb eines Gerätes.

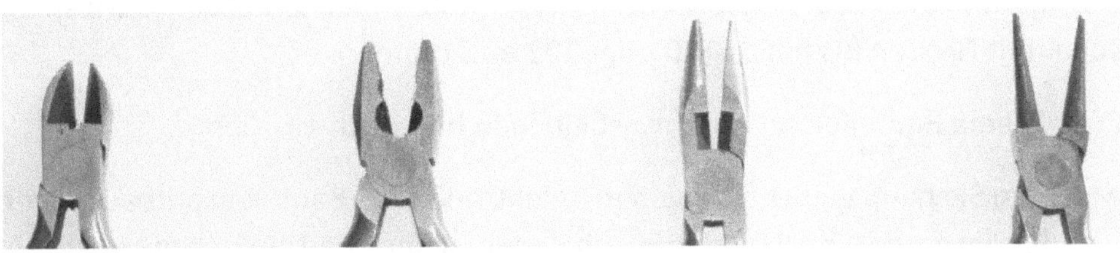

Verschiedene Zangen gehören ebenfalls dazu, hier ist eine kleine Auswahl zu sehen

Und nun zum Thema Torx®-Größen:

In der folgenden Tabelle finden Sie die Bezeichnungen von gängigen Torx®-Größen ab T5 bis hin zu T45, den entsprechenden Durchmessern und den üblichen Gewindegrößen:

Torx® Größe	Durchmesser (mm)	Übliche Gewindegrößen
T5	1.10	M1.2, M1.4
T6	1.32	M1.6
T7	1.43	M1.7
T8	1.55	M2
T9	1.70	M2.2
T10	1.99	M2.5
T15	2.60	M3
T20	3.27	M4
T25	3.86	M5
T27	4.43	M6
T30	4.99	M8
T40	6.65	M10
T45	7.82	M12

Am einfachsten ist es, wenn Sie sich ein Sortiment mit Schraubendrehern oder Bits in den verschiedenen Größen kaufen. In den meisten Fällen dürften Sie sogar mit Größen bis hin zu T20 oder T25 auskommen.

Zum Thema Bauteile und Anschlussbeinchen hier noch ein Tipp:

Möchten Sie häufiger Schaltungen mit elektronischen Bauteilen aufbauen, verwenden Sie gerne eine Biegelehre, mit der Sie schnell und einfach die Anschlüsse bedrahteter Bauteile passgenau für das entsprechende Rastermaß abknicken können. Wenn Sie das häufiger machen, erspart Ihnen eine solche Biegelehre sehr viel Zeit.

Lötkolben, Lötstation, Entlötwerkzeuge

Wenn Sie viel mit elektronischen Bauteilen arbeiten, kommen Sie natürlich auch um einen Lötkolben oder eine Lötstation nicht herum.

Ganz am Anfang mag es noch ein einfaches Exemplar tun. Auf lange Sicht gesehen sinnvoller ist allerdings die Anschaffung einer Lötstation oder eines Lötkolbens mit einstellbarer Löttemperatur.

Im Idealfall verwenden Sie eine Lötstation mit einer Leistung von 50 Watt oder mehr und einer exakten Temperatursteuerung. Die Temperatureinstellung ist unter anderem sinnvoll wegen der Verwendung verschiedener Lote. Mehr dazu weiter unten.

Achten Sie auch darauf, dass es für Ihren neuen Lötkolben Lötspitzen in verschiedenen Größen und Formen (spitz, abgeflacht und so weiter) zu kaufen gibt und sich diese bei Bedarf relativ schnell und einfach auswechseln lassen.

Bedenken Sie dabei, dass die Lötspitze auch beim Wechsel von bleifreiem zu verbleitem Lötzinn ausgewechselt werden sollte, es sei denn, Sie reinigen zwischendurch die Lötspitze gründlich. Mehr zum Thema Lot und Löten im Allgemeinen finden Sie in einem späteren Kapitel (20), in dem es um die Lötpraxis geht. Nun aber zunächst zurück zu den Utensilien, die Sie für den Anfang benötigen.

Lötzinn: bleihaltig und bleifrei

Lötzinn bleifrei und verbleit gehören natürlich auch dazu. Als verbleites Lot eignet sich das mit der Bezeichnung SN60PB40. Dieses hat einen Zinnanteil von 60 Prozent und enthält einen entsprechenden Anteil an Blei.

Bleihaltiges Lot bietet den Vorteil, dass es eine relativ niedrige Schmelztemperatur hat. Der Schmelzbereich liegt bei ca. 180 bis 190 Grad Celsius. Verwenden Sie ausschließlich Lot mit einem bestimmten Flussmittelanteil von etwa 3,5 Prozent. Dieser sorgt dafür, dass sich das Lot gut mit den Leiterbahnen und mit den Anschlüssen der Bauteile verbindet.

Bleifreies Lot hat einen Zinnanteil zwischen 95 und 100 Prozent. Seine Schmelztemperatur liegt bei ca. 217 Grad Celsius und somit etwas höher als beim bleihaltigen Lötzinn. Es eignet sich sehr gut für Reparaturen an moderneren Geräten mit elektronischen Bauteilen und Leiterplatten, die häufig mit bleifreiem Lot versehen sind.

Warum heute immer mehr bleifreies Lot zum Einsatz kommt?

Das hat mit der Aufnahme der bleihaltigen Lote in die Liste der stark gesundheitsgefährdenden Stoffe zu tun. Genauer gesagt geht es um die Gefährlichkeit der Dämpfe, die beim Erhitzen bleihaltiger Lote entstehen. Unterschätzen Sie diese Gefahr nicht.

Allerdings hat auch bleifreies Lot ein paar Nachteile. Da wäre zum Beispiel der Mehraufwand an Energie, die durch die erhöhte Temperatur zustande kommt.

Sehr wichtig ist die Wärmeübertragung vom Lötkolben auf die entsprechenden Lötstellen. Diese kommt durch eine gute Verbindung in Form einer vergrößerten Kontaktfläche zustande, außerdem ist auf der Lötspitze geschmolzenes Lot die Voraussetzung für eine einwandfreie Temperaturübertragung auf die Lötstelle.

Je größer die Übergangsfläche zwischen der Fläche der Lötspitze und der Kontaktfläche an Bauteilen und Leiterbahnen ist, desto besser kann eine Wärmeübertragung auch bei geringerer Einstellung der Löttemperatur erfolgen.

Denn je höher die Löttemperatur eingestellt ist, desto höher ist der Verschleiß der Lötspitze.

Apropos Lötspitze:

Neben den erwähnten Ersatzspitzen für Ihren Lötkolben oder Ihre Lötstation benötigen Sie auch Hilfsmittel zum Reinigen der Spitzen. Dafür gibt es verschiedene Utensilien wie Reinigungswolle, spezielle Lötspitzenreiniger oder Reinigungspads.

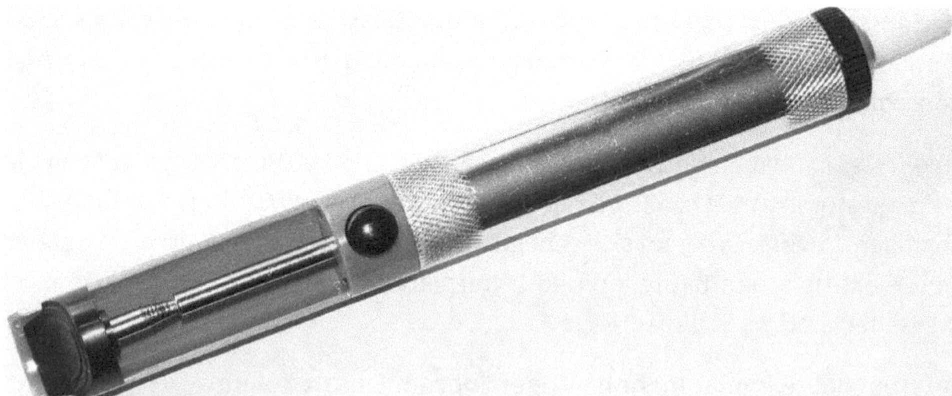

Entlötpumpe zum Absaugen des zuvor mit dem Lötkolben erhitzten Lötzinns

Außerdem immer wieder benötigt werden Hilfsmittel zum Auslöten von Bauteilen oder Anschlüssen wie eine Entlötsaugpumpe, Entlötlitze, eine Entlötpumpe oder ein Entlötkolben. Für den Anfang tut es aber in der Regel die preisgünstige Entlötpumpe oder die ebenfalls günstig zu habende Entlötlitze.

Oft kommt es auch vor, dass Sie gerade beim Löten und Entlöten am liebsten eine dritte Hand hätten. Hier hilft eine Halterung (mit oder ohne Lupe) mit Krokodilklemmen, die Platinen aufnehmen und so für einen sicheren Halt sorgen soll.

Neben den herkömmlichen Lötkolben oder Lötstationen gibt es noch Heißluft-Lötstationen. Diese werden dann gebraucht, wenn es um das Erhitzen und Löten von Bauteilen geht, an deren Anschlüsse man mit einem normalen Lötkolben nicht rankommt oder die sich mit einem Lötkolben aufgrund ihrer geringen Größe kaum einzeln verlöten lassen. Außerdem werden sie verwendet, um SMD-Bauteile (besonders solche mit sehr vielen Anschlüssen) zu entlöten.

Mehr zum Thema SMD (Surface-mounted Devices) können Sie noch in einem späteren Kapitel dieses Buches nachlesen. Jetzt geht es mit der Messtechnik und Fehlerdiagnose weiter.

Kapitel 3: Messtechnik und Fehlerdiagnose

Kommen wir nun zum Thema Fehlersuche und Messungen, für die Sie natürlich entsprechendes Equipment benötigen.

Multimeter

Ein unbedingtes Muss ist ein Multimeter, besser noch zwei davon. Wenn Sie es (jetzt oder später) mit höheren Spannungen zu tun haben, achten Sie auf jeden Fall auf die Schutzklasse des Gerätes. Außerdem sollten Sie auf einem gewissen Qualitätsstandard bestehen. Gerade die äußerst günstigen Modelle tun zwar, was sie sollen. Allerdings müssen Sie hier gerade im Bereich Anschlüsse und Messleitungen mit erheblichen Abstrichen hinsichtlich der Qualität rechnen.

Sehen Sie sich dazu auch die folgende Abbildung an, die beschädigte Messleitungen an einem Messgerät der unteren Preiskategorie zeigt.

Ein wirklich billiges Multimeter mit nach kurzer Zeit schon defekten Messleitungen

Solche Beschädigungen sind auf die Verwendung minderwertiger Isolierungen und Materialien zurückzuführen. Bei Verwendung des Messgerätes an Geräten mit sehr hohen Betriebsspannungen können diese zu einer Lebensgefahr werden. Stellen Sie sich einmal vor, Sie kommen zufällig mit dem Innenleiter in Berührung, die Spannungen von mehreren hundert Volt führen.

Multimeter mit Angaben zur Messkategorie CAT II

Messgeräte in dieser Preiskategorie (und die nicht selten weniger als zehn Euro kosten) zeigen keinerlei Messkategorie auf. Sie unterscheiden sich nicht nur durch die Materialien der Messleitungen von den qualitativ hochwertigeren Geräten, sondern auch vom inneren Aufbau her. Wenn Sie auf Nummer sicher gehen wollen, achten Sie auf die entsprechenden Sicherheitskategorien und Schutzklassen.

Man unterscheidet dabei zwischen folgenden Kategorien und Verwendungszwecken, die nach IEC 61010-2-030 definiert sind:

- CAT I für Messungen an Stromkreisen ohne direkte Verbindung zum Netz, etwa Geräte für den Batteriebetrieb
- CAT II für Messungen an Stromkreisen durch eine direkte Verbindung über Stecker mit dem Niederspannungsnetz. Dazu gehören Haushaltsgeräte oder tragbare Elektrogeräte, nicht aber fest installierte Elektroherde oder Ähnliches.
- CAT III für Messungen innerhalb einer Gebäudeinstallation, darunter Verbraucher mit direktem Anschluss wie Elektroherde oder fest eingebaute

Geräte in einem Verteiler. Aber von solchen Arbeiten sollten Sie aus Sicherheitsgründen besser Abstand nehmen.
- CAT IV für Messungen an der Niederspannungsinstallation wie Zähler, Hauptanschluss im Hausanschlusskasten. Auch diese Bereiche sind für uns aus eher uninteressant und seien hier nur der Vollständigkeit halber erwähnt.

Noch ein Tipp zum Thema Messgeräte: Wenn Sie sich etwas Gutes tun wollen, kaufen Sie sich ein Multimeter mit einer automatischen Bereichswahl. Diese sind heute bereits sehr preisgünstig zu haben. Achten Sie außerdem auf ein Gerät mit einem sehr gut ablesbaren Display, das ruhig auch beleuchtet sein kann.

Wenn Sie häufiger elektronische Bauteile auf ihre Funktion hin prüfen wollen, eignet sich dafür sehr gut ein Bauteiletester. Mit ihm lassen sich auf Knopfdruck verschiedenste elektronische Bauteile wie Transistoren, Dioden, Kondensatoren und vieles mehr auf ihre Funktion hin testen. Das ist vor allem dann praktisch, wenn Sie Bauteile aus alten Geräten gewinnen möchten, was ja auch das Thema Nachhaltigkeit besonders interessant macht.

Oszilloskop

Und dann wäre da noch das gute alte Oszilloskop. Dieses Messinstrument macht es möglich, sich den zeitlichen Verlauf von elektrischen Spannungen und Signalen auf einem Bildschirm anzusehen. Das ist nicht nur interessant, sondern erlaubt Rückschlüsse auf eventuelle Fehler und Defekte am jeweiligen Gerät. Aus diesem Grund ist das Oszilloskop auch eines der wichtigsten Diagnosegeräte in der Elektronik. Außerdem gibt es eine große Bandbreite verschiedener Geräte in verschiedenen Preisklassen und mit unterschiedlichsten Ausstattungsmerkmalen.

Möchten Sie auf ein solches Gerät nicht verzichten, ist das durchaus verständlich. Es ist aber für den Anfang nicht unbedingt notwendig. Nach meinen Erfahrungen ist es sinnvoll, zunächst mit einem einfacher ausgestatteten Gerät anzufangen und nicht gleich das teuerste Modell zu kaufen. Das hat den Vorteil, dass Sie sich in aller Ruhe mit der Bedienung und der Verwendung eines solchen Oszilloskops vertraut machen können, ohne dabei durch die vielen Einstellmöglichkeiten und Ausstattungsmerkmalen mehr irritiert zu werden, als das grade am Anfang notwendig ist.

Sammeln Sie zunächst Erfahrungen mit einem einfachen (vielleicht auch gebrauchten) Gerät und kaufen Sie sich möglicherweise später ein neues Oszilloskop, wenn Sie es wirklich benötigen. Der Vorteil dabei: Sie haben dann auch das notwendige Wissen, um das geeignete Gerät für Ihren Einsatzzweck kaufen und richtig nutzen zu können.

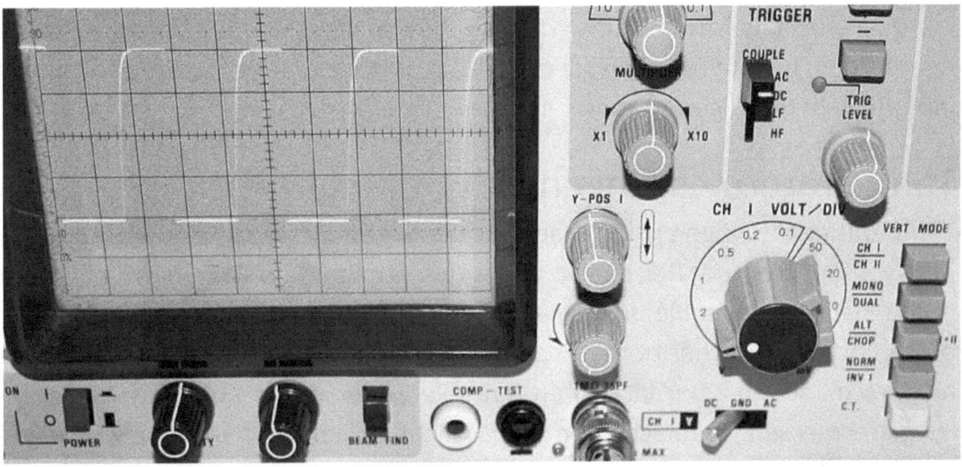

Ein analoges und gebrauchtes Oszilloskop reicht oft schon für den Einstieg

Weitere Dinge, die nützlich sind (oder sein könnten)

Es gibt noch viele weitere Gegenstände, die Sie in Ihrer (zukünftigen) Werkstatt brauchen könnten. Die hier genannten Geräte sind für den Anfang wahrscheinlich nicht unbedingt notwendig, können aber später vielleicht einen großen Nutzen für Sie haben.

Signalverfolger

Wenn Sie es häufiger mit der Reparatur von Audiogeräten zu tun haben werden, ist möglicherweise ein Signalverfolger ein wichtiges Utensil, das Ihnen später wertvolle Dienste leistet. Dieser dient dazu, in Verstärkerschaltungen den Verlauf von Audiosignalen zu verfolgen, um zu sehen, in welcher Verstärkerstufe ein Defekt vorliegt. Viele dieser Geräte besitzen auch noch einen integrierten Signalgenerator, der bei Bedarf ein geeignetes Testsignal zur Verfügung stellt, das in die Verstärkerschaltung eingespeist wird.

Funktionsgenerator

Auch ein Funktionsgenerator stellt ein Testsignal zur Verfügung. Eine solche Schaltung ist oft in einem Signalverfolger integriert, um gleich das passende Signal für die Signalverfolgung bereitzustellen. Der Funktionsgenerator, der an dieser Stelle gemeint ist, kann aber meistens noch etwas mehr. Er stellt auch komplexere Signalformen zur Verfügung, die für verschiedene Versuche benötigt werden. In den meisten Fällen reicht aber der einfache Signalverfolger mit integriertem Signalgenerator.

Temperaturmessungen

Temperaturmessungen sind gerade für die Gerätediagnose sehr wichtig. Sehr häufig kommt es zum Beispiel vor, dass defekte Bauteile sich übermäßig stark erhitzen. Oft riechen Sie das bereits. Für alle, die keine so feine Nase haben, eignen sich Infrarotthermometer sehr gut. Mit ihnen lassen sich Temperaturen an verschiedenen Oberflächen an Bauteilen oder deren Kühlkörpern berührungsfrei messen. Unterschätzen Sie das nicht. Solche IR-Thermometer können Ihnen bei der Fehlersuche wertvolle Dienste leisten.

Trenntransformator und Regeltransformator

In vielen Fällen ist es sehr hilfreich, wenn während einer Reparatur das betroffene Gerät keine direkte Verbindung zur Netzspannung hat, also erdungsfrei mit einer Spannungsversorgung verbunden werden kann. Das ist gerade für die Fans alter Röhrenradios oder Röhrengeräte im Allgemeinen interessant.

Aber ein Trenntransformator ist auch aus anderen Gründen ein wichtiger Sicherheitsfaktor. Was bewirkt er genau?

Die Netzspannung aus der Steckdose ist mit der Erde verbunden. Wenn Sie den spannungsführenden Leiter mit einer Hand berühren, kann durch die Erdung ein lebensgefährlicher Stromschlag entstehen. Das liegt daran, dass Ihr Körper den Strom zur Erde ableitet, wodurch er durch Sie hindurchfließt und die Gefahr eines Stromschlags besteht.

Ein Trenntransformator schützt vor dieser Gefahr. Er trennt die Spannung vom Erdpotential, sodass ein Stromschlag nicht so leicht entstehen kann. Damit der Strom durch Ihren Körper fließen kann, müssten Sie zwei verschiedene Stellen des mit dem Trenntransformator verbundenen Geräts gleichzeitig berühren. Nur dann würde ein Stromkreis entstehen und der Strom könnte durch Ihren Körper fließen. Solange Sie nur eine Stelle berühren, bleibt der Stromkreis offen. Dieser Unterschied ist ein wesentlicher Sicherheitsfaktor, auch wenn es auf den ersten Blick nicht so scheint.

Regeltrafo ohne Netztrennung (Spartrafo mit nur einer Wicklung)

Einen anderen Zweck hat der Regeltransformator. Dieser stellt eine variable Ausgangsspannung zur Verfügung. Das ist etwa dann hilfreich, wenn man ein

Gerät wieder in Betrieb nehmen möchte, das sehr lange nicht eingeschaltet war. Die Spannung kann dann langsam hochgeregelt werden, um das Gerät beziehungsweise die Bauteile darin zu schonen und vor plötzlichen Stromspitzen zu schützen. Oft kommen die Regeltransformatoren dann zum Einsatz, wenn sehr alte Röhrenfernseher oder Röhrenradios erstmalig nach Jahren oder Jahrzehnten wieder in Betrieb genommen werden sollen.

Beim Kauf eines solchen Regeltrafos gibt es ein paar Dinge zu beachten. Da wäre die maximale Ausgangsleistung, die ausreichend dimensioniert sein muss, um das entsprechende Gerät überhaupt daran betreiben zu können. 500 Watt oder etwas mehr dürfen es schon sein. Und es gibt noch einen weiteren Punkt, der beim Kauf eine sehr große Rolle spielt. Ein Regeltrafo ist nicht automatisch auch ein Trenntrafo. Viele der günstigen Ausführungen weisen keine Netztrennung auf, die zuvor schon beschrieben wurde. Es sind sogenannte Spartransformatoren, also solche ohne getrennte Wicklungen für die netzseitige Primärwicklung und die ausgangsseitige Sekundärwicklung.

Anschlüsse und Schaltung an einem billigen Regeltrafo

Sie erkennen das am Schaltbild oder an der entsprechenden Beschriftung. Im Bild rechts sehen Sie ein Beispiel eines solchen Spartrafos, ein sehr preisgünstiges Gerät. Es ist nur eine Wicklung vorhanden. An diese wird die Netzspannung angelegt. Die Ausgangsspannung wird dann, ähnlich wie bei einem Potentiometer, über einen Schleifkontakt abgenommen. Die Höhe dieser Spannung hängt davon ab, an welcher Stelle der Wicklung die Ausgangsspannung abgenommen wird. Einfacher geht es kaum noch. Deshalb heißt diese Art des Transformators auch Spartransformator. Man hat einfach eine Wicklung eingespart.

Kleinteile und sonstige Utensilien

Es gibt noch viele weitere Dinge, die Sie im Laufe der Zeit in Ihrer Werkstatt ansammeln werden. Dazu gehören Messschnüre verschiedener Art. Das sind Messkabel mit unterschiedlichen Enden wie 4-mm-Stecker (Bananenstecker), Prüfspitzen und Prüfklemmen sowie Verbindungskabel mit Krokodilklemmen, die immer wieder benötigt werden, um kurzzeitige Verbindungen herzustellen. Die Prüfspitzen lassen sich oft auf die Enden der Messkabel mit Bananensteckern aufsetzen. Wenn Sie für unterschiedliche Fälle gerüstet sein wollen, legen Sie sich doch ein Set an Mess- und Prüfkabeln zu, das alle häufig benötigten Kabel, Stecker und Prüfspitzen beinhaltet.

Und wo wir schon beim Thema sind: Adapter, Kabel und Stecker verschiedener Art sind nützlich, um etwa Geräte untereinander zu verbinden oder um Messgeräte sowie das Oszilloskop zu Mess- und Prüfzwecken anzuschließen.

Weitere Hilfsmittel und Utensilien sind:

- Reinigungsmittel verschiedener Art wie Glas- und Kunststoffreiniger sowie Isopropanolalkohol, mit dem sich auch empfindliche Oberflächen rückstandslos reinigen lassen.
- Ebenfalls wichtig: Reinigungsutensilien wie weiche Stofftücher und Lappen, Papiertücher sowie Wattestäbchen.
- Zum Entstauben von Geräten bestens bewährt hat sich die Kombination aus Staubsauger und Pinsel. Das ist in den meisten Fällen schonender und sauberer als das Ausblasen mit Druckluft. Allerdings sollten Sie aufpassen, dass der Staubsauger nicht aus Versehen kleinere und im Gerät herumliegende Bauteile aufsaugt.

- Klebstoffe verschiedener Art sind ebenfalls wichtig. Dazu gehören Sekundenkleber, Alleskleber und gegebenenfalls eine Heißklebepistole mit passenden Klebesticks.
- Isolierband wird ebenfalls immer wieder benötigt, ebenso (und meistens eleganter als die Verwendung von Isolierband) ist Schrumpfschlauch, mit dem sich Kabel isolieren und die Verbindungen schützen lassen.
- Pinzetten in verschiedenen Ausführungen sind hilfreich, um kleine Gegenstände zu fassen und zu bewegen. Das gilt für elektronische Bauteile (SMD) genauso wie für mechanische Bauteile.
- Wenn wir schon beim Thema fassen und Halten sind: Halterungen für kleine Gegenstände und Platinen sind ebenfalls nicht zu unterschätzende Helfer, besonders beim Verlöten von Bauteilen oder Steckverbindungen.
- Eine Schutzbrille schützt Ihre Augen, deshalb nutzen Sie diese, wenn irgendeine Gefahr bestehen sollte, etwa beim Hantieren mit Akkus oder in anderen Situationen.
- Eine Lupe (oder Lupenlampe) leistet Ihnen gute Dienste, wenn Sie es mit extrem kleinen Bauteilen oder Gegenständen zu tun haben oder Ihre Augen nicht mehr die besten sind.

Was Sie außer den genannten Werkzeugen und Utensilien ebenfalls benötigen, sind Ersatzteile, also Standardbauteile wie Widerstände, Kondensatoren sowie verschiedene Halbleiterbauteile. Auf diese komme ich in einem späteren Kapitel noch zurück, da dies ein etwas umfassenderes Thema ist.

Kapitel 4: Wie gehe ich am besten vor? Eine erste Bestandsaufnahme

Liegen alle Werkzeuge und Utensilien bereit? Ein erster Probekandidat für eine Reparatur ist auch schon gefunden? Dann kann es ja losgehen, oder?

Aber wie gehe ich nun eigentlich vor?

Erstmal alles zerlegen und jedes Teil begutachten?

Oder doch besser nach einem Plan?

Letzteres ist auf jeden Fall besser. Eines möchte ich zu Beginn anmerken: Jedes Gerät ist anders, jede Reparatur auch.

Deshalb gibt es keinen Universalplan, der automatisch zum Erfolg führt. Aber mit einem grundlegenden System funktioniert es trotzdem besser, deshalb möchte ich Ihnen an dieser Stelle zunächst eine Übersicht geben, wie eine Reparatur aussehen kann:

- Zunächst erfolgt eine erste Bestandsaufnahme. Wie äußert sich der Fehler? Welcher Defekt tritt auf (kein Lebenszeichen, nur Teilfunktion)?
- Sind außen schon Beschädigungen oder Defekte sichtbar oder feststellbar? Gibt es also offensichtliche Ursachen für die Fehler (Sturz, Gewalteinwirkung und so weiter)?
- Bei Fernsehern oder anderen Geräten mit Displays sind das oft Sprünge und Beschädigungen, die sofort sichtbar sind. Aber es gibt noch andere Fehler, die auf äußere Einwirkungen zurückzuführen sind. Mehr dazu später.
- Und zum Thema Display: Wie sieht es mit den Anzeigen und anderen optischen Indikatoren aus? Leuchten LEDs oder Kontrolllampen wie vorgesehen auf? Gibt es eine Fehleranzeige (etwa eine Kontrollleuchte für einen Fehler oder einen Fehlercode)?
- Gibt es eine Geruchsentwicklung oder sogar eine Rauchbildung? Entsteht sonst irgendein unangenehmer, merkwürdiger und/oder ungewöhnlicher Geruch?

- Gibt es sonstige Auffälligkeiten wie lose oder klappernde Teile? Klappert es oder fliegt etwas im Inneren des Gerätes herum?
- Ist eine starke Wärmeentwicklung festzustellen (mit der die Rauch- und Geruchsentwicklung zusammenhängt)?
- Wie sieht es mit Geräuschen aus? Ist überhaupt etwas zu hören? Macht vielleicht das Netzteil ungewöhnliche Geräusche (Klicken oder ungewöhnliches Brummen oder Summen)?

Viele Fehler oder Ausfälle zeigen eines oder mehrere der genannten Symptome. Ist aber nichts Ungewöhnliches festzustellen und lässt der äußere Eindruck keine Rückschlüsse auf mögliche Fehler zu, müssen Sie mit der Fehlersuche fortfahren, nachdem das Gerät geöffnet wurde.

Aber das Öffnen wird sowieso in den meisten Fällen nötig sein. Es sei denn, Sie haben es mit einem offensichtlichen „Totalschaden“ zu tun, wie etwa der Displaybruch an einem Fernsehgerät, der in den meisten Fällen einen solchen wirtschaftlichen Totalausfall darstellt.

Fahren wir also mit dem Öffnen des Gerätes fort.

Öffnen des Gerätes

Bevor es losgeht, erst ein wichtiger Hinweis: Trennen Sie das Gerät unbedingt von der Spannungsversorgung und seien Sie sowohl beim Öffnen des Gerätes als auch danach sehr vorsichtig.

Erstens wegen eventueller Restspannungen, die für Sie gefährlich sein können. Zweitens wegen möglicher Beschädigungen des Gehäuses oder des Innenlebens, die immer wieder auftreten können.

Denken Sie stets daran: Alle Reparaturversuche und Handlungen führen Sie auf eigene Gefahr durch. Achten Sie deshalb immer auf Ihre eigene Sicherheit.

Doch nun zum eigentlichen Thema dieses Abschnitts: dem Öffnen des Gehäuses.

Das ist nämlich oft gar nicht so einfach, wie Sie vielleicht denken. Ich bekomme oft Anfragen von Lesern meiner Websites, die hier Probleme haben. Bei den alten Röhrenradios war es so schön einfach: Man drehte ein paar Schrauben heraus und konnte anschließend die Rückwand abnehmen.

Die Gehäuse moderner Geräte sind oft ohne Schrauben zusammengesetzt oder sogar geklebt, was das Zerlegen beziehungsweise Öffnen des Gerätes nicht gerade vereinfacht. Das gilt für Fernsehgeräte ebenso wie für Smartphones, Tablets oder Computerperipherie wie etwa Drucker. Ich hatte schon Geräte auf dem Tisch, die keine einzige Schraube besaßen, um das Gehäuse zusammenzuhalten. Diese Aufgabe übernehmen heute oft kleine Plastiknasen, die an verschiedenen Stellen des Gehäuses versteckt sind.

Es ist manchmal gar nicht so einfach zu unterscheiden, ob ein Geräusch beim Öffnen des Gehäuses nun darauf hindeutet, dass eine Plastiknase abgebrochen ist oder ob man dem Öffnen des Gehäuses einen Schritt näher gekommen ist.

Und es ist oft etwas Geschick und Übung notwendig, um das Gerät ohne Beschädigungen zu öffnen. Das gilt besonders für tragbare Geräte wie Smartphones oder Tablets. Die Verwendung eines Schraubendrehers oder eines anderen ungeeigneten Hilfsmittels hinterlässt hier schnell unansehnliche Spuren oder sogar Beschädigungen.

Verwenden Sie für solche Zwecke besser spezielle Hilfsmittel zur Gehäuseöffnung, die Sie ohnehin früher oder später brauchen werden, wenn Sie öfter Reparaturen an solchen Geräten vornehmen wollen.

Hilfreich sind hierbei Werkzeugsätze, die sowohl verschiedene Schraubendreher als auch sonstige Hilfsmittel und Werkzeuge wie Kunststoffhebel, Haken, flexible Klingen etc. zum schonenden Öffnen des Gehäuses enthalten.

Wie Sie beim Gehäuseöffnen vorgehen können

Ist das Gerät verschraubt, ist es ja eigentlich ganz einfach: Sie drehen alle Schrauben heraus und öffnen das Gehäuse. Oder doch nicht?

Das ist unterschiedlich. Wenn Schrauben vorhanden sind, die zum Öffnen zu entfernen sind, drehen Sie diese zunächst heraus. Bereits hieran scheitert es aber oft mangels passender Schraubendreher.

Noch einmal zum Thema passende Werkzeuge:

Achten Sie unbedingt darauf, nur geeignete Schraubendreher einzusetzen. Oft werden dazu die schon genannten Torx®-Schrauben verwendet. Teilweise enthalten die Geräte auch Schrauben mit Spezialköpfen wie Innenvielzahn mit oder ohne zusätzlichen Pin in der Mitte, die spezielle Schraubendreheraufsätze benötigen.

Am besten eignen sich hierzu Schraubendrehersätze, die alle diese Einsätze in verschiedenen Größen beinhalten.

Versuche, solche Schrauben mit anderen Mitteln oder ungeeigneten Werkzeugen zu lösen, scheitern meistens und ziehen in vielen Fällen sogar Beschädigungen nach sich, abgesehen vom Zeitaufwand, der mit solchen Versuchen meistens verbunden ist.

Verzichten Sie besser auf solche Experimente, es lohnt sich nicht. Verwenden Sie lieber geeignete Werkzeuge.

Ein weiteres Problem, das bei mir schon oft in der Praxis aufgetreten ist, bestand aus tief im Gehäuse versenkten Schraubenköpfen, die mit herkömmlichen Schraubendrehern erst gar nicht zu erreichen waren.

Offenbar ist auch das eine Art der Sicherung solcher Geräte gegen „unbefugtes" Öffnen durch Hobbyisten. Besonders oft zu finden ist diese Art der Gerätesicherung bei tragbaren Radios, CD-Playern und Radiorekordern.

Die Schrauben in Geräten wie diesem Radiorekorder sitzen oft sehr tief

Einen Ansatz finden

Lässt sich das Gerät nach auch dem Entfernen aller dafür vorgesehenen Schrauben nicht öffnen, ist es offensichtlich mit Kunststoffnasen oder ähnlichen Vorkehrungen gesichert. Um ein solches Gehäuse zu öffnen, sollten Sie zunächst an einer Stelle des Gehäuses anfangen.

So haben Sie sozusagen „einen Fuß in der Tür".

Von diesem Punkt aus können Sie sich dann Stück für Stück weiterarbeiten, bis schließlich auch die letzten Kunststoffnasen nachgegeben haben und sich das Gehäuse problemlos öffnen lässt.

Achten Sie aber darauf, ob es Hinweise auf versteckte Schrauben gibt. Diese befinden sich bei einigen Geräten unter Aufklebern oder sogar unter metallenen Abdeckungen, die auf das Gehäuse aufgeklebt sind. Glücklicherweise kommt das aber eher selten vor. Aber es ist nicht ausgeschlossen. Gehen Sie also immer mit Vorsicht vor, um Beschädigungen beim Öffnen des Gehäuses zu vermeiden.

Es ist eine Übungs- und Geduldfrage. Nehmen Sie sich dafür unbedingt ausreichend Zeit. Übereifer und Eile führen hier meistens nur zu Beschädigungen, die vermeidbar sind.

Hilfreich bei solchen Arten von Gehäusen sind spezielle Hilfsmittel in Form von kleinen Kunststoffhebeln und Spezialwerkzeugen, die für das Öffnen von Smartphones, Tablets und ähnlichen Geräten verwendet werden, aber auch andernorts gute Dienste leisten können, etwa bei der Öffnung von Displayrahmen an Fernsehgeräten oder Monitoren, die ebenfalls oft auf diese Weise nur „zusammengeklipst" sind.

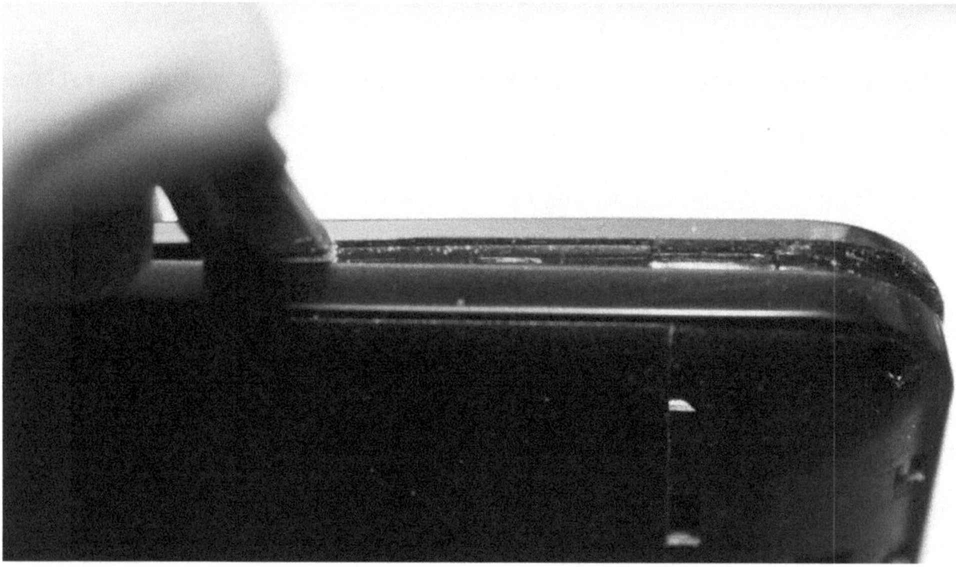

Zusammengeklipste Gehäuse sollten Sie nur mit geeigneten Werkzeugen öffnen

Auch hier fangen Sie an einer geeigneten Stelle an.

Das kann eine beliebige Stelle am Gehäuse sein oder eine, die in einem kaum sichtbaren Bereich liegt (zum Beispiel an der Unterseite oder Rückseite des Gerätes) oder die eine gut geeignete Stelle zum Ansetzen des Werkzeuges zu sein scheint.

Von hier aus können Sie sich dann weiter vorarbeiten. Diese Vorgehensweise hat sich in der Praxis sehr gut bewährt.

Aber auch hier gilt wieder:

Nehmen Sie sich ausreichend Zeit dafür. Gehen Sie nicht zu schnell vor und bleiben Sie geduldig. Eine „Macke" im Gehäuse oder anderswo ist schnell passiert. Man rutscht ab und beschädigt im schlimmsten Fall das Display oder das Gehäuse.

Das Gehäuse ist geöffnet, und nun?

Haben Sie eine Gehäusehälfte entfernt oder das Gehäuse geöffnet, verschaffen Sie sich zunächst einen Überblick. Oft müssen Sie noch weitere Komponenten entfernen, darunter Abschirmungen, innere Gehäuseteile oder Ähnliches.

Da die Gehäuse der meisten elektronischen Geräte heute aus Kunststoff hergestellt werden, besitzen diese Abschirmungen, um die Umgebung der Geräte vor der Abstrahlung elektrischer und magnetischer Felder zu schützen und um die zum Teil empfindliche Elektronik der Geräte ihrerseits vor der Einwirkung äußerer Felder zu schützen. Das gilt insbesondere für alle Geräte, die mit hohen Frequenzen arbeiten und dazu, die elektromagnetische Verträglichkeit zu verbessern.

Ist das Innenleben des Gerätes freigelegt beziehungsweise für die Reparatur zugänglich gemacht worden, geht es weiter mit der Fehlersuche. Und um die geht es im folgenden Kapitel.

Kapitel 5: So verschaffe ich mir einen Überblick

Nachdem nun das Innere des Gerätes mit all seinen Komponenten freigelegt wurde, sollten Sie sich erst einmal einen Überblick verschaffen.

Welche Platine ist wofür da? Wo befindet sich das Netzteil für die Spannungsversorgung und vor allem: Gibt es Schäden oder Defekte, die Ihnen sofort ins Auge fallen? Kullern Ihnen schon Bauteile entgegen oder steigt Ihnen schon ein verschmorter Geruch in die Nase?

Auch hier gilt wie bei der Gehäuseöffnung: Schauen Sie sich alles erst einmal in Ruhe an.

Dazu ein paar Tipps und Hinweise:

- Gibt es lose Kabel oder Steckverbindungen, die Ihnen sofort auffallen?
- Sind Kabel oder einzelne Stecker beschädigt oder verschmort?
- Gibt es Kontaktschwierigkeiten bei einzelnen Steckverbindungen, verursacht durch Materialermüdung oder Oxidation?
- Schauen Sie sich die Platinen genauer an. Gibt es hier Auffälligkeiten wie Biegungen, Brüche oder mehr oder weniger sichtbare Verfärbungen?
- Achten Sie dabei auch auf kaum sichtbare Risse, die an den Leiterbahnen auftreten können.
- Sind möglicherweise Flüssigkeiten ausgetreten? Beispiel: Elektrolyte aus Elkos, die auf einen Defekt hindeuten? Achten Sie dabei auch auf einen strengen Geruch, den solche Flüssigkeiten meistens verursachen.
- Schauen Sie sich die Bauteile genauer an. Gibt es hier Beschädigungen, Verfärbungen (etwa Schwarzfärbungen durch Überhitzungen) oder Ausbeulungen an Elektrolytkondensatoren?
- Fehlen möglicherweise sogar Bauteile oder Bestandteile davon (die Ihnen im Gehäuse wieder begegnen oder bereits beim Öffnen des Gehäuses entgegenkommen)? Das kann zum Beispiel bei Bedienelementen wie Schaltern oder Potis der Fall sein.
- Sind irgendwelche Teile sonst in irgendeiner Weise beschädigt oder abgebrochen? Das gilt für elektronische Bauteile ebenso wie für mechanische Komponenten.

- Schauen Sie sich unbedingt auch die Lötseiten der Platinen an, wenn der Fehler nicht schon bei der bisherigen Sichtprüfung eindeutig zu lokalisieren ist.
- Besonders die Lötstellen sollten Sie sich genauer ansehen. Sogenannte „kalte Lötstellen“ sorgen oft für Kontaktprobleme. Das gilt insbesondere in Baugruppen oder bei Bauteilen, die hohe Leistungen schalten oder regeln wie Leistungstransistoren oder ähnliche Bauteile.
- Auch bräunliche Färbungen an diesen Platinenstellen oder Blasen deuten auf fehlerhaft gewordene Lötstellen hin, die nachzulöten sind.
- Vielleicht haben sich sogar Bauteile durch extreme Überhitzung der Lötstellen „selbst ausgelötet“. Auch das hat es schon gegeben. Es sind dadurch schon Bauteile lose im Gehäuse vorgefunden worden.
- Leiterbahnen können beschädigt sein, etwa durch mechanische Einwirkung (Platinenrisse durch Brüche, oft verursacht bei einem Sturz des Gerätes). Auch Beschädigungen der Leiterbahnen durch Oxidation oder ausgelaufene Flüssigkeiten (Elektrolyte aus Elkos) sind möglich.
- Sonstige häufige Fehlerursachen sind thermische Kontaktschwierigkeiten, etwa verursacht durch Temperaturschwankungen oder als Spätfolgen von Fehlern während der Fertigung. Auch bei der Herstellung der Geräte entstandene Lötungen schlechter Qualität sind heute keine Seltenheit mehr.
- Sind in dem Gerät auch Steckmodule eingesetzt, achten Sie unbedingt auf deren korrekten Sitz und auf Probleme durch Oxidation der Kontakte in den Sockeln oder an den Modulen beziehungsweise auf Verschmutzungen, etwa verursacht durch Staub und Schmutz, die in die Sockel eindringen können. Oft sind solche Kontaktprobleme verantwortlich für Ausfälle oder Fehlfunktionen in elektronischen Geräten.
- Dabei lassen sich solche Probleme relativ einfach durch eine gründliche Reinigung der Sockel und Steckkontakte auf den Modulen beheben.

Die Liste könnte so noch einige Seiten weitergeführt werden und soll Ihnen hier nur einen groben Überblick verschaffen, auf was Sie besonders achten sollten.

Denken Sie immer daran, dass sich Fehler aus irgendeinem Grund gerne verstecken und oft im Verborgenen liegen. Sehen Sie deshalb ruhig etwas genauer hin. Die Fehlersuche ist nicht ohne Grund eine sehr zeitaufwendige Angelegenheit.

Verbrannte Widerstände sind häufig aufgrund von Überlastungen vorzufinden. Außerdem entstehen fehlerhafte Lötstellen an Steckverbindern durch mechanische Beanspruchung. Diese wiederum verursachen Wackelkontakte oder Verbindungsfehler. Platinenrisse sind als Folgeschäden möglich.

Letztere entstehen oft durch einen zu starken Druck auf eine Stelle der Platine oder durch einen Sturz eines Gerätes. Durch einen Sturz oder Schlag werden von außen zugängliche Bauteile, wie Schalter und Potis, in die Platine gedrückt. Diese kann dadurch Risse oder Brüche erleiden.

Aber schauen Sie genau hin.

Solche Platinenrisse sind nicht immer so gut zu erkennen wie in der Abbildung weiter hinten in diesem Kapitel.

Auch die Bauteile selbst werden durch solche äußeren Einwirkungen beschädigt. Oft müssen Schalter, Regler oder andere Bedienelemente dann ausgewechselt werden.

Die Fehler in den Abbildungen sind allesamt in der Praxis aufgetreten und nicht künstlich herbeigeführt worden.

Bei den verbrannten Widerständen (sehr oft mit relativ geringen Widerstandswerten) sollten Sie überprüfen, wodurch die Überlastung entstanden ist. Meist ist das dadurch gekommen, dass der eigentliche Fehler im Stromverlauf hinter dem Widerstand liegt.

Hilfreich bei der Fehlersuche ist hier ein Schaltbild. Manchmal reicht es aber auch aus, wenn Sie dem Stromverlauf anhand des Verlaufs der Leiterbahnen nach dem Widerstand und in Richtung des nachgeschalteten Verbrauchers folgen.

Sehen Sie sich nun die folgenden Abbildungen an, die häufiger auftretende Fehler zeigen. Denken Sie aber daran, dass es sich um hervorgehobene Ausschnitte mit den Fehlern handelt und dass Sie in der Praxis manchmal schon sehr genau hinsehen müssen, um einen Fehler wie in den Beispielen aufzuspüren.

Das erste Bild zeigt eine Beschädigung an einem Widerstand, die nächsten Bilder kalte Lötstellen sowie Beschädigungen der Leiterbahnen.

Verbrannter Widerstand, durch den ein zu hoher Strom geflossen ist

Cinchbuchsen, deren Lötstellen sich gelöst haben, was zu Wackelkontakten führt

Interne Steckverbindung mit gelösten Lötstellen

Riss in einer Platine mit Leiterbahnunterbrechungen

Kapitel 6: Wichtige Vorsichtsmaßnahmen

Bevor Sie an die weitere Fehlersuche gehen, denken Sie an Ihre eigene Sicherheit.

Gehen Sie vorsichtig vor und schützen Sie sich vor gefährlichen Stromschlägen. Das gilt für netzbetriebene Geräte, zum Teil aber auch für mit Akkus oder Batterien betriebene Geräte, die intern mit hohen Spannungen arbeiten wie Elektronenblitzgeräte in Kameras, tragbare TV-Geräte, die noch Bildröhren enthalten oder Geräte mit einer Hintergrundbeleuchtung für das Display, die noch mit Kaltkathodenröhren (auch CCFL-Hintergrundbeleuchtung genannt) bestückt sind.

Netzteilelko, an dem mehrere hundert Volt anliegen können

Die Röhren-Fernsehgeräte oder Monitore arbeiten intern immer mit Hochspannung, auch wenn sie batteriebetrieben sind. Die Bildröhren benötigen diese Hochspannung, um zu funktionieren.

Und denken Sie daran, dass Geräte mit (Schalt-) Netzteilen auch nach dem Ausschalten und Trennen der Spannungsversorgung noch hohe Spannungen führen können, mit denen die primärseitigen Elektrolytkondensatoren (die vor dem Wandlertrafo sitzenden) aufgeladen sind.

Ein Trenntransformator erhöht zwar die Sicherheit bei Arbeiten an diesen Geräten erheblich, Stromschläge können aber trotzdem erfolgen, wenn die spannungsführenden Teile an mehreren Stellen (etwa den beiden Anschlüssen eines Elkos) berührt werden. Und das ist auch mit nur einer Hand (oder sogar mit einem Finger) schon möglich. Wenn es auch nicht immer lebensgefährlich sein muss, unangenehm ist es auf jeden Fall.

Noch eins zum Thema Elektrolytkondensatoren:

Vermeiden Sie unbedingt Kurzschlüsse an den Anschlüssen der Elektrolytkondensatoren, die noch aufgeladen sein könnten. Es gibt zwar einige Elektroniker und Reparateure, die durch direktes Verbinden der Anschlüsse mit einem Metallgegenstand wie einem Schraubendreher Elektrolytkondensatoren entladen. Aber es ist keine besonders empfehlenswerte Weise. Sie ist weder für den Elektrolytkondensator noch für die Platine und die Lötstellen besonders gut. Kurzschlüsse durch mit hoher Spannung aufgeladene Kondensatoren können die Bauteile beschädigen und hinterlassen außerdem unansehnliche Spuren auf der Platine.

Also:

Bevor Sie an diesen Bauteilen hantieren, messen Sie mit dem Multimeter vorsichtig nach, ob noch eine Restspannung vorhanden ist.

Wählen Sie dazu einen hohen Gleichspannungsbereich (1000 Volt DC), falls Ihr Multimeter über keine automatische Bereichswahl verfügt. Ist der Elektrolytkondensator noch mit einer hohen Spannung aufgeladen, können Sie ihn vorsichtig mit einem hochohmigen Widerstand (zum Beispiel 47 oder 100 Kiloohm) schonend entladen, um die Gefahr zu bannen, die von dieser hohen Restspannung ausgeht.

Am besten funktioniert dies mit einem parallel zum Spannungsmessgerät (Multimeter) geschaltetem Widerstand. Damit können Sie den Elko entladen und gleichzeitig beobachten, ab wann der Spannungswert in einen ungefährlichen

Bereich (weniger als 20 Volt) abgesunken ist oder den Elektrolytkondensator auch vollständig entladen.

Ich habe mir dazu einen Satz Messleitungen präpariert, wie er in der folgenden Abbildung zu sehen ist.

Allerdings sollten Sie dabei mit den Messspitzen sehr vorsichtig hantieren, um nicht versehentlich durch die Messspitzen selbst einen Kurzschluss und einen Funkenflug in der Nähe der Lötstellen auf der Platine zu erzeugen.

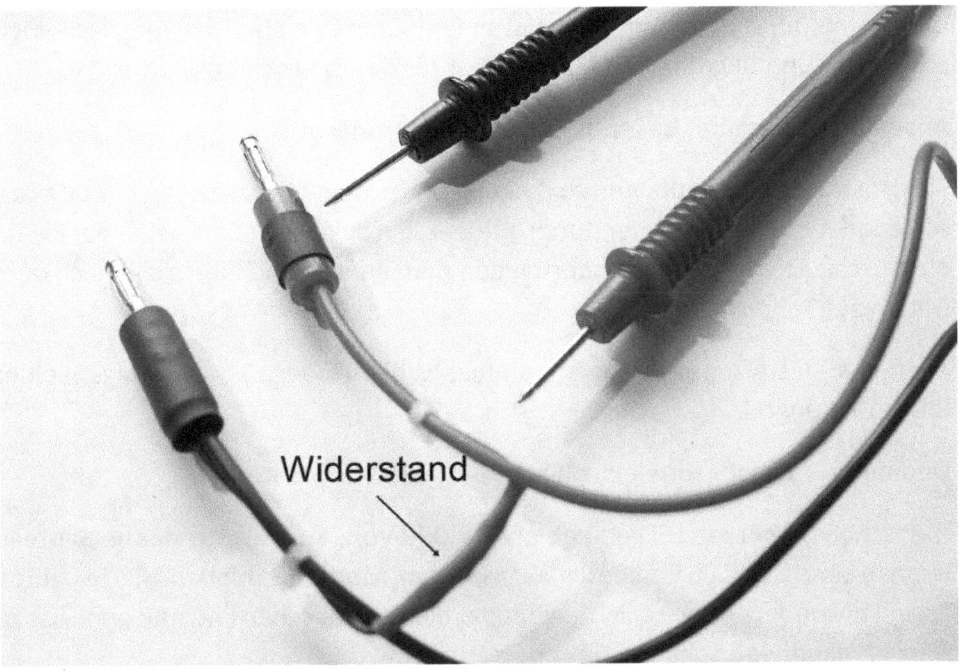

Messkabel mit integriertem Widerstand zum schonenden Entladen von Elkos

Denken Sie bei der Arbeit immer an die Grundregeln der Elektrotechnik.

Das sind Freischalten (das Gerät spannungsfrei schalten), vor dem Wiedereinschalten sichern (damit die Spannungsversorgung nicht durch ein Versehen wiederhergestellt wird), Überprüfen, ob das Gerät auch tatsächlich spannungsfrei ist, Entladen von eventuell noch spannungsführenden Teilen (Elkos, wie beschrieben). Außerdem schützen Sie sich immer vor versehentlichen Berührungen mit spannungsführenden Bauteilen oder Anschlüssen, wenn es sich nicht vermeiden lässt, dass ein Gerät oder eine Komponente bei geöffnetem Gehäuse in Betrieb genommen werden müssen.

Statische Entladungen und ESD-Schutz

ESD steht für "electrostatic discharge" und ist die plötzliche Entladung zwischen zwei Objekten mit unterschiedlichen elektrischen Ladungsträgern. Bestimmt kennen Sie dieses Phänomen vom Aussteigen aus dem Auto und dem elektrischen Schlag, den Sie dabei möglicherweise schon einmal bekommen haben.

Diese Entladung ist einem Blitz bei einem Gewitter ähnlich, nur wesentlich schwächer und ungefährlich – zumindest für den Menschen.

Anders sieht das aber bei empfindlicher Elektronik aus.

Elektrostatische Aufladungen sind häufig und entstehen durch den Kontakt verschiedener Materialien oder durch Influenz. Ein bekanntes Beispiel ist der kleine elektrische Schlag, den man spürt, wenn man eine Metalloberfläche nach dem Gehen auf Teppich berührt.

Auch das Knistern beim Ausziehen eines Wollpullovers ist eine Folge kleiner Blitzentladungen.

Und nun zur Gefahr für elektronische Bauteile:

Menschen bemerken ESD erst ab etwa 2.000 Volt, aber elektronische Bauteile können bereits ab 100 Volt beschädigt werden. Moderne, miniaturisierte Bauteile sind besonders empfindlich gegenüber elektrostatischen Entladungen, was zu schwerwiegenden Schäden führen kann.

Deshalb folgen hier einige Schutzmaßnahmen gegen solche Entladungen.

Um empfindliche Elektronik zu schützen, vermeidet man die Entladungen oder führt sie kontrolliert ab.

Zu den gängigsten ESD-Schutzmaßnahmen gehören die folgenden:

- Handgelenk-Erdungsband mit Erdungskabel
- ESD-Matten zum Arbeiten mit empfindlichen Baugruppen
- ESD-gerechtes Werkzeug und Materialien

- ableitende Fußbodenbeläge und Schuhwerk
- Lötstation mit einem Anschluss für Potentialausgleich
- ESD-Schutzverpackungen für empfindliche Bauteile und Baugruppen

Diese Mittel helfen Ihnen, ungewollte Aufladungen zu verhindern und vorhandene Aufladungen sicher abzuleiten. Für den Anfang brauchen Sie wahrscheinlich keine besonderen Maßnahmen für den ESD-Schutz zu treffen. Wenn Sie es aber später mit empfindlichen Baugruppen zu tun haben, wird das Thema sicherlich interessant für Sie.

Kapitel 7: Jetzt geht es an die Fehlersuche

Nun zum eigentlichen Zweck der ganzen Übung: die Fehlersuche und Reparatur. Den Anfang haben Sie bereits getan, indem Sie die bisher beschriebenen Schritte durchgeführt haben. Möglicherweise sind Ihnen dabei schon Auffälligkeiten begegnet, und Sie haben eindeutige Defekte festgestellt. Nur gibt es dabei eines zu bedenken:

Viele sichtbare Defekte wie zum Beispiel verschmorte Bauteile, sind Symptome eines Problems und haben Ursachen, die erst einmal gefunden werden wollen. Bei einigen Fehlern wie kalten Lötstellen tut man sich da schon leichter, da diese die sichtbaren Auswirkungen (Kontaktprobleme) und die Ursachen (Löttechnik, Alterung, mechanische Beschädigung) zugleich sind. Um die Sache nicht unnötig zu erschweren, gehen Sie am besten systematisch vor. Dazu hier nun einige Tipps:

Beschränken Sie sich bei der Fehlersuche zunächst auf den Teil der Schaltung des Gerätes, in dem sich entweder ein sichtbarer Fehler beziehungsweise ein Defekt befindet oder in dem die Fehlfunktion oder der Ausfall zu finden sind. Beispiel: Ist das Gerät oder ein Teil davon ohne Funktion, sehen Sie sich zunächst die Spannungsversorgung an.

Ist ein Fehler im Signalweg zu finden, etwa bei einem Verstärker, konzentrieren Sie sich erst einmal darauf, wie das zu verstärkende oder verarbeitende Signal seinen Weg durch die Schaltung des Gerätes nimmt.

Welche Defekte häufig an Geräten auftreten

Kommen wir nun zu einer wichtigen Frage: den häufigen Defekten.

Welche Arten von Defekten treten besonders häufig auf, wodurch werden sie verursacht und was ist in einem solchen Fall zu tun? Genau darum soll es jetzt gehen. Dieser Abschnitt beschreibt einige mögliche Defekte und deren Ursachen. Beginnen wir mit der Spannungsversorgung.

Fehler in der Spannungsversorgung

Erfahrungsgemäß ist die Spannungsversorgung einer der Bereiche, die eine Schlüsselfunktion bei der Fehlersuche spielen. Das hat mehrere Gründe:

- Die Spannungsversorgung ist der Schaltungsteil, der hohe Ausgangsleistungen zu verarbeiten hat und in dem Leistungsbauteile enthalten sind, die oft aufgrund von Überlastungen oder thermischen Problemen ausfallen.
- Funktioniert die Spannungsversorgung oder ein Teil davon nicht richtig und ist fehlerhaft, macht sich das oft durch den Ausfall einzelner Schaltungsteile des Gerätes bemerkbar.
- Ist die Spannungsversorgung fehlerhaft, etwa durch unsaubere Spannungen, verursacht durch defekte Elektrolytkondensatoren oder Ähnliches, kommt es ebenfalls oft zu Fehlern, die man gar nicht unbedingt auf die Spannungsversorgung zurückführen würde.
- Das ist bei elektronischen Steuerungen der Fall, die auf Spannungsschwankungen oder Spannungsspitzen oft sehr empfindlich reagieren.

Es ist daher sinnvoll, die Spannungsversorgung, also das Netzteil, in die Fehlersuche mit einzubeziehen. Die grundlegende Überprüfung besteht im Messen der Ausgangsspannungen des Netzteils.

Einfach aufgebaute Geräte haben nur eine oder zwei Ausgangsspannungen, die durch einen Transformator mit Gleichrichter und Siebkondensatoren, gegebenenfalls noch mit einem Spannungsregler, bereitgestellt werden. Solche Trafonetzteile lassen sich relativ einfach überprüfen.

Man bezeichnet die Trafonetzteile oft auch als lineare Netzteile.

Etwas anders sieht das bei Schaltnetzteilen aus. Diese liefern häufig viele Einzelspannungen, deren Sollwerte und Anschlüsse erst einmal bekannt sein müssen.

Informationen zu den Unterschieden zwischen Trafo- und Schaltnetzteilen finden Sie weiter hinten in diesem Kapitel.

Manchmal haben Sie Glück und finden auf der Platine mit dem Steckanschluss des Netzteils einen Aufdruck mit den entsprechenden Einzelspannungen in der Reihenfolge der Anschlusspins des Steckers, wie das in der nächsten Abbildung zu sehen ist. Ansonsten hilft nur ein Schaltbild, um die Einzelspannungen zu überprüfen.

Gnd steht hier für „Ground“. Das ist der Masseanschluss. Die Spannungsangaben beziehen sich auf positive Spannungen gegen diesen Massepunkt gemessen.

Sollte das Netzteil negative Ausgangsspannungen liefern, steht vor dem Spannungswert ein Minuszeichen (Beispiel: -12V). Ansonsten können Sie von einer positiven Ausgangsspannung ausgehen. Sollte eine Wechselspannung vorhanden sein, ist diese in der Regel als solche gekennzeichnet (Beispiel: AC 12V).

Anschluss eines Schaltnetzteils mit mehreren Ausgangsspannungen

Doch auch an Trafonetzteilen können Fehler auftreten. Diese können ihre Ursachen in den Transformatoren selbst haben oder in den nachgeschalteten Bauteilen zur Gleichrichtung, Siebung der gleichgerichteten Spannung und der in einigen Netzteilen vorhandenen Spannungsregelung.

Die nächste Abbildung zeigt ein Trafonetzteil in einem Kassettendeck.

In der Abbildung rechts ist ein Teil der Netzteilelektronik zu sehen. Dieser enthält die vier Gleichrichterdioden sowie einem integrierten Spannungsregler, der auf einem Kühlkörper (rechts im Bild zu sehen) angebracht wurde.

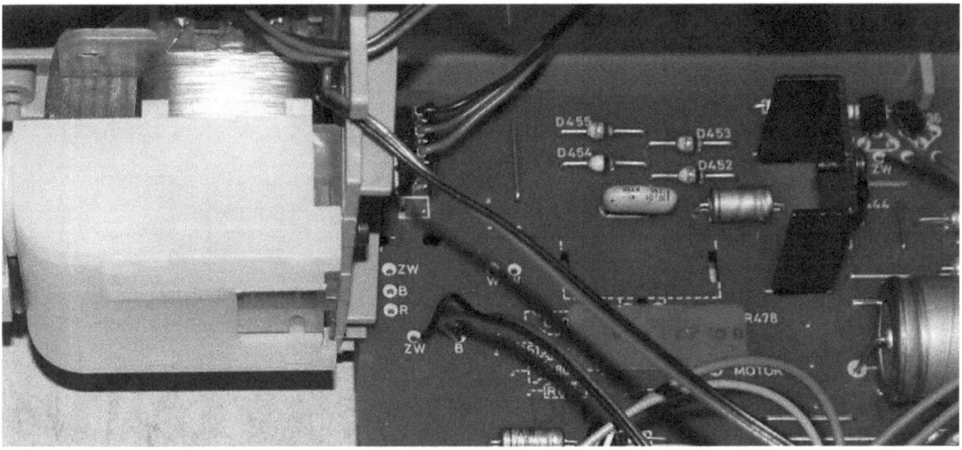

Trafonetzteil in einem Kassettendeck

Der Netztransformator lässt sich mithilfe eines Widerstandsmessgerätes durchmessen. Sowohl die Primär- als auch die Sekundärwicklung haben einen messbaren Widerstand, auf der Eingangsseite (Netzeingang, Primärwicklung) ist dieser Widerstand höher als auf der Sekundärseite (bis auf wenige Ausnahmen). Auf der Sekundärseite des Trafos hat diese Wicklung bei einem Trafo mit niedriger Ausgangsspannung eine deutlich geringere Windungszahl. Und der Draht in den Windungen auf der Sekundärseite ist in der Regel wesentlich dicker als auf der Primärseite, was zu einem niedrigeren Widerstand der Wicklung führt.

Wichtig: Zur Messung sollte der Trafo (Ausgang) von der übrigen Schaltung getrennt werden, da sonst falsche Messwerte angezeigt werden können.

Einige Trafos haben auf der Netzseite eine Temperatursicherung verbaut. Ist diese durchgebrannt, funktioniert der Trafo nicht mehr. Sie erkennen dies am unendlich hohen Widerstand der Eingangsseite der Trafowicklung (Primärwicklung). Außerdem ist es möglich, dass eine Wicklung des Trafos durchgebrannt ist. Das ist aber eher selten der Fall.

Unterschiede im Aufbau von Trafo- und Schaltnetzteilen

Wie Sie bereits in den vorherigen Abschnitten gelesen haben, gibt es unterschiedliche Arten von Netzteilen, auf die nun eingegangen werden soll. Die

Funktionsweise eines linearen Netzteils oder auch Trafonetzteils sieht wie in der folgenden Skizze dargestellt aus:

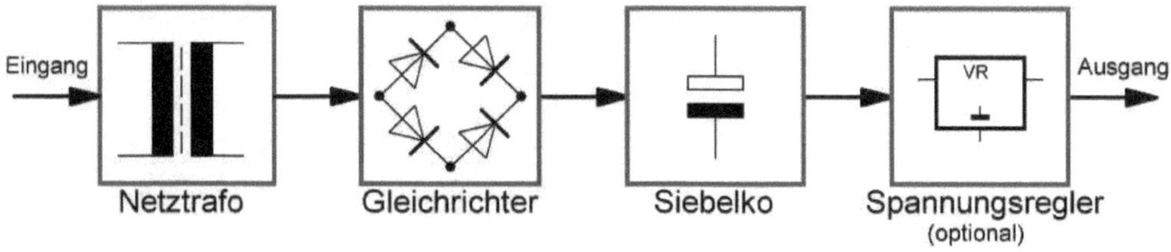

Schematische Darstellung eines konventionellen Trafonetzteils

Die Netzspannung geht zunächst (über einen Schalter und eine Sicherung, hier nicht eingezeichnet) in den Netztrafo hinein. Dort wird die Wechselspannung in eine meist deutlich geringere Wechselspannung umgewandelt.

Dann wird sie gleichgerichtet, also in eine pulsierende Gleichspannung umgewandelt. Der danach folgende Siebelko sorgt dafür, dass die pulsierende Gleichspannung gleichmäßig ist. Man sagt auch, sie wird geglättet.

Viele Trafonetzteile haben am Ausgang des Siebelkos noch einen integrierten Spannungsregler oder eine Schaltung zur Regelung der Ausgangsspannung, damit diese auch ohne Last (einen angeschlossenen Verbraucher) möglichst konstant bleibt. Das ist aber nicht immer der Fall.

Außerdem kann das Netzteil mehrere Ausgangsspannungen bereitstellen.

Der Transformator hat zu diesem Zweck dann mehrere Sekundärwicklungen (Ausgänge), die separat gleichgerichtet und bei Bedarf mit einer Spannungsregelung versehen werden können.

Die Skizze zeigt der Einfachheit halber ein Trafonetzteil mit nur einer einzigen Ausgangsspannung.

Das ist auch bei der folgenden Skizze nicht anders, die ein Schaltnetzteil zeigt. Auch hier wurde wegen der Übersichtlichkeit ein Netzteil mit nur einer Ausgangsspannung dargestellt. Gehen wir nun etwas näher auf dessen Funktionsweise ein:

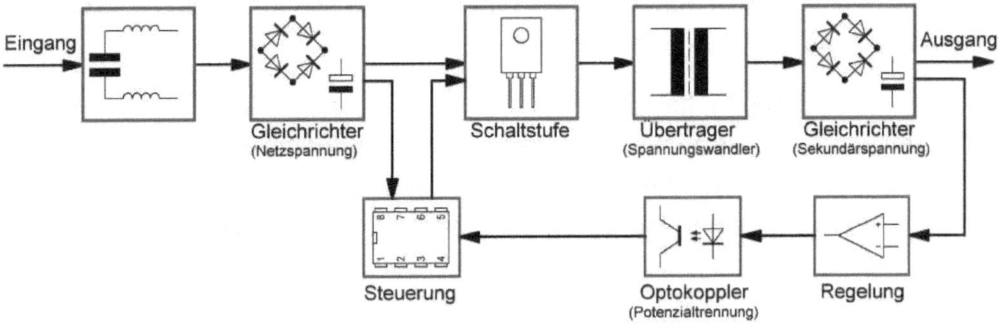

Schematische Darstellung eines Schaltnetzteils

Wie Sie sehen können, ist der Aufbau eines Schaltnetzteils schon etwas komplizierter als der eines Trafonetzteils. Die Netzspannung (auch hier wieder mit in der Skizze nicht eingezeichnetem) Schalter und einer Sicherung gelangt hier in den Netzfilter, wird anschließend gleichgerichtet und mithilfe eines Elkos geglättet. Ich habe die Funktionen Gleichrichter und Elko hier in einer Stufe zusammengefasst, damit das Ganze nicht zu kompliziert wird.

Das Schaltnetzteil enthält eine Steuerung. Diese taktet mit hoher Frequenz einen Schalttransistor in der Schaltstufe an. Dieser steuert wiederum den Wandlertrafo an, der die getaktete Spannung in eine meist deutlich geringere Ausgangsspannung umwandelt, ähnlich wie beim Netztrafo im linearen Netzteil. Der Wandlertrafo in einem Schaltnetzteil ist aber deutlich kleiner als ein herkömmlicher Netztrafo mit gleicher Leistung. Auch hier wird die Ausgangsspannung wieder gleichgerichtet und geglättet.

Eine zusätzliche Regelschleife sorgt für eine Spannungsregelung und eine Abschaltung des Netzteils bei Überlastung und Fehlfunktion. Die Verbindung zwischen dem netzseitigen Eingang auf der Primärseite und dem Ausgang auf der Sekundärseite stellt dabei ein Optokoppler her. Dieser ermöglicht eine Art Kommunikation zwischen beiden Seiten ohne eine direkte elektrische Verbindung.

Die größten Vorteile eines Schaltnetzteils gegenüber einem linearen Trafonetzteil bestehen in seiner geringeren Größe, weniger Wärmeentwicklung und seinem deutlich geringeren Gewicht bei gleicher Ausgangsleistung. Die zusätzliche

Elektronik lässt sich außerdem preisgünstiger herstellen als ein Netztrafo mit vergleichbarer Ausgangsleistung.

Außerdem können Schaltnetzteile bei geringer Stromabgabe soweit heruntergeregelt werden, dass nur eine sehr geringe Stromaufnahme bei Stand-by-Betrieb erfolgt, was eine Energieersparnis bedeutet. Hier sind noch ein paar weitere Vorteile und Gründe, warum heute vorwiegend Schaltnetzteile zum Einsatz kommen:

- Viele Schaltnetzteile haben eingebaute Schutzfunktionen wie Überstrom-, Überspannungs- und Kurzschlussschutz.
- Schaltnetzteile können verschiedene Ausgangsspannungen bereitstellen und arbeiten dabei sehr effizient.
- Wegen der höheren Effizienz und der besseren Spannungsregelung ist die Verlustleistung geringer, das ist besonders bei hohen Leistungen vorteilhaft.
- Außerdem wandeln Schaltnetzteile weniger Energie in Wärme um. Dies führt zu geringeren Stromkosten.
- Schaltnetzteile können oft einen weiten Bereich von Eingangsspannungen verarbeiten. Viele Schaltnetzteile lassen sich ohne Umschalten in Spannungsbereichen zwischen 100 und 240 Volt betreiben.
- Sie bieten eine präzisere Spannungsregelung und eine stabilere Ausgangsspannung, unabhängig von Lastschwankungen und Eingangsspannung.

Doch zurück zur Fehlersuche. Wegen der Verarbeitung hoher Spannungen und der fehlenden Netztrennung auf der Primärseite ist besondere Vorsicht wichtig. Deshalb habe ich an dieser Stelle auch den unterschiedlichen Aufbau der Netzteile beschrieben. Denn das ist für das grundlegende Verständnis wichtig.

Last am Ausgang und die Leerlaufspannung

Die möglichst genaue Spannungsüberprüfung sowohl bei einem Schaltnetzteil als auch bei einem Trafonetzteil ist aber noch aus weiteren Gründen wichtig. Schaltnetzteile funktionieren in vielen Fällen nur dann korrekt, wenn am Ausgang eine genau definierte Last anliegt. Die Ausgangsleistung des Netzteils ist hier auf die Stromaufnahme des Verbrauchers abgestimmt. Im Leerlaufbetrieb kann das Netzteil gegebenenfalls unzuverlässig arbeiten oder sogar ganz abschalten.

Das ist zu beachten, wenn zum Beispiel Geräte lastseitig Fehler aufweisen, entweder in Form von Unterbrechungen, also fehlender Last, oder Überlastungen bei Kurzschlüssen, bei denen das Netzteil in der Regel ebenfalls abschaltet.

Außerdem können Schaltnetzteile bei zu geringer oder fehlender Last „hochlaufen“, das heißt, die Ausgangsspannung steigt dann übermäßig stark an. Das gilt besonders dann, wenn es sich um Netzteile handelt, die als Teil einer Gesamtschaltung fungieren, bei der alle Schaltungsteile genau aufeinander abgestimmt sind, etwa bei Fernsehgeräten oder Monitoren.

Viele dieser Netzteile, die fest in Geräten mit relativ konstanter Stromaufnahme eingebaut sind, wurden vom Hersteller aus genau auf die entsprechende Ausgangslast angepasst. Ohne diese funktionieren sie also nicht richtig. Das gilt übrigens auch für PC-Netzteile, die zweckentfremdet eingesetzt mitunter zu einem merkwürdigen Verhalten neigen und dann oft unvermittelt abschalten.

Trafonetzteile können bei fehlender Last eine sehr hohe Ausgangsspannung liefern, die deutlich höher ist als die Nennspannung. Man spricht hier von der Leerlaufspannung, die in einigen Fällen sogar deutlich höher ist als die Nennspannung. Ein Netzteil mit einer Nennspannung in Höhe von 12 Volt etwa kann je nach Ausgangsleistung bei fehlender Last schon einmal 15 Volt oder mehr an Leerlaufspannung liefern.

Diese Leerlaufspannung ist nicht zu unterschätzen, kann sie doch bei empfindlichen Bauteilen für Folgeschäden sorgen. Das ist auch dann wichtig, wenn ein Trafonetzteil ohne Spannungsregelung an einen Verbraucher angeschlossen wird, der zuvor an einem Netzteil mit wesentlich geringerer Ausgangsleistung betrieben wurde.

Aufgrund der höheren Leistung und maximalen Stromstärke ist die Ausgangsspannung stark lastabhängig, kann in diesem Fall also deutlich höher sein als beim originalen Netzteil.

Defekte Elektrolytkondensatoren als Fehlerursachen

Und noch eine Sache sollte nicht unerwähnt bleiben:

Das sind defekte Elektrolytkondensatoren, die mitunter für eine unsaubere Spannungsversorgung verantwortlich sind, die wiederum für Fehlfunktionen sorgt. Auch wenn es zunächst nicht den Anschein hat, sind diese Kondensatoren sehr stark belastete Bauteile.

Denn sie müssen elektrische Spannungen kurzzeitig zwischenspeichern und mit hohen Spannungsimpulsen zurecht kommen. Außerdem befinden sie sich nicht selten in einem Bereich des Gerätes, der starken Temperaturschwankungen ausgesetzt ist, etwa im Netzteil oder im Leistungsteil von elektronischen Schaltungen wie Verstärkern oder Steuerungen, in denen sich Wärme entwickelt.

Und es kommt noch ein weiteres Phänomen hinzu, dass gerade bei jüngeren Geräten der Unterhaltungselektronik häufig zu beobachten ist: eine falsche Dimensionierung der Bauteile durch den Hersteller. Genauer gesagt geht es um die Wahl des Spannungswertes und des Temperaturbereiches. Zu knapp bemessene Maximalspannungen und Temperaturbereiche wirken sich negativ auf die Lebensdauer der Bauteile aus.

Als Folge altern viele dieser Kondensatoren sehr schnell und sind dann Ursache für einen vorzeitigen Ausfall der Geräte, in denen sie verbaut wurden. Das ist bei Netzteilen ebenso wie bei Monitoren, Computern oder anderen Geräten der Fall, in denen die Bauteile hohen Spannungsschwankungen und Temperaturschwankungen ausgesetzt sind. Man könnte das auch als ein Beispiel für eine geplante Obsoleszenz betrachten.

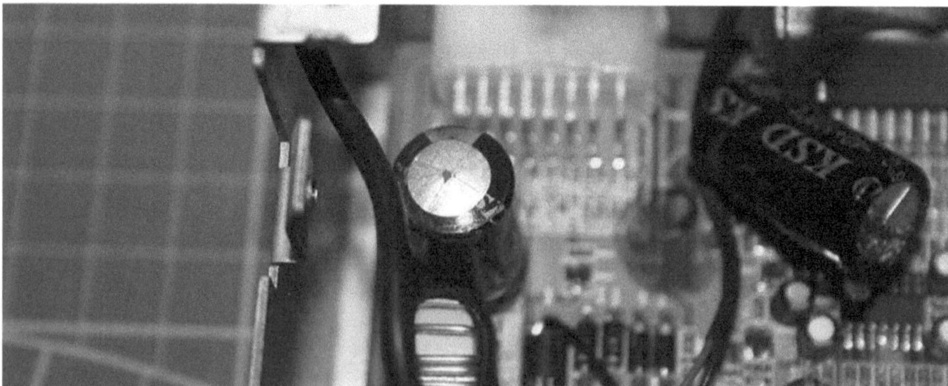

Defekter Elko in einem Autoradio

Fehlerhafte Elektrolytkondensatoren sind mitunter schwer zu lokalisieren. Nicht immer sieht man ihnen gleich an, dass Sie defekt sind. Manchmal haben Sie aber auch Glück und erkennen einen nicht mehr brauchbaren Elko an der ausgebeulten Oberseite, wie auch in der Abbildung zu sehen.

Viele Elkos besitzen hier eine Sollbruchstelle, erkennbar an den kreuzförmigen Rillen an der Oberseite, die bei Überdruck nachgeben sollen. Einige Elkos besitzen zu diesem Zweck auch „Überdruckventile" an der Unterseite, durch die ein zu starker Druck entweichen kann. Dieser kommt zustande durch eine Erhitzung des Bauteils und eine Gasbildung im Inneren. Oft kommt es dann auch zum Auslaufen des Elektrolyten, begleitet von einem strengen Geruch. Achten Sie deshalb auch auf die Unterseite und auf eventuell ausgetretene Elektrolytflüssigkeit auf der Unterseite des Elkos. Diese kann Beschädigungen an den Leiterbahnen auf der Platine verursachen.

Der ESR, der äquivalente Serienwiderstand

Der ESR (**E**quivalent **S**eries **R**esistance) bei Elektrolytkondensatoren ist der Widerstand, der wie ein in Reihe zum eigentlichen Kondensator geschalteter Widerstand wirkt. Der ESR gehört zu den sogenannten parasitären Eigenschaften des Elkos, also jenen unerwünschten Eigenschaften, die ein Elko neben seinen Haupteigenschaften besitzt.

Kondensatoren haben einen frequenzabhängigen Wechselstrom- oder Scheinwiderstand (Impedanz), der mit steigender Frequenz abnimmt. Theoretisch nimmt die Impedanz so beliebig weit ab. Wäre da nicht der ESR. Schauen Sie sich dazu das linke Schaltbild in der Abbildung an.

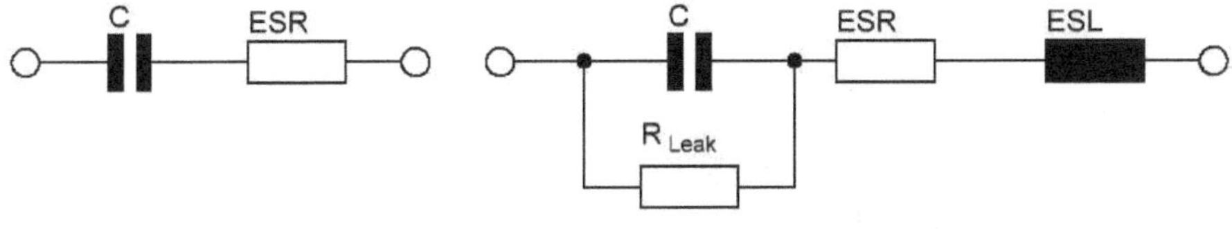

ESR, ESL und Leckwiderstand in den Ersatzschaltbildern

Da der ESR wie ein zum Kondensator in Reihe geschalteter Widerstand wirkt, kann der Gesamtwiderstand nicht geringer sein als der ESR. Die Impedanz geht also frequenzabhängig nur bis zu einem bestimmten Wert herunter.

Wie Sie im rechten Schaltbild erkennen können, gibt es aber dann noch ein paar weitere Faktoren, die sich auf das Verhalten des Kondensators in einer elektronischen Schaltung auswirken. Zum einen wäre da die äquivalente Serieninduktivität (**E**quivalent **S**eries **I**nductance, in Kurzform ESL, da L das Formelzeichen für Induktivität ist).

Die äquivalente Serieninduktivität bewirkt, dass der Wechselstromwiderstand ab einer bestimmten Frequenz wieder zunimmt, also wieder höher wird als der ESR. Würde man das Ganze in einem Diagramm darstellen, so sähe das etwa so wie in der folgenden Abbildung aus.

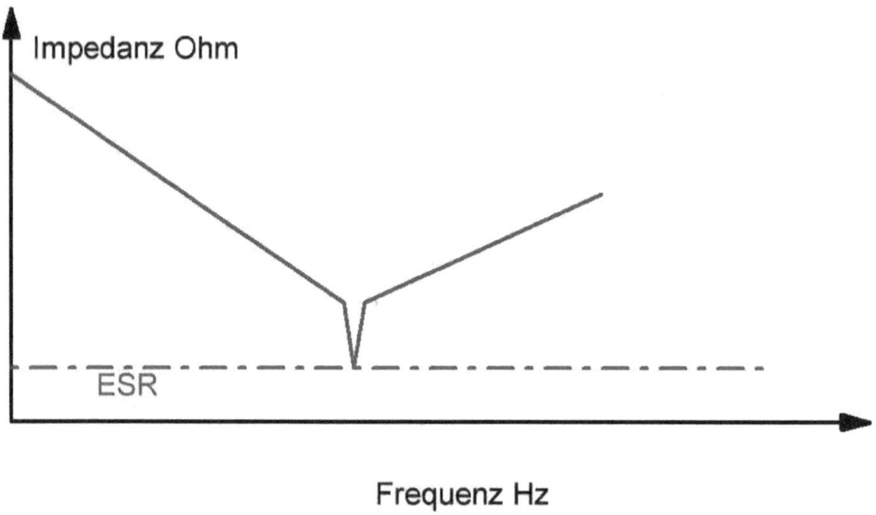

Impedanzwerte eines Kondensators abhängig von der Frequenz

Sie können erkennen, wie die Impedanz bis zu einer bestimmten Frequenz sinkt. Diese Frequenz ist die sogenannte Resonanzfrequenz. Danach steigt die Impedanz wieder an. Diese Eigenschaft hat mit der Serieninduktivität (ESL) zu tun. Diese entsteht bei sehr hohen Frequenzen, wodurch der Scheinwiderstand ab der Resonanzfrequenz und dem Sinken der Impedanz auf den Minimalwert (entspricht dem ESR) wieder ansteigt, wie es auch im Diagramm zu sehen ist. Der Kondensator hat also bei höheren Frequenzen eine gewisse Induktivität.

Als weitere Eigenschaft sollte noch der Leckwiderstand (Leak, siehe rechte Schaltung in der Abbildung) genannt werden. Dies ist der im aufgeladenen Zustand des Kondensators fließende geringe Gleichstromanteil, der zur Selbstentladung des Elektrolytkondensators beiträgt. Es ist so, als wäre dem Kondensator ein sehr hochohmiger Widerstand parallel geschaltet, der diesen entlädt.

Obwohl Kondensatoren dazu da sind, elektrische Energie zu speichern und freizugeben, haben sie also auch weitere Eigenschaften, die sich auf deren Verhalten in elektronischen Schaltungen auswirken. Doch zurück zum ESR.

Die Höhe des ESR ist von verschiedenen Faktoren abhängig. Dazu gehören die Materialien, aus denen der Kondensator gefertigt wurde und die Leitfähigkeit des flüssigen Elektrolyten. Je geringer der ESR-Wert ist, desto besser.

Da dieser Wert unter anderem auch von der Leitfähigkeit des Elektrolyten abhängig ist, verändert er sich im Laufe der Zeit, zum Beispiel durch die Verdunstung des Elektrolyten, die eine Erhöhung dieses ESR-Wertes zur Folge hat. Und die Verdunstungsrate steigt natürlich auch bei höheren Temperaturen an, zum Teil sogar enorm.

Einfach ausgedrückt, der ESR ist wie ein kleiner Bremsklotz, der verhindert, dass der Elektrolytkondensator perfekt arbeitet. Wenn der ESR hoch ist, kann der Kondensator weniger effektiv Energie speichern und wieder freigeben. Der Auflade- und Entladevorgang wird gehemmt. Ein niedriger ESR bedeutet daher, dass der Kondensator effizienter arbeitet und weniger Energie in Form von Wärme verliert.

In der Praxis ist ein Elektrolytkondensator mit niedrigem ESR besser geeignet für Anwendungen, bei denen schnelle Lade- und Entladevorgänge erforderlich sind, wie zum Beispiel in Schaltnetzteilen. Zu diesem Zweck gibt es sogenannte Low-ESR-Elkos, die den guten Wirkungsgrad von Spannungswandlern oder Schaltnetzteilen ermöglichen und zu diesem beitragen.

Defekte Elkos austauschen

Viele Defekte in elektronischen Geräten sind tatsächlich auf defekte Elektrolytkondensatoren zurückzuführen. In den meisten Fällen sind keine Folgeschäden in der übrigen Schaltung zu befürchten. Das ist eher die Ausnahme, zum Beispiel dann, wenn ein Elko einen Kurzschluss hat oder der Elektrolyt ausläuft und Schäden an den Leiterbahnen verursacht. Dennoch ist es wirklich wichtig, einen defekten Elko durch geeigneten Ersatz auszutauschen, damit das Gerät nachher wieder einwandfrei funktioniert. Achten Sie dabei auf einige wichtige Dinge.

Setzen Sie nach Möglichkeit nur Elektrolytkondensatoren mit dem gleichen Kapazitätswert ein. Nicht immer ist das problemlos möglich. Handelt es sich etwa um ein sehr altes Gerät, kann dieses Elektrolytkondensatoren mit nicht mehr erhältlichen Kapazitätswerten enthalten (etwa 50 µF). Hier können Sie auch leicht abweichende Kapazitätswerte verwenden. Im Beispiel wären das 47 µF (Mikrofarad). Elektrolytkondensatoren haben normalerweise relativ hohe Toleranzwerte von 20 oder 30 Prozent. Ein paar µF mehr oder weniger sind also meist nicht allzu schlimm. Lediglich Abweichungen, die weit außerhalb der üblichen (und eben genannten) Toleranzbereiche liegen, sollten Sie vermeiden.

Ebenfalls wichtig ist die maximale Spannung, für die der Elektrolytkondensator ausgelegt ist. Gleiches gilt aber auch für andere Arten von Kondensatoren. Ersetzen Sie daher niemals einen Elko, der für eine Spannung von bis zu 35 Volt ausgelegt ist, durch einen mit einer Spannungsangabe von 25 Volt oder sogar noch weniger. Höhere Werte als die auf dem original verbauten Bauteil angegebenen sind besser.

Natürlich hängt es auch immer davon ab, welche Funktion der Kondensator oder Elektrolytkondensator hat. Abweichungen von den Normwerten können verschiedene Effekte verursachen. In Netzteilen dienen die Kondensatoren häufig zum Glätten und Filtern elektrischer Spannungen. Zu große Abweichungen können (genau wie bei einem Kapazitätsverlust infolge eines Defektes) Fehlfunktionen verursachen. Deshalb bleiben Sie immer so nah wie möglich an der angegebenen Sollkapazität.

Ebenfalls wichtig ist die Temperaturangabe, welche die maximale Arbeitstemperatur angibt, in deren Umfeld der Elko seine Funktion noch einwandfrei erfüllen kann. Auch hier gilt wieder: höher ist besser als zu niedrig. Sie können einen Elko mit einer Temperaturangabe von 85 Grad Celsius problemlos durch einen mit 105 Grad Celsius ersetzen, aber nicht umgekehrt.

Nun noch ein paar Worte zum Aufbau der Elkos und zum Austausch. Sie können prinzipiell auch Bauteile anderer Bauart oder Größe verwenden, solange die Temperaturwerte und die elektrischen Parameter stimmen. Das ist aber in der Praxis oft leichter gesagt als getan. Anschlüsse mit einem anderen Abstand zueinander oder sehr enge Einbaustellen machen das oft zu einer Herausforderung. Deshalb ein paar Hinweise dazu.

Achten Sie darauf, dass der neue Elko beim Einbau nicht mit wärmeführenden Bauteilen in Verbindung kommen kann und dass die Anschlussdrähte mechanisch nicht zu sehr beansprucht werden. Vermeiden Sie, dass die Anschlussdrähte direkt am Bauteil zu sehr auseinandergebogen werden, wenn das wegen eines größeren Lochabstandes auf der Platine notwendig ist. Vermeiden Sie also starke mechanische Beanspruchungen der Anschlüsse und thermische Einwirkungen so gut wie möglich.

Weitere Fehler an Netzteilen

Natürlich können an den Netzteilen noch weitere Fehler auftreten. Hier sind Beispiele:

Als Erstes wären da defekte Gleichrichter oder Spannungsregler. Gleichrichter sind entweder in Form von kompakten Brückengleichrichtern eingesetzt oder bestehen aus einzelnen Gleichrichterdioden. In beiden Fällen lassen sich die Gleichrichter mit einem Diodentestgerät oder der entsprechenden Funktion an einem Multimeter überprüfen.

In der nächsten Abbildung sehen Sie einen Gleichrichter als einzelnes Bauteil mit vier Anschlüssen und rechts einzelne Dioden auf einer Netzteilplatine, welche den gleichen Zweck erfüllen. Die Schaltung eines Brückengleichrichters sieht wie im Schaltbild auf der folgenden Seite aus. Anhand der Schaltung können Sie die Belegungen der einzelnen Dioden problemlos erkennen und diese einzeln durchmessen.

Aber:

Der Gleichrichter sollte dazu am besten ausgelötet werden. Die einzelnen Messungen lassen sich dann relativ einfach durchführen.

Vierpoliger Gleichrichter (links) und Gleichrichterdioden (rechts) auf Netzteilplatinen

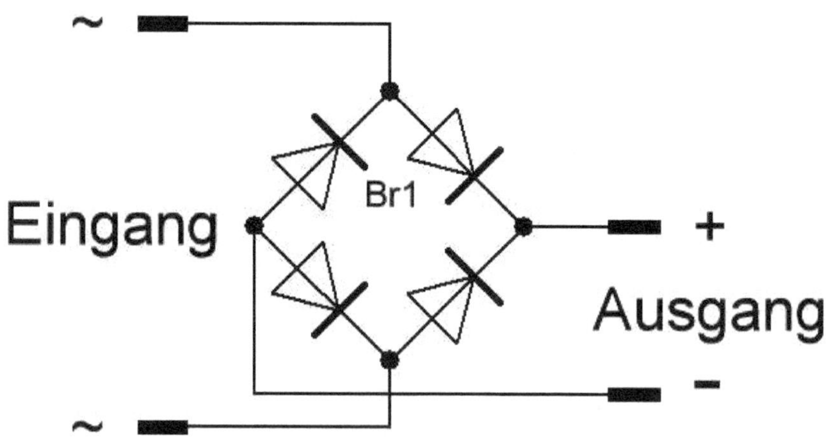

Die Schaltung eines Brückengleichrichters bestehend aus vier Dioden

Schalten Sie zunächst Ihr Multimeter auf den Diodentest. Halten Sie anschließend eine der beiden Messspitzen an den Minuspol am Ausgang des Gleichrichters. Die andere Messspitze halten Sie nun nacheinander an den einen und an den anderen Wechselspannungseingang (gekennzeichnet mit ~).

- Wenn Sie die rote Messspitze an den Minuspol halten und die schwarze Messspitze abwechselnd an den einen oder anderen Wechselspannungseingang, sollten Sie einen Durchgang haben, das Messgerät sollte einen Spannungsabfall von etwa 600 bis 700 Millivolt anzeigen.
- Führen Sie die Messung mit vertauschten Messspitzen durch, sollte das Messgerät unendlich (Display OL oder 1...) anzeigen.
- Mit den beiden Dioden, die mit dem Pluspol des Ausgangs des Gleichrichters verbunden sind, verfahren Sie genauso. Nur hier ist es genau umgekehrt. Hier haben Sie einen Durchgang, wenn Sie die schwarze Messspitze an den Pluspol halten und keinen Durchgang, wenn sie die rote Messspitze an den Pluspol halten.

Einzelne Dioden lassen sich auf die gleiche Art und Weise überprüfen, indem Sie einfach die Messspitzen mit den Anschlüssen der Diode verbinden und den Vorgang mit vertauschten Messspitzen wiederholen. Auch hier müssen Sie in eine Richtung einen Durchgang mit einem messbaren Spannungsabfall haben, in der anderen Richtung nicht. Beachten Sie aber, dass Sie zumindest einen Anschluss jeder Diode auslöten sollten, damit die Messergebnisse nicht verfälscht werden können.

Haben Sie einzelne Gleichrichterdioden in einer Schaltung ausgetauscht, legen Sie diese bei der Montage am besten nicht direkt auf die Platine auf, sondern lassen Sie einen kleinen Abstand zwischen Platine und Diode. Das sorgt für eine bessere Luftzirkulation und Kühlung der Dioden.

Enthält das Netzteil einen integrierten Spannungsregler, müssen Sie überprüfen, ob sowohl am Eingang eine Spannung anliegt als auch am Ausgang die auf dem Spannungsregler angegebene Sollspannung, das sind etwa 12 Volt bei einem 7812 oder 5 Volt bei einem 7805.

Wird der Spannungsregler bei eingeschaltetem Netzteil sehr schnell heiß, liegt am Ausgang sehr wahrscheinlich ein Kurzschluss vor. Überprüfen Sie, ob die Verbindung zwischen Masse und Ausgang niederohmig ist (nur geringen Widerstand aufweist). In diesem Fall ist die Fehlerursache vermutlich ein Kurzschluss hinter dem Ausgang des Spannungsreglers. Und auch der Spannungsregler selbst kann einen Kurzschluss haben.

Es gibt verschiedene Bauformen der 78XX-Spannungsregler. Im Bild sehen die zwei gängigsten Bauformen. Beachten Sie, dass die Spannungsregler im TO-92-Gehäuse (links im Bild) eine andere Anschlussbelegung haben als die im TO-220-Gehäuse (rechts im Bild). Eingang (E) und Ausgang (A) sind vertauscht, die Masseanschlüsse (⊥) befinden sich in der Mitte.

Integrierte Spannungsregler mit TO92- (links) und TO220-Gehäuse (rechts)

Sowohl für Gleichrichter in kompakter Bauform als auch für Spannungsregler für höhere Leistungen gilt: Montieren Sie den Spannungsregler an einem Kühlkörper oder Kühlblech, sofern dies vorher auch der Fall war. Nach einem Austausch sollten Sie die Temperaturentwicklung während eines Probebetriebs im Auge behalten.

Durch nicht ausreichend Kühlung verursachte Fehler

Eine nicht mehr richtig funktionierende Kühlung kann ebenfalls eine Fehlerursache darstellen. Die eigentlichen Fehler sind Folgefehler der ausgefallenen oder nicht mehr ausreichenden Kühlung und die damit verbundene Überhitzung des Gerätes oder der entsprechenden Schaltung. Sind eindeutige Anzeichen für eine Überhitzung zu erkennen, überprüfen Sie, ob der Weg für die zu kühlende Luft frei ist, ob der oder die eventuell vorhandenen Lüfter im Gerät einwandfrei funktionieren und damit für eine ausreichende Kühlung sorgen können.

Überprüfen Sie in dem Fall auch unbedingt, ob durch die Überhitzung weitere Folgefehler entstanden sind und das Gerät noch weitere Defekte aufweist.

Wie sieht es bei akkubetriebenen Geräten aus?

Wie sieht es aber bei mit Akkus oder Batterien betriebenen Geräten aus? Zunächst geht es um akkubetriebene Geräte, um die darin eingesetzten Akkus und die Ladeschaltung.

Bei einem akkubetriebenen Gerät kann es der Akku selbst oder die Aufladeeinrichtung sein, die nicht richtig funktionieren. Defekte Akkus sind keine Seltenheit, besonders dann, wenn Geräte wie Smartphones, Laptops oder Tablets lange Zeit unbenutzt herumliegen und dabei sehr lange nicht geladen wurden. Schließt man das Gerät dann ans Ladegerät an, tut sich oft gar nichts mehr. Was kann in einem solchen Fall unternommen werden?

Eine Möglichkeit besteht darin, das Gerät zunächst etwas länger am Ladegerät zu lassen. Fängt es nach einigen Minuten an zu laden und das Display zeigt den Ladevorgang an, ist das schon einmal ein gutes Zeichen.

Sie können das prüfen, wenn Sie nach einigen Minuten die Einschalttaste am Gerät (Smartphone oder Tablet) kurz drücken und nachsehen, ob sich das Display einschaltet, den Ladevorgang und schließlich den aktuellen Ladestand anzeigt.

Aber Achtung:

In einigen Fällen kann es vorkommen, dass sich der Akku nach längerer Nichtbenutzung (und ohne aufgeladen zu werden) stark erhitzt und aufbläht. Das ist oft bei Handyakkus oder Akkus in Tablets der Fall. Achten Sie deshalb unbedingt auf eine starke Wärmeentwicklung und behalten Sie das Gerät mit dem Akku während des ersten Aufladens nach längerer Zeit der Nichtbenutzung im Auge.

Stellen Sie diese fest, möglicherweise zusammen mit einem Aufblähen des Akkus oder einer Ausbeulung auf der Rückseite eines Smartphones oder Tablets mit fest verbautem Akku, unterbrechen Sie sofort den Ladevorgang.

Ist das nicht der Fall, und der Akku wird gar nicht geladen, sollten Sie das Gerät genauer unter die Lupe nehmen. Bevor Sie aber damit fortfahren, folgen jetzt noch ein paar weitere wichtige Hinweise:

Gehen Sie mit Akkus aller Art sehr sorgsam und vorsichtig um. Sie können bei falscher Handhabung in Brand geraten und sogar explodieren.

Führen Sie solche Überprüfungen und Reparaturen an den Geräten mit defekten Akkus nur dann durch, wenn Sie wissen, was Sie tun.

Hier zeige ich nur einige Vorgehensweisen, die sich in der Praxis bewährt haben. Ob und was Sie davon umsetzen oder nicht, ist Ihre eigene Entscheidung.

Denken Sie daran: Sie führen alle Reparaturen auf eigene Gefahr durch.

Zunächst sollte überprüft werden, ob der Akku noch eine Restspannung hat. Ist das der Fall, lässt er sich in den meisten Fällen noch aufladen. Wie hoch die Kapazität dann ist, steht natürlich auf einem anderen Blatt. Viele Handys und Tablets lassen sich so wieder reaktivieren. Eine Garantie dafür gibt es aber nicht.

Akkuanschlüsse an Handyakkus

Im Bild sehen Sie die Anschlüsse an solchen Akkus, die Sie aus vielen Handys oder Smartphones entnehmen können. Auch viele andere akkubetriebene Geräte enthalten solche Lithium-Ionen-Akkus. Haben Sie Glück wie hier in diesen

Beispielen, sind sogar die Anschlüsse der Akkus beschriftet. Sie können nun mit der Spannungsmessfunktion Ihres Multimeters testen, ob noch eine Restspannung anliegt. Viele Handys und Smartphones haben Akkus mit einer Nennspannung von 3,7 oder 3,8 Volt (oft steht die Nennspannung auch drauf). Stellen Sie dazu Ihr Multimeter auf den entsprechenden Spannungsmessbereich ein. Den an einigen Akkus vorhandenen dritten Anschluss können Sie ignorieren.

Sie sollten eine Spannung messen können. Bei einem leeren Akku liegt diese bei weniger als der Nennspannung (zum Beispiel 3,7 Volt). Ist der Akku aufgeladen, liegt sie deutlich darüber. Bei einem 3,7-Volt-Akku liegt die Leerlaufspannung im aufgeladenen Zustand meistens bei etwa 4,1 oder 4,2 Volt.

Schlecht sieht es aus, wenn der Akku tiefentladen ist, also das Messgerät 0 Volt anzeigt. Versuchen Sie ihn dann auf die eingangs beschriebene Weise aufzuladen. Wiederholen Sie die Messung danach und überprüfen Sie die Spannung nochmals. Schon nach wenigen Minuten Ladezeit sollte am Akku bei ausgestecktem Ladegerät eine Spannung messbar sein.

Ist der Akku bei einem Handy oder Smartphone herausnehmbar, erleichtert das die Sache erheblich. Oft ist das aber nicht der Fall, sodass das Gerät geöffnet werden muss.

Die folgenden Abbildungen zeigen zunächst ein Smartphone mit fest verbautem Akku. Hier wurde das Gerät mit geeignetem Werkzeug geöffnet und der Akkuanschluss zugänglich gemacht. Anschließend wurde die Akkuspannung gemessen.

Der Akku in diesem Gerät konnte tatsächlich wieder reaktiviert werden. Aber er war auch nicht komplett tiefentladen. Es war noch eine Restspannung vorhanden. Das Smartphone ließ sich auch nach längerer Zeit der Nichtbenutzung und ohne aufgeladen zu werden wieder nutzen. Inwieweit dieser Akku noch Kapazität hat, muss sich aber erst noch zeigen.

Akkuanschluss in einem Smartphone

Ich habe hier eine Spannungsmessung durchgeführt. Die Akkuspannung liegt, nach dem Aufladen und nachdem das Smartphone einige Zeit in Betrieb war, noch bei fast 4 Volt.

Eine solche Restkapazität ist schon einmal vielversprechend. Ist der Akku defekt, entlädt er sich sehr schnell wieder. Meistens bricht die Akkuspannung schon bei relativ geringer Stromentnahme sehr schnell zusammen.

Die Folge:

Die Elektronik „denkt“ dann, der Akku wäre leer, da der Ladestand des Akkus über die Spannung errechnet wird, sollte das Gerät über eine Akku-Ladestandanzeige verfügen.

Diese Anzeige kann bei einem defekten Akku mit deutlich gesunkener Kapazität und Stromangabe unter Belastung nicht mehr zuverlässig arbeiten.

Messen der Akkuspannung mit dem Multimeter

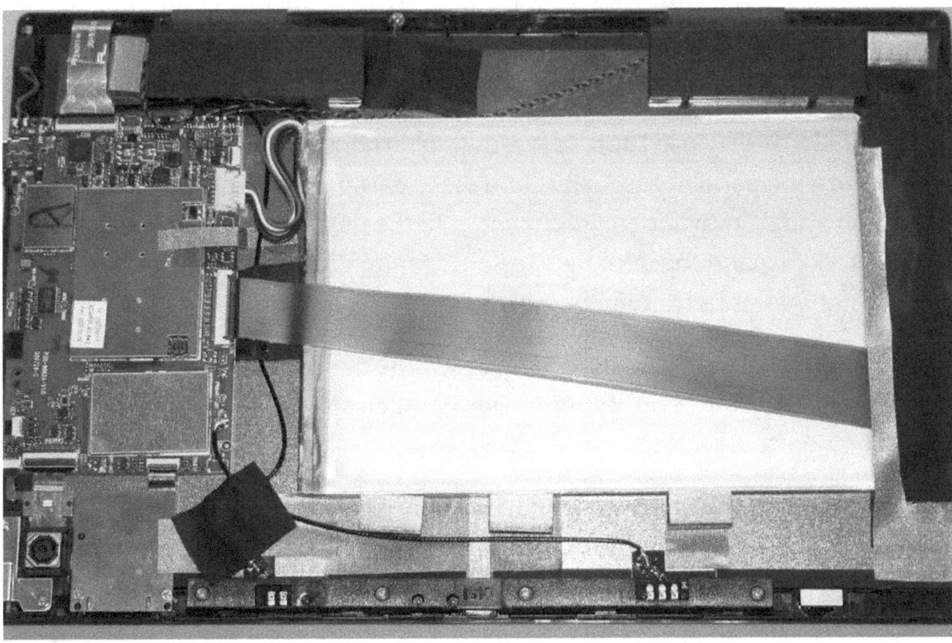

Geöffnetes Tablet mit großem Akku

Einige Geräte (etwa Tablets) haben etwas größere und leistungsstärkere Akkus, zum Teil auch bestehend aus mehreren Akkuzellen. Oft sind mehrere Akkuzellen zusammengeschaltet, sodass sich die doppelte Gesamtspannung oder ein Mehrfaches der Akkuspannung ergibt. Auch in diesem Fall muss aber jeder Akku für sich gemessen werden. Denn oft kommt es vor, dass nur ein Akku keine Kapazität mehr hat und der zweite Akku zumindest noch einiges an Restkapazität.

In der vorigen Abbildung sehen Sie ein geöffnetes Tablet und den großen Akku in der Mitte. Die Anschlüsse gehen links über eine Steckverbindung zum Mainboard des Tablets.

Es sind bei einigen Tablets (oder anderen Geräten mit internen Akkus wie tragbare DVD-Player oder ähnliches) Akkus mit mehreren Anschlüssen verbaut, die jeweils Anschlüsse für einzelne Zellen oder Anschlüsse nach jeder Zelle haben. In dem Fall müssen die Einzelspannungen der Akkus gemessen werden, um feststellen zu können, ob und welche Akkus überhaupt noch eine Restspannung haben.

Bei den Lithium-Ionen-Akkus werden während des Aufladens immer die Einzelspannungen aller Akkuzellen überwacht, da diese nicht die 4,1 oder 4,2 Volt Ladeschlussspannung überschreiten dürfen.

In einigen Geräten wie in Laptops werden zur Erhöhung der Kapazität auch mehrere Akkuzellen parallel geschaltet und diese parallel geschalteten Gruppen von Akkus mit anderen Gruppen von Akkus in Reihe geschaltet. Letzteres zur Erhöhung der Akkuspannung, also der Gesamtspannung, welche das Gerät benötigt, das mit den Akkus betrieben werden soll.

Die Abbildung auf der folgenden Seite zeigt, wie die Akkus in einem solchen Fall zusammengeschaltet sein können. Die Parallelschaltungen wurden entsprechend markiert.

Wie in der Abbildung gut zu erkennen ist, wurden jeweils drei Akkuzellen parallel geschaltet. Diese Dreiergruppen wurden dann wiederum in Reihe geschaltet.

Das bedeutet: Die Reihenschaltung dient zur Erhöhung der Gesamtspannung des Akkus, die Parallelschaltung der drei Akkus in einer Gruppe dient zur Erhöhung der Kapazität.

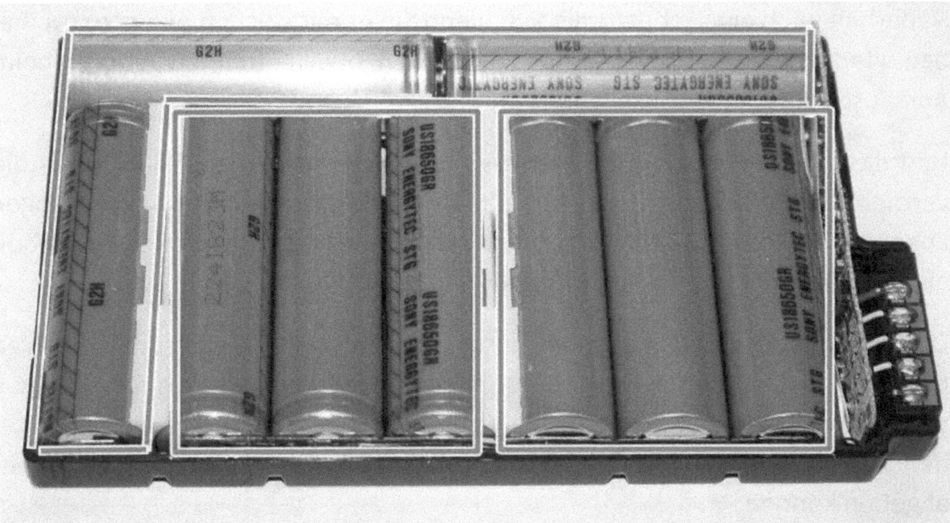

Aufteilung der einzelnen Akkus in drei Gruppen

Sicherheitshinweise zum Thema Batterien und Akkus

Ich möchte an dieser Stelle noch einmal auf die Gefahren hinweisen, die bei der Reparatur von mit Akkus betriebenen Geräten entstehen können. Es sind nämlich keineswegs nur die netzbetriebenen Geräte, von denen Gefahren ausgehen. Auch die Akkus stellen Gefahrenquellen dar, wie bereits weiter oben erwähnt wurde.

Gerade die modernen Geräte mit Lithium-Ionen-Akkus wie Laptops oder Tablets haben einen sehr hohen Energiebedarf. Gleiches gilt auch für Akkuwerkzeuge. Dementsprechend hohe Leistungen können diese Akkus speichern und bei Bedarf abgeben.

Die Folgen bei einem Kurzschluss einer einzigen Akkuzellen können verheerend sein. Es kann zu einer starken Temperaturentwicklung kommen, die Anschlüsse erhitzen sich sehr stark und können Verbrennungen verursachen. Außerdem besteht im Extremfall die Möglichkeit, dass der Akku explodiert.

Wenn Sie mit solchen Geräten hantieren und es mit solchen leistungsstarken Akkus zu tun haben, beachten Sie diese Hinweise und vermeiden Sie unbedingt Kurzschlüsse oder eine falsche Handhabung dieser Akkus, insbesondere das Aufladen ohne Beachtung der Ladeschlussspannung. Setzen Sie zu Ihrer eigenen

Sicherheit auch eine Schutzbrille auf, wenn Sie es mit solchen Akkus zu tun haben oder Anschlüsse an den Akkus vornehmen, etwa Lötfahnen verlöten beim Austausch defekter Akkuzellen.

Und das gilt nicht nur für die hier erwähnten Lithium-Ionen-Akkus. Auch die vermeintlich harmlosen Nickel-Metallhydrid-Akkus können enorme Leistungen abgeben. Ich konnte bei einer einzigen Mikrozelle (1,2 Volt, Größe AAA) schon eine Stromstärke von bis zu 10 Ampere messen.

Diese Stromstärke reicht aus, um Anschlussdrähte oder Kabel zum Glühen zu bringen und dadurch starke Verbrennungen zu verursachen bis hin zur Bildung von Flammen. Denn das Gefährliche an diesen Akkus ist nicht die daran entstehende Spannung, sondern die enorme Stromstärke, die diese Energiespeicher abgeben können.

Doch nun wieder zurück zum Thema Fehlerursache und Fehlersuche, wenn die Spannungsversorgung in Ordnung ist.

Kapitel 8: Wenn die Spannungsversorgung wieder funktioniert

Ist die Spannungsversorgung sichergestellt oder weist das Gerät gar keinen Fehler in der Spannungsversorgung auf, geht die Fehlersuche weiter.

Sinnvoll ist es in einem solchen Fall, das Gerät in verschiedene (Funktions-) Bereiche zu unterteilen, wenn das der Aufbau des Gerätes zulässt, also die einzelnen Schaltungsteile gut zu identifizieren sind. Wobei die Aufteilung eine gewisse Logik beinhalten sollte.

Anhand dieser Aufteilung können Sie verschiedene Baugruppen im Gerät lokalisieren, mit deren Hilfe sich der Fehler meist recht gut eingrenzen lässt. In einem Radiogerät können das beispielsweise die folgenden Bereiche sein:

- Netzteil
- Empfangsteil (bestehend aus Hoch- und Zwischenfrequenzteil, HF und ZF)
- NF-Verstärkerteil
- Bedienteil

Grenzen Sie nun den Fehler weiter ein, indem Sie das Verhalten des Gerätes im Falle eines Defektes genauer unter die Lupe nehmen. Lässt sich das Gerät überhaupt noch einschalten oder ist es komplett ohne Funktion?

Wenn es sich einschalten lässt:

Ist aus dem Lautsprecher noch etwas zu hören? Ist das typische Rauschen des Empfangsteils zu hören und ist möglicherweise kein Empfang da? Auf diese Weise können Sie oft den Fehler auf bestimmte Baugruppen oder Teile des Geräts eingrenzen.

Dazu ein Beispiel aus meiner Praxis:

Eine ältere Kompakt-Stereoanlage aus den 1970er Jahren wies einen Fehler auf. Eine Überprüfung ergab folgendes Fehlerbild:

Das Gerät ließ sich einschalten, die Beleuchtungselemente funktionierten. Auch ein Ton war aus den Lautsprechern zu hören. Kassette und Plattenspieler funktionierten ebenfalls. Aber der Radioteil, genauer gesagt der UKW-Teil, hatte überhaupt keinen Empfang. Nur das typische UKW-Grundrauschen konnte man hören.

Auf Mittelwelle, Lang- und Kurzwelle war Empfang da, wenn auch nur schwach.

Trotz angeschlossener Antenne konnte auf UKW noch nicht einmal ein Sender schwach empfangen werden. Auf welchen Bereich lässt sich ein solcher Fehler wohl reduzieren? Hier war es der UKW-Tuner.

Das Schaltbild des UKW-Radioteils wurde deshalb etwas genauer unter die Lupe genommen. Anschließende Messungen ergaben das Fehlen einer Spannung am UKW-Tuner. Für den Komplettausfall des Empfangs war ein kleiner Tantal-Elko verantwortlich, der einen Kurzschluss hatte. Er befand sich am Ausgang einer Schaltung zur Spannungsstabilisierung, die mithilfe einer Z-Diode umgesetzt wurde.

Nach dem Ersetzen dieses defekten Bauteils funktionierte diese Spannungsversorgung wieder, und der UKW-Empfang funktionierte ebenfalls wieder wie gewohnt.

Ein weiteres Beispiel:

Ein Fernsehgerät zeigte folgendes Fehlerbild:

Der Fernseher ließ sich einschalten, auch der Ton war zu hören. Allerdings zeigte das Gerät kein Bild. Was lässt sich daraus schließen?

Die Spannungsversorgung funktionierte zumindest soweit, dass eine Grundfunktion gegeben war und sowohl die Bedienung als auch die Tonausgabe funktionierten. Ein Betrachten des Displays aus der Nähe zeigte, dass dieses sogar ein Bild anzeigte, aber das Bild wegen der defekten Hintergrundbeleuchtung kaum zu sehen war. Also musste die Hintergrundbeleuchtung näher untersucht werden.

Das ist kein seltenes Fehlerbild bei Flachbildschirmen. Dieser Fehler taucht sowohl bei Fernsehgeräten als auch bei Monitoren häufiger auf. Grund für den Ausfall der Beleuchtung waren in diesem Fall mehrere defekte LEDs in der Hintergrundbeleuchtung.

Das sind nur ein paar Beispiele dafür, wie eine Eingrenzung des Fehlers vorgenommen werden kann. Zugegebenermaßen sind das relativ einfach zu lokalisierende Fehler. Allerdings sollen diese nur als Beispiel dienen und zeigen, worum es mir dabei geht. Leider sind die Hinweise auf die Fehler nicht immer so eindeutig wie in den genannten Beispielen. Oft findet sich zunächst kein eindeutiger Hinweis, wo man bei einem Defekt überhaupt mit der Fehlersuche beginnen sollte.

Weitere Beispiele für Fehler in Geräten finden Sie noch weiter hinten in diesem Buch.

Wenn der Fehler nicht eindeutig zu lokalisieren ist

In diesem Fall bleibt Ihnen nur noch übrig, verschiedene Schaltungsteile zu überprüfen und gegebenenfalls eine Signalverfolgung durchzuführen. Gut funktioniert dieses Vorgehen bei Verstärkerschaltungen in Audiogeräten.

Solche Verstärkerschaltungen bestehen aus dem Eingang, mehreren Verstärkerstufen und schließlich der Endstufe.

Die Abbildung auf der nächsten Seite zeigt eine Verstärkerschaltung mit Transistoren, in der einige Punkte zur Signalverfolgung markiert wurden.

Ausgehend vom Eingang folgt man dem Audiosignal durch den Vorverstärker durch die verschiedenen Verstärkerstufen bis hin zum Ausgang. Handelt es sich um mit integrierten Schaltungen (ICs) bestückte Geräte, helfen Ihnen möglicherweise die Datenblätter der verbauten ICs weiter.

An den Messpunkten 1 bis 5 lassen sich, beginnend beim Eingang direkt vom Mikrofon bis hin zum Ausgang der Endstufe, alle Stufen des Verstärkers überprüfen. Liegt das Signal zum Beispiel an Messpunkt 4 an, an 5 jedoch nicht, ist der Fehler in der Endstufe zu suchen.

Verstärker mit integrierten Schaltungen lassen sich leider nicht so ohne Weiteres überprüfen. Liegt es nahe, dass ein IC defekt ist, bleibt nur der Austausch auf Verdacht und die anschließende Funktionsprüfung.

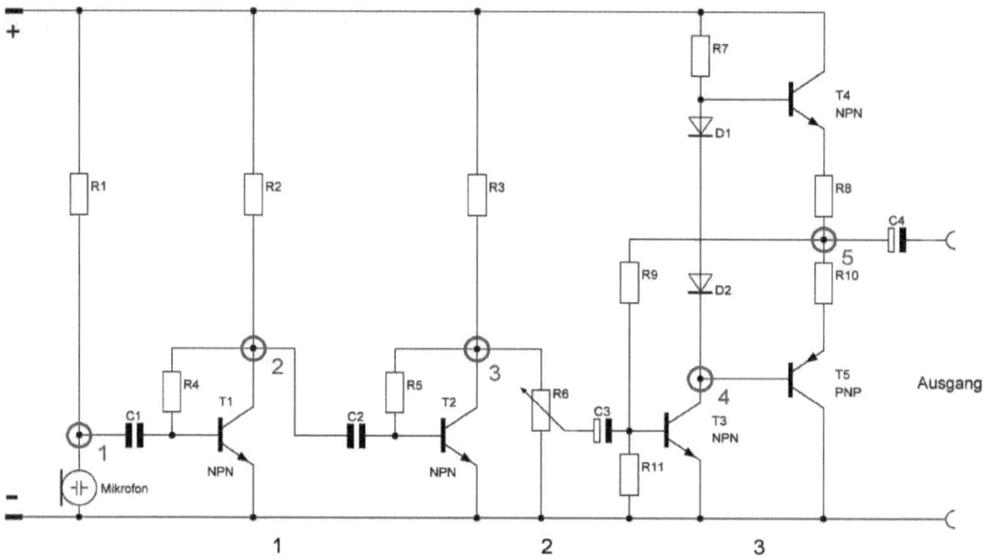

Dreistufiger Verstärker mit Gegentaktendstufe

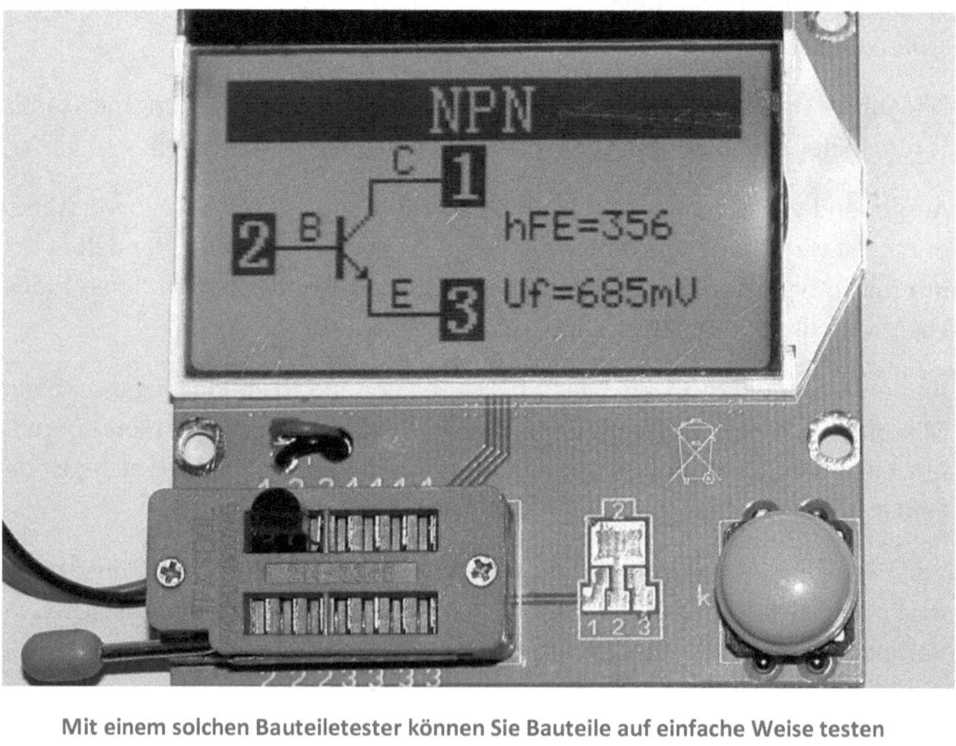

Mit einem solchen Bauteiletester können Sie Bauteile auf einfache Weise testen

Glücklicherweise lassen sich aber die meisten anderen Bauteile wie Widerstände, Dioden, Kondensatoren und Transistoren überprüfen und beim Feststellen eines Defektes direkt austauschen. Hilfreich dabei ist ein Bauteiletester (wie der in der Abbildung).

Mit einem solchen Gerät können Sie die meisten elektronischen Bauteile quasi auf Tastendruck auf ihre Funktion hin überprüfen. Der einzige Nachteil dabei: Die Bauteile müssen dazu ausgebaut werden.

Für viele Bauteile reicht aber auch das Multimeter aus. Ein Vorteil ist der, dass damit viele Bauteile bereits im (teils) eingebauten Zustand überprüfbar sind oder es schon ausreicht, dass ein einzelnes Beinchen bei einem Widerstand oder einer Diode ausgelötet wird. Das ist vor allem dann von Vorteil, wenn mehrere Bauteile überprüft werden müssen und der Aufwand für den Ausbau der Bauteile sehr groß wäre.

Leider sind viele der elektronischen Bauteile nicht sehr gut erreichbar, vor allem dann nicht, wenn sich in der unmittelbaren Nähe der Bauteile Kühlkörper, große Bauteile wie Elektrolytkondensatoren oder ähnliche befinden oder wenn die Platine nur sehr schwer zugänglich ist.

Integrierte Schaltungen (ICs) testen?

Prinzipiell lassen sich auch integrierte Schaltungen überprüfen. Das geht aber nicht mit einem Bauteiletester oder mit einem Multimeter.

Relativ einfach funktioniert das Überprüfen eines solchen Bauteils, wenn es sich um integrierte Spannungsregler wie die der 78XX-Reihe handelt, die auch zu den integrierten Schaltungen gehören. Diese Bauteile wurden schon erwähnt. Hier brauchen Sie nur eine Eingangsspannung anzulegen und zu überprüfen, ob die Ausgangsspannung in der vorgesehenen Höhe anliegt.

Etwas schwieriger wird das bei integrierten Schaltkreisen wie Verstärker-ICs oder anderen Arten von ICs.

Eine Möglichkeit besteht darin, eine kleine Testschaltung aufzubauen und so die Funktion des ICs zu überprüfen.

Geeignete Schaltungen dafür finden Sie in der Regel in den Datenblättern der entsprechenden ICs. Aufbauen lässt sich eine solche Testschaltung zum Beispiel auf einer Steckplatine. Das ist sinnvoll, wenn ein nur sehr schwer erhältliches oder teures IC im Verdacht steht, einen Defekt aufzuweisen. Nicht immer möchte man in diesem Fall nur auf Verdacht hin gleich neue Bauteile bestellen.

Das ist aber leider nicht bei allen integrierten Schaltungen möglich. Manchmal ist auch der Aufwand viel zu groß, um ein solches IC im ausgebauten Zustand zu testen. Ob das Sinn macht oder ob man besser das Bauteil auf Verdacht austauschen sollte, muss immer im Einzelfall entschieden werden.

Wenn Sie über einen ausreichenden Fundus an Altgeräten mit entsprechenden Teileträgern in Form von alten Platinen verfügen, tun Sie sich hier möglicherweise etwas leichter. Mit etwas Glück sind dann die passenden Bauteile in solchen Geräten vorhanden, was den (probeweisen) Austausch natürlich wesentlich vereinfacht.

Kapitel 9: Mögliche Gründe für Defekte

Bevor ich auf einige der häufigsten Fehler in verschiedenen Geräten aus den Bereichen Haushalt und Unterhaltungselektronik eingehe, möchte ich etwas zu den am häufigsten vorkommenden Ursachen schreiben, die für Ausfälle verantwortlich sind.

Es heißt ja immer, dass Elektronik theoretisch ewig halten kann, da sie verschleißfrei arbeitet. Im Prinzip stimmt das auch, aber es gibt da noch etwas, was uns dabei einen Strich durch die Rechnung macht:

Materialalterung und äußere Einflüsse aller Art.

Ist das nicht dasselbe wie Verschleiß? Werden Sie jetzt möglicherweise sagen.

Nicht ganz, denn Verschleiß ist etwas, das während des Betriebs auftritt. Mechanische Geräte oder Maschinen unterliegen einem bestimmten Verschleiß. Die einzelnen Teile können sich etwa durch Reibung abnutzen und so im Laufe der Zeit verschleißen. Motoren in Fahrzeugen verschleißen, mechanische Baugruppen in technischen Geräten ebenfalls.

Mit Alterung meine ich aber etwas anderes.

Etwas in der Art wurde sogar bereits angesprochen: die Alterung von Elektrolytkondensatoren aufgrund chemischer Veränderungen und thermischen Belastungen. Und genau das sind die Gründe, die häufig dafür verantwortlich sind, wenn elektronische Geräte vorzeitig ihren Geist aufgeben. Häufig kommt es sogar zu einer Art Kettenreaktion, wenn entweder Alterung oder thermische Belastung auftreten (zum Teil auch zusammen).

Dazu ein kleines Beispiel:

In einem Gerät der Unterhaltungselektronik wurden einige Teile sehr nahe an der Belastungsgrenze dimensioniert. Die Folge davon war eine stark ansteigende Temperatur an verschiedenen Bauteilen.

Durch die Erhitzung (Überhitzung) entstand eine Art Teufelskreis:

- Der Anstieg der Temperatur bewirkte eine Veränderung der Leitfähigkeit.
- Es kam zu einem erhöhten Stromfluss.

- Dieser bewirkte wiederum eine weitere Erhöhung der Betriebstemperatur.
- Dadurch verursacht wurde ein weiterer Stromanstieg.

Und so weiter ...

Die Belastung und Wärmeentwicklung für die betroffenen Komponenten stiegen also innerhalb kürzester Zeit enorm an.

Und so etwas führt natürlich zu einem übermäßigen Verschleiß (etwa eine Austrocknung von Elektrolytkondensatoren im direkten Umfeld) und zu vorzeitigen Ausfällen verschiedener Bauteile.

Mehr noch.

Im Extremfall kann die thermische Belastung sogar so weit ansteigen, dass einzelne Bauteile komplett überlastet werden und von einem Moment auf den anderen ausfallen. Das Gerät stellt dann seinen Betrieb ein.

Natürlich können ungewöhnliche Belastungen auch durch äußere Einflüsse auftreten, etwa dann, wenn ein Gerät außerhalb seines normalen Temperaturbereiches betrieben wird. Denken Sie etwa an ein Gerät, das im Auto zum Einsatz kommt.

Dort können sowohl extrem hohe Temperaturen herrschen (im Sommer bei direkter Sonneneinstrahlung) als auch sehr niedrige Temperaturen, etwa im Winter.

Viele elektronische Geräte sind für den Betrieb bei bestimmten Umgebungstemperaturen ausgelegt. Werden diese Temperaturen etwa überschritten, kann auch das zu thermischen Überlastungen führen.

Stellen Sie sich vor, Sie bewahren einen tragbaren DVD-Player im Auto auf. Normalerweise ist dieser für Umgebungstemperaturen bis zu etwa 35 Grad Celsius ausgelegt. Liegt das Gerät nun mitten im Sommer bei strahlender Sonne längere Zeit im Auto, steigt die Temperatur natürlich wesentlich mehr an. Temperaturen von 45 Grad Celsius oder mehr sind hier keine Seltenheit.

Solche Situationen wirken sich nicht nur auf elektronische Bauteile in den Geräten aus, sondern auch auf die dort eingesetzten Akkus, sofern welche verbaut wurden.

Unterschätzen Sie keinesfalls den Einfluss solcher Temperaturen (oder Temperaturschwankungen, wie diese im Fahrzeug auftreten können) auf die Lebensdauer Ihrer elektronischen Geräte.

Außerhalb der Spezifikationen des Gerätes liegende Betriebstemperaturen oder sonstige widrige Umstände sind häufige Fehlerursachen. Das gilt nicht nur für zu niedrige oder zu hohe Umgebungstemperaturen, sondern auch für andere äußere Bedingungen wie Feuchtigkeit und die Sauberkeit der Umgebung.

Einige Geräte wie Computer oder Laptops werden zum Beispiel in Werkstätten betrieben, in denen sie starken Belastungen durch Staub oder Schmutz ausgesetzt sind. Dadurch können sich etwa die Öffnungen in den Geräten zusetzen, die für die Kühlung wichtig sind.

Die Folge sind auch hier Überhitzungen durch fehlende oder zu stark eingedämmte Lüftungsströme und Wärmestaus. Auch wenn das Gerät die zu hohe Temperatur zunächst aushält und weiterhin funktioniert, kann dies dennoch seine Lebensdauer massiv verringern. Denn auch der Betrieb in einem Temperaturbereich, der nah an der Belastungsgrenze liegt, wirkt sich immer negativ auf die Lebensdauer solcher Geräte aus.

Ein weiteres wichtiges Thema sind Schwankungen der Netzspannung

Besonders empfindlich sind hier Netzteile, welche die Aufgabe haben, die eingehende Wechselspannung in eine für das Gerät passende Gleichspannung umzuwandeln. Wenn es zu Spannungsspitzen kommt, etwa durch Blitzeinschläge in der Nähe oder durch andere Störungen im Stromnetz, können Bauteile überlastet werden. Dies führt nicht selten zum sofortigen Ausfall des Gerätes, häufig begleitet von einem deutlichen Geruch verbrannter Elektronik.

Es gibt allerdings auch die schleichende Variante:

Ständig leicht zu hohe oder zu niedrige Spannungen führen auf Dauer zu einer vorzeitigen Alterung der Bauteile (zum Beispiel Elkos), insbesondere derer, die im Netzteil verbaut sind. Die Lebensdauer der Geräte kann so erheblich verkürzt werden, ohne dass der Nutzer dies unmittelbar bemerkt.

Ein häufig unterschätzter Grund für Defekte in der Unterhaltungselektronik sind auch elektrostatische Entladungen (ESD). Diese entstehen, wenn sich eine Person durch Reibung an einem Teppich statisch auflädt und dann Anschlüsse an einem elektronischen Gerät berührt. Selbst wenn der entstehende Funke für das menschliche Auge kaum sichtbar ist, kann die Entladung ausreichen, um empfindliche elektronische Bauteile zu beschädigen. Besonders gefährdet sind hier Mikroprozessoren und andere hochintegrierte Schaltkreise.

Nicht zu vergessen ist die Gefahr durch Feuchtigkeit, die besonders in Badezimmern oder Küchen eine Rolle spielt. Die Feuchtigkeit kann zu Korrosion an Leiterbahnen und Anschlüssen führen. Hier ist die Gefahr eines schleichenden Defekts groß: Die Geräte funktionieren zunächst einwandfrei, zeigen aber mit der Zeit immer häufiger Aussetzer, bis sie schließlich komplett versagen.

Und dann gibt es noch mechanische Einflüsse: Erschütterungen und Stöße

Viele elektronische Geräte sind empfindlich gegenüber solchen Belastungen. Ein klassisches Beispiel sind Festplatten in Computern, die durch Stöße während des Betriebs irreparabel beschädigt werden können. Aber auch optische Laufwerke, empfindliche Sensoren und Displays können durch mechanische Belastungen Schaden nehmen. Hier zeigt sich, dass auch der sorgfältige Umgang mit den Geräten eine Rolle bei ihrer Lebensdauer spielt.

Die eingangs gemachte Bemerkung, dass elektronische Geräte eigentlich ewig halten sollten, stimmt also nicht ganz. Einige Bauteile können zwar eine ganz erhebliche Lebensdauer erreichen. Dennoch gibt es immer einen Faktor namens Alterung, der häufig für Ausfälle sorgt. Insbesondere gilt das dann, wenn noch mechanische Komponenten hinzukommen, die ebenfalls für die gesamte Lebensdauer des Gerätes mitverantwortlich sind. Hier kommt dann zusätzlich noch Verschleiß ins Spiel.

Kommen wir nun zu den häufigsten Fehlern, die auftreten können.

Kapitel 10: Fehler, die häufiger auftreten

Ich möchte gleich zu Beginn dieses Abschnitts einige der am häufigsten auftretenden Fehler auflisten, damit Sie an dieser Stelle bereits einen kleinen Überblick erhalten. Danach gehe ich etwas näher auf die einzelnen Fehler ein sowie deren Ursachen und Behebung beziehungsweise Reparatur. Viele der hier aufgeführten Fehler wurden schon einmal in diesem Buch erwähnt.

Fehler in der Elektronik

- Austrocknung von Kondensatoren sowie Elektrolytkondensatoren und damit veränderte elektrische Eigenschaften der Bauteile
- ausgelaufene Elektrolytkondensatoren, dadurch verursacht Beschädigungen an Leiterbahnen oder Lötstellen
- durch Überhitzung verursachte Schäden an Halbleiterbauteilen oder passiven Bauteilen wie Kondensatoren und Widerständen
- Kurzschlüsse durch fehlerhafte Bauteile oder externe Einflüsse
- Ausfall oder Helligkeitsverlust von LEDs durch dauerhaften Betrieb an deren Belastungsgrenze (zum Beispiel durch auf maximale Helligkeit eingestellte Hintergrundbeleuchtung in Fernsehern)
- fehlerhafte Spannungsregler, dadurch instabile oder zu hohe Betriebsspannungen, eventuell durch fehlerhafte Betriebsspannungen verursachte weitere Defekte als Folgeschäden
- Beschädigungen von besonders empfindlichen Bauteilen durch elektrostatische Entladungen
- fehlerhafte oder ausgefallene Lüftungen, dadurch verursachte Überhitzung und Ausfälle einzelner Bauteile oder Auswirkungen auf die Lötstellen (wie schon in den Beispielabbildungen dargestellt)
- Spannungsspitzen oder plötzliche Spannungsschwankungen führen zu Beschädigungen von Transistoren oder sonstigen empfindlichen Halbleitern.
- defekte (Halbleiter-) Sicherungen und Fehlen von Betriebsspannungen, dadurch wiederum Ausfälle von Schaltungsteilen oder Komplettausfall des Gerätes
- durch Überlastung ausgefallene Transformatoren, gegebenenfalls auch Defekte und Ausfälle durch Windungsschlüsse (eine oder mehrere Windungen

innerhalb einer Wicklung sind ungewollt elektrisch kurzgeschlossen) in den Trafos
- Feuchtigkeit, Korrosion und deren Auswirkung auf Leiterbahnen, Kontakte und sonstige elektrische Einrichtungen
- defekte Displays, entweder durch äußere Einflüsse (Stoß, Schlag oder Ähnliches) oder durch schlechte Kontakte an den Übergängen zwischen Ansteuerelektronik und Display
- Ausfälle von CD- oder DVD-Laufwerken durch Leistungsverlust des Lasers und fehlender Fokussierung der Reflexionsoberfläche, also den Datenschichten in der CD oder DVD (auch Laser sind Verschleißbauteile)

Mechanische Fehlerursachen

- defekte mechanische Antriebe in CD- oder DVD-Playern, Kassettenlaufwerken, Tonbandlaufwerken sowie allen anderen Geräten, die Mechanik enthalten
- Ausfälle von Elektromotoren oder Stellmotoren
- verschlissene oder gerissene Antriebsriemen, defekte Zahnräder, außerdem Zwischenräder und Andruckrollen mit nicht mehr intakten Gummibelägen
- defekte Lager und damit verbundene Geräuschentwicklung oder Ausfälle von mechanischen Bauteilen und Baugruppen
- Verschmutzung und damit verbundene Fehler in Lüftern, Laufwerken oder sonstigen mechanischen Teilen
- blockierte bewegliche Teile und dadurch verursachte Ausfälle und Defekte
- Fehler durch äußere Einwirkung (Gewalt oder Stöße und Stürze)
- fehlende Schmierung in mechanischen Einrichtungen und dadurch verursachter erhöhter Verschleiß
- vorzeitiger Verschleiß oder Ausfälle durch unsachgemäße Lagerung, etwa in feuchten Umgebungen (Rostbildung, Korrosion)
- Kontaktprobleme in Relais, dadurch verursachte Schwierigkeiten und Fehlfunktionen

Weitere Gründe für Ausfälle

- mechanische Abnutzung oder Defekte an Knöpfen und Schaltern

- verschlissene Potentiometer und damit verbundene Fehlerbilder (Knacken und Rauschen beim Betätigen von Reglern)
- defekte Buchsen und Steckverbindungen, oft verursacht durch häufige Nutzung oder eine mechanische Überbeanspruchung der Steckverbindung (kommt häufig vor bei Netzteilbuchsen oder USB-Anschlüssen, vor allem an tragbaren Geräten wie Smartphones, Tablets oder Notebooks)
- fehlerhafte Verbindungen im Inneren der Geräte, etwa verursacht durch gelöste Steckmodule, Steckverbindungen oder fehlerhafte Bauteilsockel
- Fehler und Defekte, die durch Stürze oder unsachgemäße Behandlung entstanden sind wie Risse oder Brüche im Gehäuse sowie Platinenrisse und Beschädigungen von Bauteilen (häufig bei von außen zugänglichen Schaltern und Reglern)
- Schäden an der Elektronik oder Mechanik durch Flüssigkeiten (zum Beispiel verschüttete Getränke auf Computertastaturen oder ähnliche Unfälle)
- Ausfälle von Tasten aufgrund von verschlissenen Kontaktmatten, etwa in Fernbedienungen mit Gummitasten

Diese Liste könnte noch beliebig lange fortgeführt werden. Allerdings möchte ich an dieser Stelle nur auf einige der häufigsten Fehler und deren Ursachen eingehen. Es gibt noch einige weitere, die an dieser Stelle genannt werden könnten wie schlechte mechanische Verbindungen durch locker sitzende Schrauben, Fehler durch inkompatible Zusatzgeräte, nicht geeignete Spannungsquellen und Netzadapter und Ähnliches.

Nun aber erst einmal zu den Erläuterungen der eben genannten Fehlerbilder.

Kapitel 11: Erläuterungen zu den Fehlern in der Elektronik

Zunächst folgen einige Hinweise zu den häufigen Fehlern in elektronischen Geräten

Elektrolytkondensatoren und Defekte

Wie schon beschrieben, können Elektrolytkondensatoren austrocknen, wenn sie mehrere Jahrzehnte alt sind. Erschwerte Einsatzbedingungen wie hohe Umgebungstemperaturen oder große Temperaturschwankungen unterstützen das. Die Bauteile altern dann schneller.

Diese Begrenzung der Lebensdauer von Elkos ist verbunden mit der Änderung der elektrischen Kennwerte durch die beschriebenen Alterungserscheinungen. Von einem Ausfall spricht man beim Überschreiten fest definierter Änderungsgrenzen der elektrischen Parameter wie eine Verringerung der Kapazität oder den Anstieg des ESR.

Equivalent Series Resistance (ESR) bedeutet soviel wie äquivalenter Serienwiderstand des Elkos. Das ist ein gedachter Reihenwiderstand, der den Stromfluss beim Auf- und Entladen des Elektrolytkondensators begrenzt.

Einfach gesagt bedeutet dies, dass sich die Kapazität eines Elektrolytkondensators während seiner Lebensdauer verringert, der ESR dagegen ansteigt. Beides sind unerwünschte Alterungserscheinungen. Bei Aluminium-Elektrolytkondensatoren, den wahrscheinlich am häufigsten eingesetzten Elektrolytkondensatorarten, sollte sich die Kapazität nicht um mehr als 30 Prozent verringern, der ESR sollte nicht mehr als um den Faktor 3 ansteigen.

Aber frühzeitige Ausfälle bei den Elektrolytkondensatoren können auch durch äußere Einflüsse begünstigt werden. Hier einige Beispiele:

- Die maximale Spannung am Elektrolytkondensator wird überschritten oder der Kondensator wird dauerhaft an seinem Spannungsgrenzwert betrieben. Das ist kein seltener Fall. Es entsteht innerhalb des Bauteils Wärme, dadurch kommt es zur Gasbildung im Inneren. Das Gas wiederum sorgt für einen zu hohen Innendruck. Irgendwann kommt es zu Undichtigkeiten, der Kondensator läuft aus.

- Eine zu hohe Strombelastung kann ebenfalls zu einem frühzeitigen Ausfall des Bauteils führen. Ein zu hoher Strom in Verbindung mit einer hohen Spannung nahe dem angegebenen Grenzwert führt zu einer hohen Ladungsmenge.
- Wird das Bauteil häufiger mit dieser hohen Ladungsmenge belastet, kommt es ebenfalls zu einer zunehmenden Wärmeentwicklung und Gasbildung im Elektrolyten. Auch dann kann es dazu kommen, dass der Elektrolyt durch ein Überdruckventil oder eine Sollbruchstelle aus dem Bauteil austritt.
- Längere Lagerungszeiten sind ebenfalls Gründe für Ausfälle und Kapazitätsverluste. Die Oxidschicht und der säurehaltige Elektrolyt reagieren bei längerer Lagerung der Bauteile miteinander.

Wie machen sich solche Fehler eigentlich bemerkbar?

Das ist eine sehr gute Frage. Es gibt tatsächlich zum Teil seltsame Fehlfunktionen und Defekte, die man sich zunächst nicht richtig erklären kann. Viele elektronische Schaltungen, besonders Computer, zeigen bei defekten Elkos merkwürdige Verhaltensweisen. Dazu gehören unvermittelte Abstürze oder nicht plausible Reaktionen auf Eingaben.

Diese kommen durch unkontrollierte Spannungsschwankungen oder Spannungsspitzen zustande, die sich auf die Funktion der Schaltungen auswirken.

Müssen solche defekten Bauteile ausgewechselt werden (manchmal auch auf Verdacht), sollten Sie sich überlegen, einen Elektrolytkondensator mit gleicher Kapazität, aber mit einer etwas höheren Nennspannung einzusetzen, wenn der Platz auf der Platine dies erlaubt.

Dadurch können solche frühzeitigen Ausfälle oft vermieden werden.

Fehler an Elektrolytkondensatoren

Die Abbildung unten zeigt eine Platine und einen ausgelaufenen Elko, der für einen Defekt in einem tragbaren Fernsehgerät verantwortlich war.

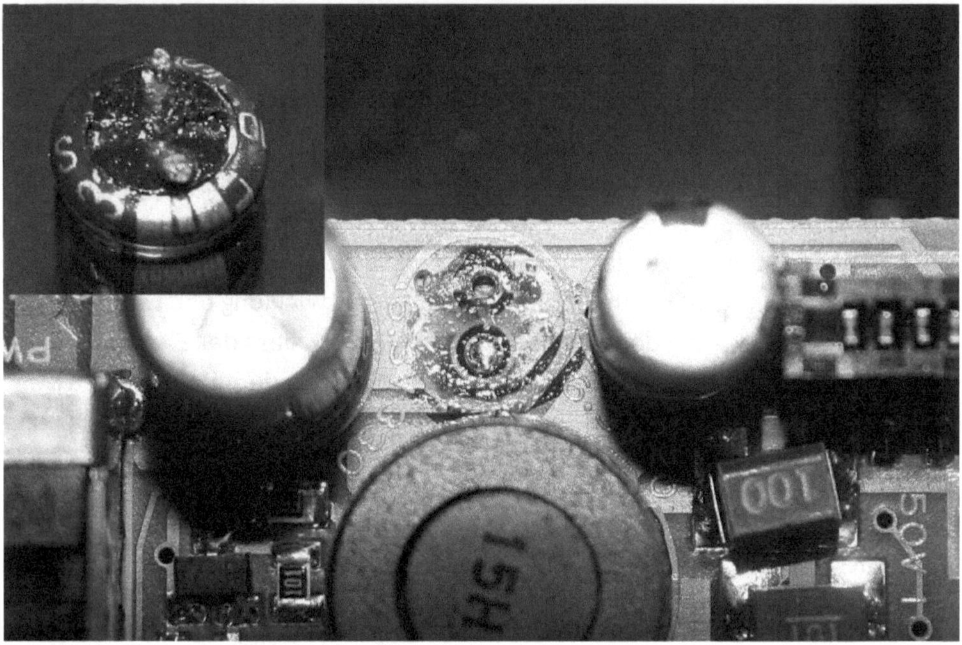

Defekter und ausgelaufener Elektrolytkondensator

Oben links sehen Sie den ausgelaufenen Elektrolytkondensator, in der Mitte sind Rückstände von ausgelaufenem Elektrolyten zu erkennen, die von dem bereits entfernten Elko stammen.

Ich hatte noch Glück, da die Flüssigkeit die Leiterbahnen noch nicht angegriffen hatte. Wirkt der Elektrolyt über viele Jahre auf die Platine ein, kann es zu starken Beschädigungen der Leiterbahnen kommen, die zum Teil nur sehr schwer oder gar nicht mehr reparabel sind.

Elektrolytkondensatoren können in einigen Fällen auch Kurzschlüsse aufweisen. Haben Sie ein sehr altes Gerät, das viele Jahrzehnte nicht in Betrieb war und nicht auf Anhieb funktioniert, behalten Sie bei einer erneuten Inbetriebnahme unbedingt die Temperatur des Netzteilelkos im Auge. Es kann vorkommen, dass dieser sich zunächst fast wie bei einem Kurzschluss verhält, also eine sehr hohe Stromaufnahme hat, nach kurzer Zeit jedoch die Stromaufnahme deutlich sinkt und sich der Elektrolytkondensator auflädt. Entladene Siebkondensatoren können beim Einschalten des Geräts die Überstromsicherung am Netzspannungsverteiler ansprechen lassen, wenn die Sicherung flink ist, zumindest in einigen Fällen.

Fehler an anderen Bauteilen

Auch Widerstände können Fehler aufweisen. Meistens handelt es sich hierbei um Unterbrechungen, wesentlich seltener um Änderungen der Widerstandswerte.

Vor allem davon betroffen sind Leistungswiderstände mit relativ geringem Widerstandswert, die nicht selten auch als Ersatz für Schmelzsicherungen eingesetzt werden.

Behalten Sie in diesem Zusammenhang auch die sogenannten Varistoren und PTC-Widerstände im Auge, die je nach Art spannungs- (Varistor) oder temperaturabhängig (NTC und PTC) ihren Widerstandswert verändern. Sogenannte Kaltleiter oder PTCs werden in einigen Geräten zur Begrenzung des Einschaltstroms im kalten Zustand verwendet, da sie in diesem Zustand den Strom etwas schlechter leiten, also einen höheren Innenwiderstand haben. Durch den anfangs höheren Widerstand erwärmen Sie sich, erreichen dadurch eine bestimmte Temperatur und werden dadurch niederohmig, der Strom am Verbraucher steigt.

Auch solche Bauteile können altern und im Laufe der Zeit ihre elektrischen Eigenschaften verändern bis hin zur Überlastung und einem Defekt.

Varistoren sind ebenfalls Widerstände, die ihren Widerstandswert verändern, aber das spannungsabhängig. Sie werden oft zum Schutz vor Überspannungen eingesetzt.

Während des normalen Betriebs ist der Widerstandswert relativ hoch, nur bei Überspannung wird der Varistor niederohmig und kann dadurch kurze Spannungsspitzen ableiten und dadurch empfindliche Verbraucher vor diesen Spannungsspitzen schützen. Aber auch hier kann es im Laufe der Zeit zu Defekten kommen, etwa durch länger andauernde Überspannungen, die zu einer Überhitzung und Überlastung der Bauteile führen. Auch sehr häufig auftretende Spannungsspitzen tragen zur Alterung der Bauteile bei und damit zu einem vorzeitigen Ausfall.

Dioden, Gleichrichter und Transistoren fallen in der Regel dann aus, wenn eine andere Fehlerursache vorliegt. Gleichrichter und Dioden erzeugen in einigen Fällen Kurzschlüsse bei Überlastungen am Ausgang des Netzteils.

Transistoren können durch Spannungsspitzen oder zu hohe Stromstärke überlastet werden und dadurch ausfallen. Leistungstransistoren neigen bei Ausfällen zu Kurzschlüssen. Bei längerer Stromzufuhr können sie durchbrennen. Ähnliches wie bei den Transistoren gilt auch für integrierte Schaltungen. Auch hier sind Leistungs-ICs häufiger betroffen als ICs, die nur mit geringen Spannungen und Strömen arbeiten.

Feuchtigkeit und Korrosion

Die in den Geräten verbauten Platinen, ihre Leiterbahnen und werden aber nicht nur durch das Auslaufen von Elektrolytkondensatoren beschädigt, sondern auch durch Feuchtigkeit und damit verbundene Korrosion. Solche Fehlerbilder tauchen nicht selten auf und haben schon so manches Gerät außer Betrieb gesetzt.

Defekte durch Überhitzungen

Wie schon mehrfach angesprochen, sind Überhitzungen häufige Ursachen für Schäden an Halbleiterbauteilen, aber auch an passiven Bauteilen wie Kondensatoren und Widerständen.

Der Vorteil dieser Fehler: Häufig sind sie bereits mit bloßem Auge (und durch entsprechende Geruchsbildung) zu erkennen, wenn regelrecht verbrannte Bauteile für Ausfälle sorgen.

Viele solcher Fehler hängen mit anderen Fehlern zusammen oder sind nur Resultate der Ausfälle anderer Bauteile. Widerstände können zum Beispiel durchbrennen, wenn Kurzschlüsse durch andere defekte Bauteile oder externe Einflüsse (Kurzschlüsse an Ausgängen von Geräten) entstehen.

Defekte Elektrolytkondensatoren können zu solchen Überlastungen anderer Bauteile führen. Und dabei geht es keinesfalls nur um verbrannte Widerstände. Auch Defekte an Spannungsreglern oder Transistoren werden häufig durch fehlerhafte Kondensatoren oder Elektrolytkondensatoren verursacht.

Und noch etwas zum Thema Überlastung:

Einer der beschriebenen häufigen Fehler ist der Ausfall der Hintergrundbeleuchtung von Fernsehgeräten mit LEDs. Häufig kommen solche Ausfälle frühzeitig dadurch zustande, dass die in den Geräten verbauten Beleuchtungs-LEDs an ihrer Belastungsgrenze betrieben werden.

Tatsächlich können auch Leuchtdioden, vor allem solche mit einer enormen Lichtausbeute wie die in den Hintergrundbeleuchtungen von Displays, überlastet werden. Das geschieht durch einen (zumindest für längere Zeit bestehenden) zu hohen Stromfluss durch die maximale Helligkeitseinstellung der Hintergrundbeleuchtung an einem Fernsehgerät. Wenn Sie die Hintergrundbeleuchtung nicht auf 100, sondern vielleicht nur auf 70 oder 80 Prozent einstellen, sorgt das nicht nur für einen geringeren Energieverbrauch des Gerätes, sondern meistens auch für eine längere Lebensdauer der Hintergrundbeleuchtung.

In der folgenden Abbildung sehen Sie die teilweise defekte Hintergrundbeleuchtung eines Fernsehers. Diese ist für ein Display mit einer Größe von 32 Zoll vorgesehen. Insgesamt sind 21 LEDs (3 Reihen mit jeweils 7 Stück) verbaut. Sehen Sie selbst, wie viele davon noch funktionieren.

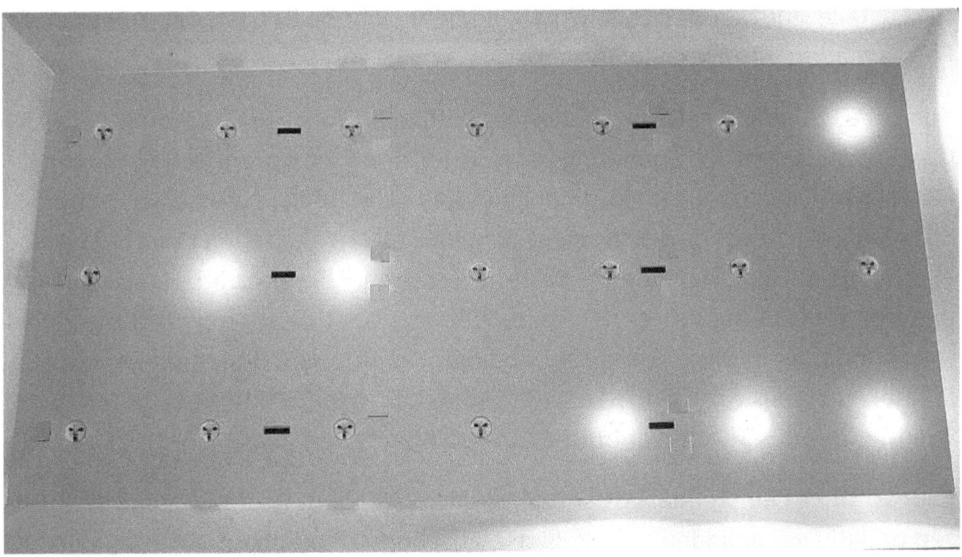

Hintergrundbeleuchtung eines Fernsehers mit defekten LEDs

Weniger als ein Drittel der Hochleistungs-LEDs sind überhaupt noch funktionsfähig.

Natürlich sieht man das auch auf dem Fernsehschirm, wenn einzelne Bereiche (hier relativ große Bereiche) des Displays nicht mehr beleuchtet werden.

Apropos Display: Natürlich kommen auch häufig Defekte an solchen Bildschirmen vor. Meist werden diese durch Stöße, Schläge oder Stürze des Gerätes verursacht. Aber nicht nur das. Auch schlechte Verbindungen zwischen der Oberfläche der Displays und der meist aufgeklebten Kontaktbahnen sind möglich. Häufig entstehen dann Streifen auf dem Display, die sich entweder in der Mitte, am Rand oder über den gesamten Bereich der Anzeige verteilen.

Spannungsregler und instabile Spannungen

Auf das Thema Spannungsversorgung und Fehler darin sind wir schon näher eingegangen. In der Liste war die Rede von fehlerhaften Spannungsreglern, die ebenfalls Fehler in der Spannungsversorgung von Geräten oder verschiedenen Komponenten darin verursachen können.

Es sind aber nicht nur fehlende Betriebsspannungen, welche oft die Ursachen für Ausfälle sind, sondern auch instabile oder zu hohe Betriebsspannungen, die Folgeschäden verursachen können.

Kommt es zu einem seltsamen Verhalten, überprüfen Sie daher immer die Ausgangsspannungen von Spannungsreglern. Bei den schon gezeigten Varianten der 78XX-Spannungsregler funktioniert dies ganz einfach. Sie müssen dazu nur die Spannung am Ausgang mit dem auf dem Bauteil angegebenen Wert (12 Volt bei einem 7812, 5 Volt bei einem 7805 und so weiter) überprüfen. Handelt es sich um einen Spannungsregler der Reihe 79XX, so stellt dieser negative Ausgangsspannungen (-5 Volt, -12 Volt etc.) bereit. Die Bezeichnungen dieser Bauteile können übrigens variieren. Mehr dazu finden Sie weiter hinten in diesem Buch, wenn es um das Thema Identifizierung von Bauteilen geht.

Ebenso gibt es einstellbare Spannungsregler, die ebenfalls drei Anschlüsse besitzen und die verschiedene einstellbare Ausgangsspannungen abgeben können. Der LM317 ist so ein variabler Spannungsregler, der Spannungen in einem Bereich zwischen 1,2 und 37 Volt bei einer maximalen Stromstärke von 1,5 Ampere liefert.

Spannungsstabilisierung mit einer Z-Diode

Stabilisierte Ausgangsspannungen werden aber nicht nur von integrierten Spannungsreglern bereitgestellt. Einige Schaltungen setzen auch Z-Dioden (auch Zener-Dioden) zu diesem Zweck ein. Das sind Dioden, die in Sperrrichtung geschaltet sind und ab einer bestimmten Spannung, die auf dem Bauteil angegeben ist, öffnen, also den Stromfluss ermöglichen. Damit werden sie im Gegensatz zu herkömmlichen Dioden, die den Strom nur im Durchlassrichtung fließen lassen, in Sperrrichtung betrieben. Das sieht dann so aus wie im folgenden Schaltbild.

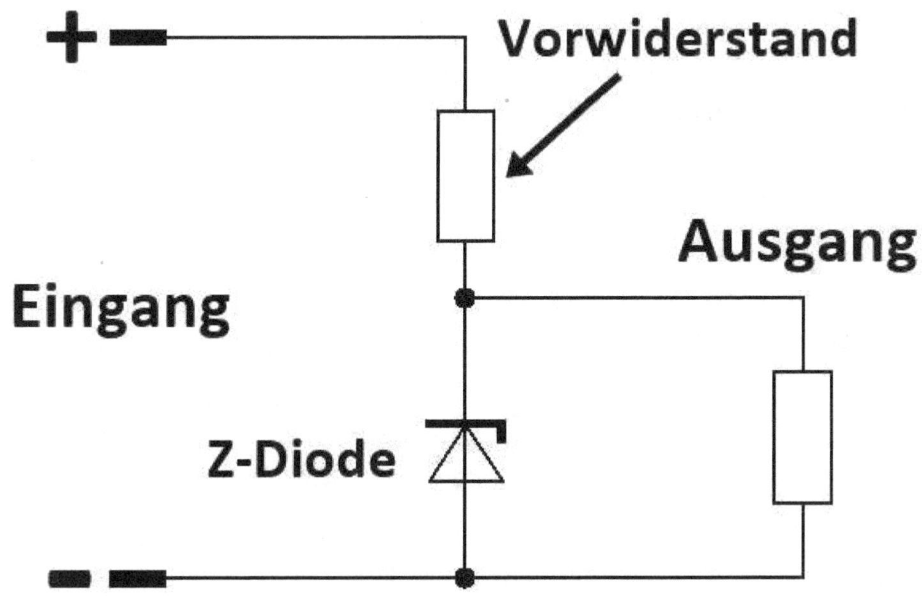

Spannungsstabilisierung mit einer Z-Diode

Zwischen dem Eingang am Pluspol und der Z-Diode ist ein Widerstand geschaltet. Dieser dient zur Strombegrenzung an der Z-Diode. Fehlt dieser, würde beim

Überschreiten der Nennspannung der Z-Diode in Sperrrichtung ein viel zu hoher Strom durch die Z-Diode fließen, diese würde dann zerstört.

Wird eine Z-Diode mit einer Nennspannung von 5,1 Volt eingesetzt, wird der Spannungsanteil, der höher ist als diese Nennspannung, an Masse abgeleitet. An dem Ausgang zwischen Vorwiderstand und dem Minuspol der Spannungsversorgung liegt dann eine Spannung in Höhe der Nennspannung der Z-Diode an, im Beispiel 5,1 Volt.

Und das, auch wenn am Eingang eine wesentlich höhere Spannung (zum Beispiel 12 Volt) anliegt. Allerdings muss hierbei eine Sache berücksichtigt werden. Jede Z-Diode hat eine bestimmte maximale Stromstärke, die je nach angelegter Eingangsspannung sehr schnell überschritten werden kann. Deshalb ist die Bestimmung der Höhe des Vorwiderstandes sehr wichtig.

Von der Höhe dieses Widerstandes und der vorgesehenen Eingangsspannung hängt die Höhe des Stroms ab, der durch die Z-Diode fließt und der durch die Spannungsdifferenz zwischen der Z-Diodenspannung und der Eingangsspannung zustande kommt. In der Praxis und bei der Reparatur von elektronischen Geräten werden Sie es mit der Bestimmung der Höhe dieses Vorwiderstandes weniger zu tun bekommen. Allerdings ist es wichtig, eine defekte Z-Diode durch ein neues Bauteil mit einer entsprechend dimensionierten maximalen Stromstärke zu ersetzen.

Spannungsspitzen und Spannungsschwankungen

Das Thema Spannungsstabilisierung ist in einigen Schaltungen besonders wichtig. Spannungsspitzen oder plötzliche Spannungsschwankungen können sonst zu Beschädigungen von besonders empfindlichen Bauteilen führen.

Dazu gehören keineswegs nur Mikrochips oder integrierte Schaltungen. Auch verschiedene Transistoren oder andere Bauteile sind davon häufig betroffen. Stellen Sie Ausfälle solcher Bauteile fest, sollten Sie im Zweifelsfall auch immer die Spannungsversorgung überprüfen. Gegebenenfalls kann dabei auch ein Oszilloskop nützlich sein.

Wenn Sicherungen defekt sind

Die berühmte defekte Sicherung tritt auch immer wieder auf und sorgt für Ausfälle von Schaltungsteilen oder eines kompletten Gerätes.

Das Problem dabei: Es sind nicht immer die bekannten Glassicherungen, die sich einfach auswechseln lassen.

Es gibt auch niederohmige Widerstände, die als Sicherungen fungieren, oder Halbleitersicherungen, die aufgrund von Überlastungen für Ausfälle von einzelnen Betriebsspannungen oder des kompletten Gerätes verantwortlich sind.

In der Abbildung auf der nächsten Seite sehen Sie eine Platine mit einem Netzteil aus einem Fernseher. Das markierte Bauteil ist eine solche Halbleitersicherung, die nicht unbedingt sofort als eine Sicherung zu erkennen ist.

Aber auch solche Bauteile können kaputtgehen und für Ausfälle sorgen. Wie jede herkömmliche Sicherung muss diese im intakten Zustand niederohmig sein. Dies lässt sich leicht mit einem Durchgangsprüfer (Multimeter) überprüfen.

Sicherungen gehen meistens durch Überlastung kaputt. Nur selten sind Überspannungen beziehungsweise Spannungsspitzen aus dem Netz oder andere Einflüsse dafür verantwortlich, dass sie durchbrennen. Oft sind es andere Defekte in der Schaltung.

Dazu gehören auch durch Überlastung ausgefallene Transformatoren. Es gibt hier unterschiedliche Arten von Ausfällen. Ausgelöst werden sie aber in der Regel durch eine Überlastung, also eine zu hohe Stromaufnahme des Verbrauchers am Ausgang des Transformators.

Defekte Transformatoren

Einige Transformatoren enthalten eingebaute Temperatursicherungen. Ist das nicht der Fall, können die Wicklungen zu heiß werden, die Isolierschicht wird durch die Überhitzung zerstört. Dann kommt es zu einem sogenannten Windungsschluss.

Der Windungsschluss sorgt für eine Verringerung des Widerstandes der Wicklung, die wiederum für eine Erhöhung der Überlastung und eine gesteigerte

Temperaturentwicklung sorgt. Schließlich wird die Stromaufnahme viel zu hoch, und im besten Fall verhindert nur eine vorgeschaltete Sicherung Schlimmeres.

Halbleitersicherung in einem Netzteil eines Monitors

Ausgefallene und verschmutzte Lüftungen

Schließlich gibt es noch ausgefallene oder fehlerhafte Lüftungen, dadurch eine Überhitzung von einzelnen Bauteilen oder ganzen Baugruppen. Auch solche Fehler kommen nicht selten vor, vor allem dann, wenn Lüftungsöffnungen durch Staub und Schmutz oder Gegenstände verschlossen werden und dadurch eine ausreichende Luftzirkulation nicht mehr möglich ist.

Lesefehler bei CD- und DVD-Laufwerken

Ein sehr häufig vorkommender Fehler bei CD- oder DVD-Playern besteht darin, dass diese Geräte auf einmal einige oder überhaupt keine CDs oder DVDs mehr lesen können.

Auch wenn es dem einen oder anderen nicht bekannt ist, gehören die in den Laufwerken verbauten Laser zu den Verschleißteilen. Sie verlieren im Laufe der Zeit während des Betriebs an Leistung. Irgendwann ist dann das Gerät nicht mehr in der Lage, die Datenträger zu lesen. Dasselbe gilt übrigens auch für alle Arten von optischen Laufwerken in Computern oder Laptops.

Die Abbildung zeigt das Innere eines DVD-Laufwerks mit der Lasereinheit in der Mitte des Bildes. Die Fokussiereinheit funktioniert zwar in der Regel noch, aber durch die geringere Leistung des Lasers kann die reflektierende Beschichtung auf der CD oder DVD nicht mehr ausreichend gut ausgelesen werden. Es kommt dann zu fehlgeschlagenen Leseversuchen. Oft können Sie das sogar hören, und zwar in Form eines leisen Klickens, wenn Sie während dieser Leseversuche genau hinhören. Dieses Klicken kommt zustande durch die Bewegungen der Fokussiereinheit in der Lasereinheit des CD- oder DVD-Laufwerks.

Lasereinheit in einem DVD-Laufwerk

Fehler durch Software

Viele modernere Geräte können auch durch die Software verursachte Fehler aufweisen. Ein häufiges Problem bei jüngeren Fernsehgeräten ist zum Beispiel das oft selbstständig durchgeführte Softwareupdate.

Das sorgt bei vielen Fernsehgeräten für Fehler, wenn etwa unvollständige Updates durchgeführt werden (Stromausfälle während des Updates oder Ähnliches), bis hin zum Komplettausfall. Es hat schon Fälle gegeben, in denen wegen eines fehlerhaften Updates der Firmware das komplette Mainboard getauscht werden musste.

Vergessen Sie auch nicht Fehler und Einschränkungen bei der Bedienung oder Nutzung von Geräten durch veraltete Komponenten. Viele Smartphones oder Tablets funktionieren hardwareseitig zwar noch einwandfrei, sind aber aufgrund zahlreicher Updates nicht mehr nutzbar. Das liegt daran, dass die Hardware des Gerätes einfach nicht mehr leistungsfähig genug ist, um mit der aktualisierten Software zurechtzukommen.

Manchmal wird hier sogar ein Defekt des Gerätes vermutet. Tatsächlich ist es schlichtweg eine Überlastung der Hardware und eine damit verbundene Verlangsamung und Trägheit in der Bedienung.

Kapitel 12: Fehler in der Mechanik

Wenn die Geräte eine mehr oder weniger aufwendige Mechanik enthalten, bedeutet das zusätzliche Fehlerquellen. Eine Mechanik bedeutet immer einen gewissen Verschleiß, außerdem kommt es nicht selten zu Defekten.

Motoren und Antriebe

Das fängt bereits bei den Antrieben an, also verschiedenen Bauarten von Elektromotoren, die ausfallen können. Das gilt für CD- oder DVD-Player ebenso wie für Tonband- und Kassettenlaufwerke, Diskettenlaufwerke oder alle anderen Arten von Elektrogeräten, die eine Mechanik enthalten.

Synchronmotor in einem alten Plattenspieler

Als sehr lange haltbar und unauffällig gelten die sogenannten Synchronmotoren, die direkt mit Wechselstrom aus der Steckdose betrieben werden. Sie sind in vielen Haushaltsgeräten enthalten, genauso aber auch in alten Tonbandgeräten oder Plattenspielern. Die Abbildung zeigt einen solchen Motor.

Viele Geräte enthalten aber auch mit Gleichstrom betriebene Kollektormotoren, die zu einem großen Teil drehzahlgeregelt sind, etwa die Antriebe in Kassettenlaufwerken. Auch solche Motoren können kaputtgehen oder wegen mangelnder Schmierung während des Betriebs unangenehme Geräusche verursachen. Ist das der Fall, hilft oft bereits ein Tropfen Öl für die Lager, sodass der Motor wieder ruhig läuft.

Defekte und verschlissene Antriebsriemen

Wesentlich häufiger kommt es aber zu verschlissenen oder gerissenen Antriebsriemen. Das Gummi wird im Laufe der Zeit porös oder löst sich im ungünstigsten Fall sogar auf und bildet dabei eine schwarze, klebende Masse, die man kaum noch von den Fingern bekommt, wenn man versucht, sie aus dem Laufwerk zu entfernen.

Glücklicherweise ist das nur bei einigen wenigen Geräten der Fall, sodass sich die Antriebsriemen in den meisten Fällen ohne Weiteres austauschen lassen. Wenn Sie es doch einmal mit einer solchen verflüssigten Gummimasse zu tun haben, versuchen Sie es mit Aceton (gut Lüften nicht vergessen). Beachten Sie dabei aber, dass Aceton verschiedene Kunststoffsorten und einige andere Materialien angreift.

Und noch eine gute Nachricht: Die meisten Antriebsriemen für Tonbandgeräte oder Kassettenrekorder sowie einige weitere Arten von Geräten erhält man auch heute noch ohne größere Probleme. Mehr über Ersatzteile können Sie in einem späteren Abschnitt dieses Buches nachlesen, wenn es um die Beschaffung von Ersatzteilen geht.

Defekte Zwischenräder

Etwas schwieriger wird es, wenn es zu Ausfällen von Laufwerken wegen des Verschleißes von Zwischenrädern kommt. Viele Plattenspieler oder Tonbandgeräte enthalten solche Zwischenräder, die Kraft mithilfe von gummierten Oberflächen übertragen.

Denn auch dieses Gummi wird im Lauf der Zeit hart oder porös. In einigen Fällen kann es auch vorkommen, dass die Zwischenräder durch jahrelang auf Betriebsmodus geschaltete Laufwerke Dellen bekommen und dadurch unbrauchbar werden.

Sie merken das dann an einem unruhigen Lauf oder an starken Laufgeräuschen, die durch die Unebenheiten in der Gummioberfläche entstehen. Ein Austausch ist hier allerdings schwierig. Nicht von der Durchführung des Austauschs an sich, sondern vielmehr durch Schwierigkeiten bei der Beschaffung geeigneter Ersatzteile für die Reparatur.

Auch Andruckrollen in Tonband- oder Kassettengeräten bekommen Dellen, etwa dann, wenn diese Geräte in der Betriebsart Aufnahme oder Wiedergabe längere Zeit stehen.

Bei einem Tonbandgerät kann das dann so aussehen wie in folgender Abbildung.

Delle in einer Andruckrolle. Das gibt es auch bei Zwischenrädern.

Fehler durch Verschmutzungen

Ebenfalls oft verantwortlich für nicht mehr einwandfrei gegebene Funktion sind Verschmutzungen von mechanischen Baugruppen oder Laufwerken. Im schlimmsten Fall kann es sogar zu Blockaden von beweglichen Teilen und dadurch verursachten Defekten kommen. Lässt sich etwa ein Laufwerk nicht mehr einwandfrei bedienen, kann das an einer Blockade beweglicher Teile liegen.

Hier hilft nur eine genaue Überprüfung des Laufwerks, um der Ursache auf die Spur zu kommen. Als Beispiel möchte ich einen typischen Defekt an einigen Laufwerken in Tonbandgeräten von Grundig nennen, bei dem der Knopf für die Betriebsart auf einer Stelle einrastet und sich dann nicht mehr betätigen lässt. Ursache hierfür ist ein durch Materialermüdung gebrochenes Bauteil. Solche Fehler kommen natürlich auch an anderen Arten von Laufwerken oder mechanischen Geräten vor.

Äußere Einwirkungen

Außerdem erwähnt werden sollten noch Fehler, die durch äußere Einwirkung entstanden sind, also durch Gewalt, Stöße oder Stürze. Auch solche Fehler kommen gar nicht so selten vor. Das gilt für die Elektronik wie für die Mechanik, die durch solche äußeren Schäden in Mitleidenschaft gezogen werden können.

Meistens erkennen Sie solche Einwirkungen bereits bei einer ersten Untersuchung des Gerätes, wenn nicht sogar schon auf den ersten Blick.

Lager, Schmierung und Verschleiß

Wenn eine Mechanik ins Spiel kommt, gibt es immer einen bestimmten Verschleiß. Dieser lässt sich gar nicht vermeiden. Dieser Verschleiß wird allerdings umso mehr, wenn Schmiermittel in mechanischen Einrichtungen wie in Lagern oder Laufwerken aufgrund des Alters nicht mehr brauchbar oder gar nicht mehr vorhanden sind.

Die wenigsten Geräte werden heute noch regelmäßig gewartet, um jederzeit eine ausreichende Schmierung sicherzustellen. Ist das aber nicht der Fall und werden diese Wartungen vernachlässigt oder gar nicht durchgeführt, kommt es zu einem erhöhten Verschleiß und im schlimmsten Fall zu vorzeitigen Ausfällen.

Defekte und trockengelaufene Lager können auch Folgeschäden verursachen. Zwar ist die Schmierung bei den meisten feinmechanischen Geräten und Bauteilen nicht sehr oft notwendig, komplett vergessen werden sollte sie aber auch nicht.

Nicht angemessene Lagerung der Geräte

Gleiches gilt auch, wenn technische Geräte in ungeeigneten Umgebungen aufbewahrt werden, und das möglicherweise über viele Jahre oder Jahrzehnte.

Eine unsachgemäße Lagerung in feuchter Umgebung führt zu einer Rostbildung und Korrosion. Und dadurch entstehen wiederum Folgeschäden an mechanischen Teilen. Es kann sogar dazu kommen, dass komplette Baugruppen oder Bauteile blockieren, also sich gar nicht mehr betätigen lassen.

In der Regel ist es hier nur möglich, die Mechanik zu zerlegen, gründlich zu reinigen und dabei eventuelle Rückstände von Rost zu beseitigen, bevor schließlich die gereinigten Teile mit neuen Schmiermitteln versehen und wieder ordnungsgemäß zusammengesetzt werden. Unterschätzen Sie aber den Zeitaufwand nicht, der hierbei entsteht.

Kapitel 13: Weitere Gründe für Defekte und Ausfälle

Hier sind noch einige weitere Beispiele, die in keine der genannten Kategorien so richtig passen wollen.

Fehler an Bedienelementen

Weitere häufige Gründe für Ausfälle oder Fehlfunktionen sind Defekte an den Bedienelementen. Schalter können durch Überbeanspruchung oder durch sonstige äußere Einflüsse kaputtgehen, Gleiches gilt für alle anderen Arten von Bedienelementen wie Tasten oder Potis.

Häufig merken Sie das daran, dass eine vernünftige Einstellung von Reglern nicht mehr möglich ist oder dass das Gerät nicht mehr wie gewohnt auf eine Betätigung von Tasten oder Knöpfen reagiert.

Oft sind dies nur Kontaktschwierigkeiten, die durch Staub und Schmutz entstanden sind. Manchmal aber handelt es sich auch um Verschleiß, sodass nur ein Austausch des Bauteils, Schalters oder Potis eine Verbesserung bringt und den Fehler beseitigt.

Fehlerhafte Relais

Probleme beim Schalten oder bei der Bedienung von Geräten können auch durch fehlerhafte Relais entstehen. Auch diese enthalten Kontakte, die mitunter Schwierigkeiten bekommen, elektrische Stromkreise zu schließen. Letztlich sind sie im Prinzip nichts anderes als elektromagnetisch betätigte Schalter.

Kratzende Potis und erste Abhilfe

Probleme mit Reglern beziehungsweise Potis äußern sich meist in einem Kratzen (bei einem Lautstärkeregler) oder durch Schwierigkeiten, bestimmte Einstellungen am Gerät vorzunehmen. Haben Sie es mit einem solchen Fehlerbild zu tun, können Sie zunächst probieren, ob sich das Verhalten verbessert, wenn der Regler einige Male hin- und hergedreht beziehungsweise betätigt wird. Oft sind es nun Staubablagerungen, die bei längerer Zeit der Nichtbenutzung Kontaktschwierigkeiten verursachen. Verbessert sich allerdings auch danach nichts, muss das Potentiometer in der Regel ausgewechselt werden, um das Problem zu beheben. Gegebenenfalls können Sie die Funktion des Reglers mithilfe von etwas Elektronik-Kontaktspray deutlich verbessern.

Defekte an Steckverbindungen

Steckverbindungen sind häufiger Fehlerquellen bei elektronischen Geräten, als Sie möglicherweise glauben. Und das gilt keinesfalls nur für die von außen zugänglichen Steckverbindungen, sondern auch für interne.

Natürlich gehören die von außen zugänglichen Steckverbindungen zu denen, die oft besonderen mechanischen Belastungen ausgesetzt sind. Denken Sie einmal an die Ladebuchse an Ihrem Smartphone oder Tablet. Oft kommt es vor, dass einem das Gerät aus der Hand rutscht oder hinunterfällt, während das Ladegerät angeschlossen ist. Manchmal kommt es sogar dazu, dass man das Gerät schon am Ladekabel hängend auffängt. Das ist sicherlich nicht gut für die Ladebuchse (und für das Ladekabel auch nicht).

Und so kommt es irgendwann, wie es kommen muss:

Auf einmal funktioniert die Verbindung nicht mehr einwandfrei, im schlimmsten Fall ist sogar die Ladebuchse im Gerät defekt.

Die Folge: Das Gerät lässt sich entweder gar nicht mehr aufladen oder das Ladekabel funktioniert nur noch dann, wenn es während des Aufladens in einer bestimmten Stellung verharrt und nicht bewegt wird.

Und was für das Ladekabel an Smartphone oder Tablet gilt, das kann auch an beliebigen anderen Geräten vorkommen.

Plötzlich hören Sie am MP3-Player mit den Kopfhörern nur noch einen Kanal. Was ist hier passiert?

Der Kopfhöreranschluss ist nicht mehr in Ordnung. Manchmal liegt es am Kopfhörerkabel oder am Stecker, oft aber auch an der Kopfhörerbuchse. Das sieht dann innerhalb des Gerätes so aus wie in der folgenden Abbildung, die während der Reparatur eines tragbaren CD-Players entstanden ist und fehlerhafte Stellen für die Audioanschlüsse zeigt.

Zwar handelt es sich hier um keine Kopfhörerbuchse, dafür aber um Cinchanschlüsse, um den CD-Player mit einem externen Verstärker zu verbinden. Glücklicherweise ließ sich hier der Defekt auf einfache Weise beheben, ganz einfach, indem die betroffenen Lötstellen nachgelötet wurden. Der Austausch von Steckverbindungen im Gerät war hier nicht notwendig. Diese waren noch vollkommen intakt.

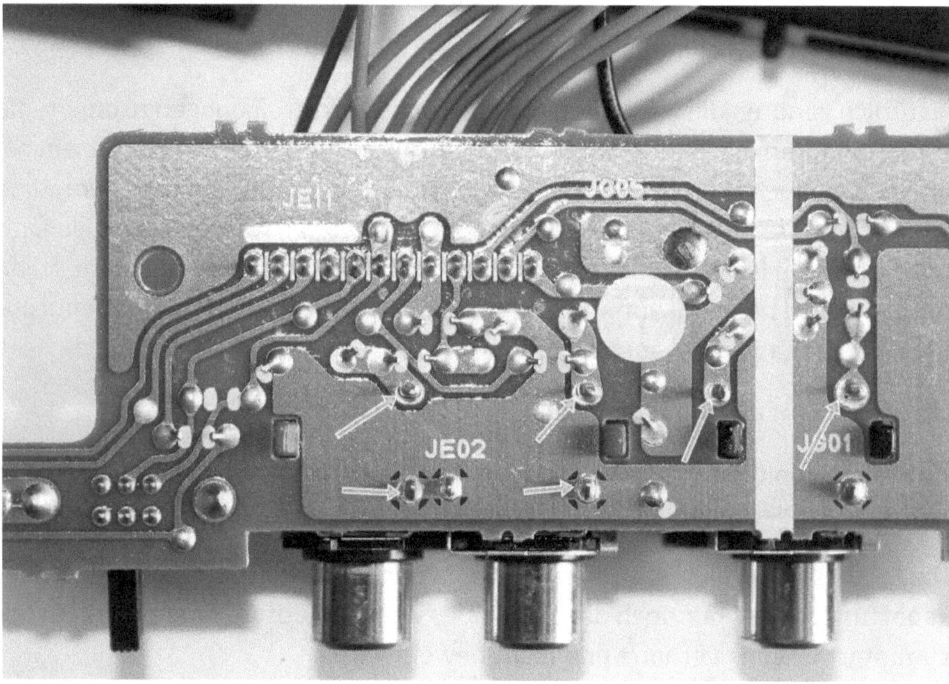

Kalte Lötstellen auf der Anschlussplatine eines CD-Players

Handelt es sich hier um Qualitätsprobleme? Das ist zwar generell möglich, ist aber nicht unbedingt der Fall. Es kommt immer darauf an, wie die Anschlüsse mechanisch beansprucht werden. In einigen Fällen kann es sich aber durchaus um Qualitätsmängel handeln, da solche sogenannten „kalten Lötstellen“ auch an anderen Stellen innerhalb des Gerätes vorkommen können und dort für Probleme sorgen.

Solche Probleme müssen also nicht immer durch äußere Einflüsse entstehen. Sie können auch durch starke Temperaturschwankungen zustande kommen, etwa verursacht durch sich erwärmende und wieder abkühlende elektronische Bauteile, die verlötet sind.

Interne Steckverbindungen und mögliche Probleme

Aber es sind nicht nur die Verbindungen nach draußen, die aufgrund von mechanischen Einflüssen und Überbeanspruchungen Probleme machen können. Auch interne Stecker und Buchsen, Sockel sowie Modulhalterungen sind immer wieder anfällig für Defekte.

Entweder lösen sie sich durch äußere Einflüsse (Stöße, Stürze) oder verursachen Kontaktprobleme durch Materialermüdung (nicht mehr fest greifende Kontaktfedern), Korrosion sowie Staub und Schmutz.

Solche Mängel können zuweilen seltsame Symptome zur Folge haben. Wenn ein Gerät seltsam reagiert oder die Funktionen in einer Weise gestört ist, sollten Sie daher auch immer die internen Steckverbindungen in Form von Sockeln oder ähnlichen Einrichtungen genau überprüfen.

Lokalisieren lassen sich solche Mängel, wenn zum Beispiel in einem Gerät Bauteile oder Module für bestimmte Gerätefunktionen eingesetzt wurden und die dafür verwendeten Module keinen ausreichenden Kontakt mehr zum Mainboard des Gerätes haben.

Defekte durch Stöße und Stürze

In den vorangegangenen Fehlerbeschreibungen wurden bereits Stöße und Stürze und deren Folgen beschrieben. Das können zum Beispiel kaputte Einstellregler sein, auf die das Gerät gefallen ist.

Aber es gibt noch andere, eher unsichtbarer Fehler, die durch solche Stürze entstehen können. Da wären die ebenfalls schon beschriebenen gelösten Steckverbindungen oder Steckmodule, die aus ihren Halterungen gefallen sind oder sich ein Stück daraus gelöst haben.

Weitere Fehlerbilder, die häufiger auftreten, sind gebrochene Platinen, die man nicht immer auf Anhieb erkennt. Feine Haarrisse in den Leiterbahnen können ebenfalls für Unterbrechungen und Kontaktschwierigkeiten sorgen.

Feststellen lassen sich solche Fehler bei geöffnetem Gerät. Das gilt natürlich nur, wenn das sicherheitstechnisch (bitte die Gefahren beim Betrieb geöffneter Geräte beachten) noch zu verantworten ist. Sie können dies überprüfen, indem Sie vorsichtig auf die Platine(n) leichten Druck ausüben, um festzustellen, ob sich dadurch etwas ändert. So kann bei Druck auf die Lötseite der Platine mit einem geeigneten und isolierten Gegenstand (zum Beispiel den vollständig isolierten Griff eines Schraubendrehers) möglicherweise die Funktion wieder gegeben sein.

Aber wie gesagt: Solche Experimente sollten Sie natürlich nur ausführen, wenn das Fehlerbild auf solch einen Defekt schließen lässt und es sich nicht unbedingt um ein Gerät handelt, das mit gefährlicher Netzspannung betrieben wird. Falls das doch der Fall ist, sollten Sie schon genau wissen, was Sie tun.

Fehler durch Flüssigkeiten

Fehler durch Flüssigkeiten können auf verschiedene Arten entstehen. Unter anderem durch das Auslaufen von Elkos oder wenn Flüssigkeit in ein Gerät hinein gelangt.

Ein Beispiel für eine solche Situation (ist auch bei Ihnen möglicherweise schon vorgekommen):

Ein Glas mit einem Getränk kippt um, der Inhalt ergießt sich über die Tastatur eines Laptops. Schnell wird versucht, die Flüssigkeit mit einem saugfähigen Papiertuch zu beseitigen. Aber leider gelangt die Flüssigkeit schneller als gedacht auf das Mainboard.

Und was meist noch schlimmer ist:

Die Flüssigkeit wird nicht sofort wieder entfernt. Dadurch können irreparable Schäden entstehen, genauso wie bei einem Handy oder Smartphone, das aus Versehen mit Wasser in Kontakt kommt oder in der Waschmaschine landet.

Dabei kommt es immer darauf an, um welche Flüssigkeiten es sich handelt und wie lange diese auf die Elektronik im Gerät einwirken können.

Hier ist auf jeden Fall schnelles Handeln gefragt, wenn es zu einem solchen Malheur kommt. Hier zählt praktisch jede Minute. Wenn die Möglichkeit besteht, sollte das Gerät so bald wie möglich geöffnet und gründlich getrocknet werden.

Dass als allererste Maßnahme der Strom abgestellt werden muss, sobald der Schaden bemerkt wurde, versteht sich wohl von selbst.

Ausfälle von Tasten

Bestimmt kennen Sie die folgende Situation:

Von Tag zu Tag reagieren bestimmte Tasten auf der Fernbedienung zunehmend nicht mehr so, wie es der Fall sein sollte. Es hat den Anschein, als wenn ein immer stärkerer Druck auf die Tasten notwendig ist, um die gewünschte Funktion aufzurufen.

Das gilt besonders für häufig genutzte Tasten an der Fernbedienung für den Fernseher (etwa Ein/Aus, Kanalwahl oder Lautstärke), kann aber auch bei allen anderen Geräten vorkommen, die gummiartige Tasten verwenden. Wodurch kommt dieser Fehler zustande?

- Abnutzung und Verschleiß
- Schmutz und sonstige Verunreinigungen
- Materialermüdung
- Feuchtigkeit
- schlechte Materialqualität, dadurch vorzeitiger Verschleiß

Sie sehen, auch dafür gibt es Gründe. Abnutzung und Verschleiß sind die am häufigsten vorkommenden. Oft sind es aber auch Verunreinigungen durch in das Gehäuse eingedrungene Flüssigkeiten sowie Schmutz und Feuchtigkeit.

Manchmal lässt sich durch eine gründliche Reinigung der Kontaktflächen ein Austausch der Fernbedienung (oder wie hier eines Gamecontrollers) zumindest etwas hinauszögern, indem die Tastenmatte herausgenommen und gründlich gereinigt wird.

Aber das gilt keineswegs nur für Fernbedienungen und die darin enthaltenen Gummitasten. Auch andere Geräte, die solche Tastenmatten enthalten, sind häufig von einem hohen Verschleiß betroffen.

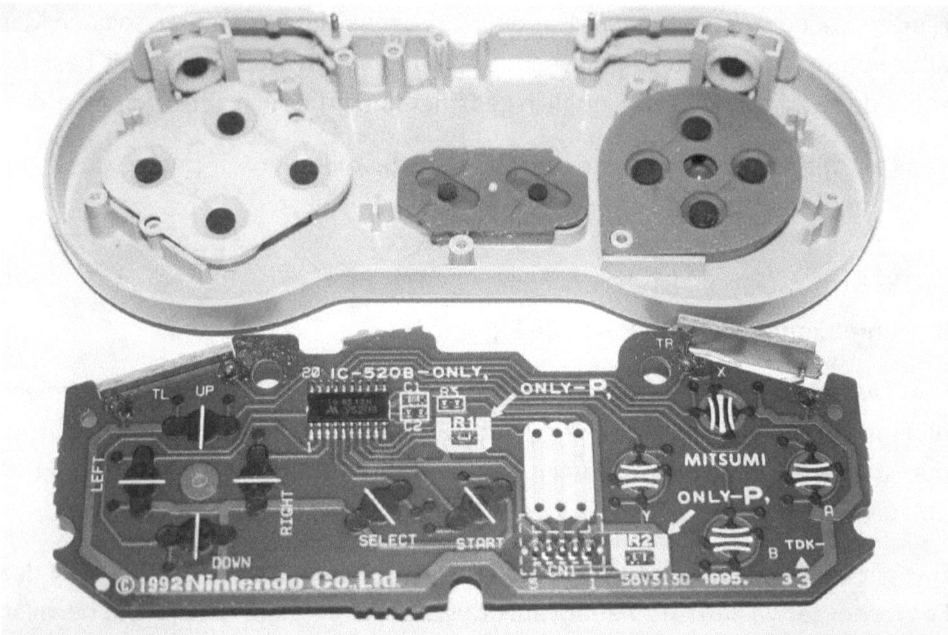

Geöffnetes Gamepad einer Spielekonsole mit den Kontaktmatten (oben)

Dazu gehören Betätigungstasten in allen Arten von elektronischen Geräten und vor allem Gamecontroller, die in der Regel ja auch viel aushalten müssen, vor allem durch häufige Betätigung der darin enthaltenen Tasten, was einen sehr hohen Verschleiß der Kontakte bedingt.

Die Abbildung oben zeigt einen geöffneten Gamecontroller für eine Spielkonsole. Die Tasten in solchen Gamecontrollern funktionieren auf die gleiche Weise wie die in den meisten Fernbedienungen für Fernseher und andere Geräte der Unterhaltungselektronik.

Der obere Teil der Abbildung zeigt den oberen Gehäuseteil mit den Gummimatten und den Tastaturkontakten. Unten sehen Sie die Platine aus dem Gamecontroller, also quasi das Gegenstück zu den Kontakten, die durch die dunklen Flächen auf den Tastaturmatten geschlossen werden, sobald eine Taste gedrückt wird.

Die aus Gummi bestehenden Tastenmatten enthalten am Druckpunkt, der mit den Kontakten auf der Platine in Berührung kommt, eine leitende Oberfläche.

Bei sehr häufiger Betätigung oder durch äußere Einflüsse, wie etwa Flüssigkeiten, kann die Funktion dieser Kontakte sehr schnell nachlassen. Meistens macht sich das dadurch bemerkbar, dass die Tasten mit mehr Kraft gedrückt werden müssen, damit sie überhaupt noch reagieren.

Die Gummitasten in Fernbedienungen oder anderen Geräten funktionieren nach dem gleichen Prinzip.

Um die Funktion wieder zu verbessern, könnte man nicht nur die Tastenmatten vorsichtig reinigen, sondern auch die zugehörigen Kontaktflächen auf der Platine vorsichtig mit etwas Isopropanolalkohol (keinesfalls eine aggressive Reinigungsflüssigkeit verwenden) säubern.

Viele solcher Geräte lassen sich auf diese Weise wieder so weit reparieren, dass sie noch eine ganze Zeit lang nutzbar sind. Natürlich hängt es immer vom Verschleiß der schwarzen Kontaktflächen auf der Tastaturmatte der Fernbedienung oder des Gamecontrollers ab.

Sind die Gummimatten schon an verschiedenen Stellen eingerissen, muss die Fernbedienung ausgewechselt werden. Für Gamecontroller zahlreicher Spielkonsolen gibt es als Zubehör sogar passende Gummimatten beziehungsweise Tastaturmatten zu kaufen. Das macht zum Beispiel dann Sinn, wenn es sich um eine wertvolle Vintage-Spielkonsole oder um einen relativ teuren Original-Gamecontroller handelt.

Kapitel 14: Fehler eingrenzen

Ohne eine Fehlereingrenzung macht die Suche nach der Ursache des Ausfalls oder des Fehlers kaum einen Sinn. Hier ist Systematik gefragt. Genau gesagt wollen wir den Fehler soweit wie möglich eingrenzen, bis schließlich nur noch so wenige Ursachen wie möglich übrig bleiben. Die ersten Schritte haben Sie bereits kennengelernt. Hier sind sie noch einmal in einer kurzen Übersicht (oder als Checkliste, wenn Sie wollen):

Sichtprüfung

- Überprüfen Sie Platinen und Bauteile auf Verfärbungen hin, die auf eine Überhitzung oder Kurzschlüsse hinweisen. Widerstände fallen in der Regel aus, wenn sie durch einen zu hohen Stromfluss überlastet werden. Das Problem: Sie können sich dabei derart verfärben, dass die Farbringe oder die Beschriftung nicht mehr zu erkennen sind. Sie benötigen dann das Schaltbild, um den korrekten Widerstandswert zu bestimmen.
- Auch andere Bauteile (Halbleiter wie Dioden, ICs und Transistoren) können im Falle eines Defektes äußere Anzeichen aufweisen, müssen sie aber nicht. ICs und Transistoren können Brüche und Absplitterungen am Gehäuse aufweisen.
- Suchen Sie auch nach beschädigten Bauteilen wie Widerständen oder Kondensatoren. Achten Sie bei Elkos auf Beulen oder ausgelaufene Flüssigkeiten, auch auf Rückstände auf den Platinen.
- Und vergessen Sie auch nicht, die Sicherungen (auch Halbleitersicherungen) zu überprüfen. Wenn es sich um Glassicherungen handelt, achten Sie dabei auf korrodierte Sicherungshalter. Verwenden Sie zum Überprüfen der Sicherungen den Durchgangsprüfer an Ihrem Multimeter. Eine Sichtprüfung alleine reicht bei den Glassicherungen nicht immer aus. Denn nicht immer ist der Zustand des Schmelzdrahtes im Inneren des Glasröhrchens gut genug zu erkennen.
- Kontrollieren Sie auch alle Verbindungen auf festen Sitz und auf Korrosionen und achten Sie dabei besonders auf defekte Stecksockel.

- Achten Sie bei der Sichtprüfung besonders gut auf beschädigte, lose oder kalte Lötstellen, die oft erst auf den zweiten Blick zu erkennen sind (das erfordert auch etwas Übung und Erfahrung).

Geruchsprüfung

- Ist ein Geruch nach Verbranntem wahrzunehmen, der auf durchgebrannte Bauteile hinweist?
- Entsteht ein metallischer Geruch, der auf überhitzte oder defekte Bauteile hinweist?
- Achten Sie auch auf einen modrigen und unangenehmen strengen Geruch, der auf ausgelaufenen Elektrolyt hindeutet (defekte und ausgelaufene Elkos).

Hören

- Achten Sie genau auf ungewöhnliche Geräusche wie Summen oder Knistern, die auf schlechte Verbindungen oder defekte Bauteile hinweisen.
- Auch wichtig: Stille bei Geräten, die normalerweise Geräusche machen, was auf einen Stromausfall oder ein Problem im Spannungsversorgungskreis hinweisen kann. Das mag zwar banal klingen, wird aber oft außer Acht gelassen.
- Hören Sie bei (Schalt-) Netzteilen genau hin, ob ein Klicken zu vernehmen ist, das regelmäßig (meistens ein paarmal in der Sekunde) erfolgt. Dieses Geräusch deutet auf Startversuche des Netzteils hin, die aufgrund einer Überlastung durch einen Fehler in der Schaltung erfolglos sind.
- Bei mechanischen Geräten achten Sie auf ungewöhnliche Laufgeräusche (Lagergeräusche, Schleifgeräusche oder Ähnliches).

Systematik ist wichtig

Wenn Sie die ersten Schritte der Fehlersuche abgeschlossen haben (siehe oben) und Sie keine offensichtlichen Probleme entdeckt haben, besteht der nächste Schritt darin, den Fehler möglichst systematisch einzugrenzen. Dies bedeutet, dass Sie den Fehlerbereich schrittweise auf kleinere Bereiche des Geräts reduzieren, um schließlich die genaue Ursache für den jeweiligen Fehler zu finden.

Beginnen Sie damit, das Gerät einzuschalten und genau zu beobachten, was funktioniert und was nicht. Dokumentieren Sie Ihre Beobachtungen sorgfältig. Wenn das Gerät nicht startet, prüfen Sie, ob eventuell vorhandene Kontrollleuchten oder Beleuchtungen funktionieren oder Geräusche zu hören sind. Schon diese Informationen sind wichtig und wertvoll, um die Fehlerquelle einzugrenzen.

Blockdiagramme verwenden

Blockdiagramme sind eine nützliche Sache, wenn Sie die Möglichkeit haben, an sie heranzukommen, etwa durch ein Service-Manual für Ihr Gerät. Ein Blockdiagramm dient dazu, um ein Gerät in seine funktionalen Teile zu zerlegen. Und es stellt die Hauptkomponenten und deren Verbindungen zueinander dar. Es ist sozusagen eine Art Vorstufe zum Schaltbild, nur mit gröberer Einteilung. Einzelne Bauteile sind darin nicht immer zu finden. Aber diese übersichtliche visuelle Darstellung hilft Ihnen zu verstehen, wie das Gerät aufgebaut ist, wie es funktioniert und welche Teile miteinander interagieren.

Beginnen Sie mit dem größten Block und arbeiten Sie sich zu den kleineren Komponenten vor. Dies erleichtert es, den möglichen Bereich mit dem Fehler schrittweise zu verkleinern.

Eingrenzung durch Ausschlussverfahren

Das Ausschlussverfahren ist eine sehr gute und vor allem eine sehr effektive Methode, um nicht vom Fehler betroffene Teile auszuschließen. Beginnen Sie mit den einfachsten und am leichtesten zugänglichen Teilen des Geräts.

Testen Sie diese Komponenten einzeln und prüfen Sie, ob der Fehler weiterhin besteht. Wenn eine Komponente funktioniert, schließen Sie sie aus und fahren mit der nächsten fort. Auf diese Weise reduzieren Sie die Anzahl der möglichen Fehlerquellen systematisch.

Auch eine gute Dokumentation Ihrer Schritte und Erkenntnisse hilft Ihnen bei der Fehlersuche. Notieren Sie jeden durchgeführten Test und dessen Ergebnisse. Setzen Sie dafür gerne auch Ihre Digitalkamera oder Smartphonekamera ein. Das hilft Ihnen, den Überblick zu behalten. Außerdem sammeln Sie Erfahrungen und halten diese fest, was Ihnen die Fehlersuche und Diagnose bei zukünftigen und ähnlichen Problemen erleichtert. Wenn Sie die Ursache des Problems gefunden und behoben haben, dokumentieren Sie auf jeden Fall auch die Lösung. So schaffen Sie sich eine wertvolle Wissensbasis für spätere Reparaturen.

Besorgen Sie sich, wenn möglich, die Schaltpläne des Geräts, das Sie reparieren möchten. Diese Pläne zeigen die Verbindung und Interaktion der verschiedenen Bauteile und erleichtern die Identifizierung von Fehlerquellen. Einige Serviceunterlagen bieten sogar spezifische Anleitungen zur Fehlersuche und sind daher eine besonders wertvolle Ressource.

Holen Sie sich Unterstützung in Foren

Auch Onlineforen können Ihnen bei der Fehlersuche helfen. Andere (Hobby-) Techniker haben möglicherweise ähnliche Probleme wie das mit Ihrem Gerät bereits gelöst und können wertvolle Tipps und Ratschläge geben.

Oft reicht es schon, wenn ein ähnliches Gerät wie Ihres repariert und der Fehler sowie dessen Ursache in einem Forenbeitrag dokumentiert wurde. Schließlich müssen Sie nicht das Rad jedes Mal neu erfinden und können sich so eine Menge Zeit bei der Fehlersuche sparen.

Und diese Foren bieten eine Plattform, um Fragen zu stellen und von den Erfahrungen anderer zu profitieren. Wenn Sie Glück haben, treffen Sie auf Hilfsbereitschaft und können Ihre Fehlersuche dadurch erheblich erleichtern.

Geben Sie dazu die Fehlerbeschreibung in eine Suchmaschine ein (Beispiel: Grundig 40VLE5520 Kontrollleuchte blinkt) und suchen Sie nach passenden Forenbeiträgen, die oft Hinweise auf mögliche Fehlerursachen liefern. Bei Fernsehern sind es oft softwarebedingte Fehler, die sich durch das Aufspielen einer neuen Firmware beheben lassen.

Aber das ist nur ein Beispiel, auch viele andere Fehlerursachen lassen sich so finden und Fehler beheben.

Kapitel 15: Hielten die Geräte in früheren Zeiten länger?

Diese Frage wird immer wieder gestellt. Aber ist da tatsächlich etwas dran oder kommt es uns heute nur so vor?

Es gibt tatsächlich Argumente dafür und dagegen.

Ältere Geräte wurden oft mit robusteren Materialien gebaut und hatten weniger empfindliche Bauteile, was sie weniger anfällig für mechanische Schäden machte.

Auch die damalige Technologie war, verglichen mit der moderner Geräte, oft einfacher, und das bedeutet weniger Fehlerquellen. Geräte früherer Zeiten hatten zudem oft weniger Funktionen und waren daher weniger komplex aufgebaut. Je einfacher, desto zuverlässiger, könnte man also sagen.

Auch die Reparierbarkeit spielt eine große Rolle.

Früher wurden Geräte so konstruiert, dass sie leicht repariert werden konnten. Die dafür benötigten Ersatzteile waren (bis auf wenige Ausnahmen) verfügbar. Und denken Sie mal an die Gehäuse heutiger Geräte. Diese machen den Zugang zu den Komponenten nicht gerade einfacher. Früher wurde einfach eine Rückwand abgenommen, die mit wenigen Schrauben befestigt war. Auch die Gehäuse der Geräte waren mit einigen Schrauben gängiger Größen gesichert und ließen sich in der Regel mit einer Grundausstattung an Werkzeug problemlos öffnen.

Heute sieht das ganz anders aus. Denken Sie einmal an ein Tablet, an einen Drucker oder an ein Smartphone und was Sie benötigen, um diese Geräte zu öffnen. Einfach ein paar Schrauben herausdrehen und das Gehäuse öffnen, das ist heute nicht mehr ohne Weiteres möglich. Entweder benötigen Sie geeignete Werkzeugeinsätze für spezielle Schraubenköpfe oder das Gerät ist sogar ohne Gehäuseschrauben zusammengeklipst, sodass Sie es ohne das notwendige Wissen und die dafür benötigten Werkzeuge kaum öffnen können, ohne deutlich sichtbare Spuren oder Beschädigungen am Gehäuse zu hinterlassen.

Etwas Wichtiges kommt hinzu:

Geräte aus früheren Zeiten wurden oft für eine längere Nutzung konzipiert. Im Gegensatz dazu tendieren moderne Geräte zu kürzeren Produktlebenszyklen. Denken Sie einmal an ein Smartphone.

Welches dieser Geräte ist heute noch für eine Nutzungsdauer von zehn Jahren oder länger ausgelegt? Gleiches gilt auch für die meisten anderen Geräte der Unterhaltungselektronik. Und das alles ist nicht nur bedingt durch schnellere technologische Fortschritte. Auch der Marktdruck spielt dabei eine ganz gewaltige Rolle. Von der Produktobsoleszenz, also das durch die Hersteller bewusst herbeigeführte frühzeitige Altern von Geräten, haben Sie bestimmt schon gehört.

Aber moderne Geräte haben auch ihre Vorteile.

Die Fortschritte in der Fertigungstechnik und bei den verwendeten Materialien haben die Funktionen und Leistungen der Geräte in vielerlei Hinsicht verbessert. Diese modernen Geräte sind auch oft wesentlich energieeffizienter.

Und dann wären da noch die Software-Updates. Einerseits dienen sie dazu, die Funktionalität zu verbessern und Fehler zu beheben. Aber andererseits kann das schon beschriebene Phänomen auftreten, dass die Updates für zusätzliche Probleme sorgen. Immer mehr nachlassende Geschwindigkeit bei der Bedienung bis hin zu Komplettausfällen wegen fehlerhafter Updates sind oft die Folge.

Ob nun die älteren Geräte tatsächlich länger halten, ist genau genommen eine subjektive Frage. Ohne Zweifel weisen viele dieser älteren Geräte eine bessere Verarbeitung auf. Das kommt bestimmt auch daher, dass sie einfach länger genutzt wurden als viele moderne Geräte der Unterhaltungselektronik. Schließlich waren sie gemessen am Durchschnittseinkommen der Bevölkerung wesentlich teurer. Kaum jemand hatte vor 40 Jahren Lust, sich alle zwei Jahre einen neuen Fernseher zu kaufen und dafür mehrere 1000 DM auszugeben.

Selbst bei neuen technischen Möglichkeiten wurde nicht gleich ein neues Gerät gekauft. Die Realität ist also wahrscheinlich eher eine Mischung aus beiden Sichtweisen. Ältere Geräte waren oft einfacher und robuster, außerdem waren sie für längere Nutzung ausgelegt. So etwas wie geplante Obsoleszenz gab es wohl eher nicht, wenn auch einige Geräte aus den sechziger oder siebziger Jahren ein paar typische Defekte aufweisen, die immer wieder vorkommen.

Aber neue(re) Geräte aus der Unterhaltungselektronik oder Computer müssen nicht unbedingt schlechter sein, nur weil sie nicht unter den gleichen Gesichtspunkten gefertigt wurden wie die Geräte aus den fünfziger oder sechziger Jahren. Viele Unternehmen nutzen zum Beispiel Computer, die auch nach mehr als zehn Jahren noch einwandfrei laufen. Außerdem Fernsehgeräte, die ohne Fehler bereits zehn Jahre oder länger in Betrieb sind. Defekte konnten an Geräten aus den fünfziger bis siebziger Jahren auch schon nach wenigen Jahren Betriebszeit auftreten. Anlässe für Reparaturen gab es also auch damals schon. Vielleicht können Sie sich noch an die TV-Geräte mit Elektronenröhren erinnern, die immer wieder einmal ausfielen.

Einen Unterschied könnte man aber schon anführen: die Möglichkeit der Reparatur und die Ersatzteilbeschaffung, die bei vielen moderneren Geräten nicht mehr gegeben ist.

Und bekommen Sie tatsächlich Ersatzteile (ob nun Standardbauteile oder spezielle Bauteile für das jeweilige Gerät), gestaltet sich eine Reparatur mangels passender Werkstattausstattung dennoch sehr schwierig. Stellen Sie sich einmal vor, Sie müssten eine integrierte Schaltung auswechseln, die 40 oder 50 Anschlusspins hat.

Mit einem herkömmlichen Lötkolben ist das nicht machbar. Hierfür brauchen Sie schon eine etwas speziellere Ausrüstung, bestehend unter anderem aus einer Heißluft-Lötstation und einigen weiteren Utensilien. Zwar sind diese Geräte heute ohne Weiteres erschwinglich geworden, die Handhabung erfordert aber etwas Übung und Erfahrung. Sehr schnell passiert es sonst nämlich, dass sich nicht nur das entsprechende IC von der Platine löst, sondern die Leiterbahnen gleich mit. Auf das Thema Löttechnik gehe ich später noch etwas ausführlicher ein.

Kapitel 16: Hinweise zur Reparatur von Röhrengeräten

Bestimmt kennen Sie noch die alten Röhrenradios und Tonbandgeräte, die nach wie vor auf vielen Dachböden oder in diversen Kellerräumen herumstehen und dabei früher oft der ganze Stolz ihrer Besitzer waren.

So schön und wertvoll diese Geräte auch sind, seien Sie bei der Reparatur dieser Geräte besonders vorsichtig.

Diese Geräte eignen sich nicht unbedingt für den Einstieg in die Elektronikreparatur. An sehr vielen Bauteilen liegen hohe und lebensgefährliche Spannungen an, außerdem waren die Sicherheitsstandards zur Zeit, als diese Geräte gebaut wurden, nicht mit den heutigen vergleichbar.

Sollten Sie sich für diese Technik und die Reparatur von Röhrengeräten interessieren, informieren Sie sich unbedingt speziell zu dieser Technik, bevor Sie ein solches Gerät öffnen und möglicherweise sogar im geöffneten Zustand in Betrieb nehmen wollen.

Machen Sie sich unbedingt mit den Grundlagen der Röhrentechnik vertraut, da Ihnen dieses Verständnis sehr hilft, die Eigenheiten der Röhrentechnik zu verstehen, was wichtig für die Sicherheit bei der Reparatur ist, aber auch für deren Erfolg.

Und nehmen Sie solche Geräte nicht einfach in Betrieb, nachdem diese Jahre oder Jahrzehnte nicht ein einziges Mal eingeschaltet waren.

Nicht nur, dass dies gefährlich für Sie als Nutzer werden könnte. Bei einem Defekt könnten auch wertvolle und unwiederbringliche Bauteile im Gerät zerstört werden und dadurch ein großer Schaden entstehen.

Besonders kritisch sind dabei (Elektrolyt-) Kondensatoren, die nach langer Lagerung in ihrer Funktion stark eingeschränkt sein können. Diese Kondensatoren sollten vor einer ersten Inbetriebnahme unbedingt überprüft und gegebenenfalls ausgetauscht werden. Sinnvoll ist hier auch die Verwendung eines regelbaren Trenntransformators, um die Spannung langsam zu erhöhen und das Gerät schrittweise an die normale Betriebsspannung heranzuführen. Das gibt vor allem den Elektrolytkondensatoren die Möglichkeit, sich langsam zu „formieren" und reduziert das Risiko eines plötzlichen Ausfalls.

Ein besonders gefährlicher Aspekt bei Röhrengeräten ist die Tatsache, dass selbst nach dem Ausschalten des Geräts und dem Ziehen des Netzsteckers in den Kondensatoren noch erhebliche Restspannungen vorhanden sein können.

Diese können über Minuten, in manchen Fällen sogar Stunden, bestehen bleiben und bei Berührung zu einem gefährlichen Stromschlag führen. Vor dem Arbeiten an einem Röhrengerät sollten Sie daher stets sicherstellen, dass alle Kondensatoren entladen sind. Dies können Sie mit einem isolierten Widerstand erreichen (siehe dazu auch Kapitel 6).

Für zusätzlichen Schutz empfiehlt es sich, bei der Reparatur von Röhrengeräten einen Trenntransformator (wie schon erwähnt) zu verwenden. Dieser trennt das Gerät galvanisch vom Stromnetz und minimiert so das Risiko eines lebensgefährlichen Stromschlags, insbesondere in Situationen, in denen Sie das Gerät im eingeschalteten Zustand testen müssen.

Galvanisch vom Stromnetz getrennt bedeutet, dass zwei Stromkreise so voneinander isoliert sind, dass kein Strom direkt zwischen ihnen fließen kann. Das sorgt dafür, dass keine gefährliche elektrische Spannung von einem Bereich auf den anderen übergeht und schützt so vor Stromschlägen.

Denken Sie bei der Reparatur immer daran, dass viele dieser alten Geräte nicht über die gleichen Schutzvorkehrungen verfügen wie moderne Geräte aus der Unterhaltungselektronik, weshalb hier besondere Vorsicht geboten ist.

Ebenfalls oft unterschätzt: gesundheitsgefährdende Materialien.

Bei der Arbeit mit älteren Geräten können Sie auch auf Materialien treffen, die heute als gesundheitsschädlich gelten, wie zum Beispiel Asbest in Isoliermaterialien oder alte Lote, die Blei enthalten. Sie sollten diese Gefahren kennen und entsprechende Schutzmaßnahmen ergreifen. Vermeiden Sie das Einatmen von Staub und Dämpfen, sorgen Sie für eine ausreichende Lüftung des Raumes, in dem Sie arbeiten, und entsorgen Sie gefährliche Materialien fachgerecht.

Kontrollieren sie auch die Verkabelung solcher Geräte.

Nicht selten finden sich in Röhrengeräten alte und brüchige Kabelisolierungen, die im Laufe der Jahre porös geworden sind. Diese stellen ein erhebliches Sicherheitsrisiko dar, da sie leicht zu Kurzschlüssen oder gar zu Bränden führen können. Sie sollten bei der Reparatur und vor der ersten Inbetriebnahme sämtliche Kabel gründlich inspizieren und bei Bedarf durch neue und sichere Netzkabel ersetzen. Achten Sie besonders auf Verkabelungen in der Nähe von Röhren, die im Betrieb sehr heiß werden.

Röhrengeräte haben doch einige Eigenarten. Deshalb:

Suchen Sie sich gerade am Anfang besser einfache und mit Niederspannung (bis zu etwa 24 Volt) arbeitende Geräte aus, um so möglichst gefahrlos erste Erfahrungen mit der Reparatur zu sammeln, bevor Sie sich an netzbetriebene oder gar an Röhrengeräte wie Radios oder andere begeben. Und wenn Sie doch ein solches Gerät und dessen Innenleben untersuchen wollen, dann nur bei gezogenem Stecker und mit entsprechender Vorsicht.

Und hier ist noch ein weiterer wichtiger Hinweis:

Falls Sie ein funktionierendes Röhrenradio oder ein anderes Röhrengerät besitzen und dieses nutzen wollen, lassen Sie das Gerät nicht unbeaufsichtigt laufen.

Die Gründe dafür sind folgende:

Röhrengeräte erzeugen im Betrieb hohe Temperaturen und enthalten Bauteile, die überhitzen oder durch Alterung versagen können, was ein Brandrisiko darstellt. Zudem besitzen alte Röhrenradios oft keine modernen Sicherheitsvorkehrungen, wodurch bei einem Defekt unbemerkt elektrische Gefahren entstehen können.

Kapitel 17: Defekte Bauteile bestimmen und geeigneten Ersatz finden

In diesem Kapitel geht es um das Thema Bauteile. Sicher, wir haben einiges zum Thema Bauteile schon angesprochen: defekte Elektrolytkondensatoren, verbrannte Widerstände und ein paar andere Dinge. Hier geht es aber um mehr. Deshalb nun ein paar Stichworte, um welche Inhalte es in der Folge gehen wird:

- Bauteile bestimmen: Was ist was? Wie sehen die unterschiedlichen Bauteile aus? (Das ist durchaus ernst gemeint, da es oft gar nicht so eindeutig zugeht auf den Platinen und in den Geräten.)
- Sie werden Hinweise zu den zum Teil sehr unterschiedlichen Beschriftungen beziehungsweise Bezeichnungen der Bauteilewerte erhalten. Das hilft Ihnen dabei, die Bauteile zu unterscheiden, wenn Sie am Anfang stehen. Außerdem ist das nötig, um passenden Ersatz zu finden, wenn Sie defekte Bauteile auswechseln müssen.
- Sie bekommen auch Informationen an die Hand, wenn es um das Finden geeigneter Ersatztypen geht. Das ist besonders für ältere Geräte wichtig, da viele der darin eingesetzten Bauteile entweder nur noch sehr schwer (und teuer) oder gar nicht mehr zu bekommen sind. Ersatztypen machen es hier oft möglich, ein solches Gerät wieder instand zu setzen. Das funktioniert zwar nicht immer, aber doch in einigen Fällen.
- Ein weiteres sehr wichtiges Thema ist die „Haltung" von Ersatzteilträgern, zumindest dann, wenn Sie häufiger Reparaturen an Geräten vornehmen wollen. Meist ist es ja so: reparieren ja, aber bloß nicht zu viele Sachen ansammeln. Oft ist aber genau das die Lösung, um ein Gerät kostengünstig und schnell wieder flott zu bekommen. Die Ersatzteile gerade aus älteren Geräten sind wertvoll, da sie neu kaum noch zu bekommen sind und hier quasi zum Nulltarif und vor allem sofort zur Verfügung stehen.

Das sind im Wesentlichen die Themen, um die es in diesem Kapitel geht. Beginnen wir mit der Identifizierung von Bauteilen unterschiedlicher Art. Widerstand ist nicht gleich Widerstand, Kondensator nicht gleich Kondensator und so weiter. Ich werde Ihnen nun beschreiben, was damit gemeint ist.

Widerstände

Kommen wir zunächst zu den sogenannten passiven Bauteilen, zu denen auch Widerstände gehören. Auf eine genauere Ausführung, was Widerstände sind, wie sie aufgebaut sind und funktionieren, möchte ich an dieser Stelle verzichten. Hier geht es schließlich um die Praxis der Reparatur von elektronischen Geräten. Genauer gesagt geht es in diesem Kapitel um die Identifizierung solcher Bauteile, um passenden Ersatz finden zu können. Dazu möchte ich zunächst einige Beispiele zeigen, wie Widerstände aussehen können.

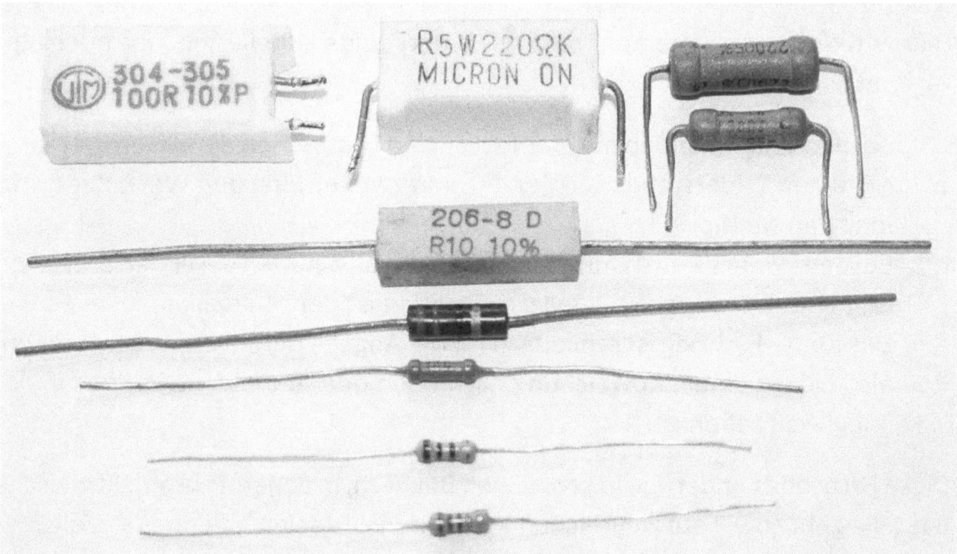

Verschiedene Bauarten von Widerständen

Sie sehen hier eine kleine Auswahl verschiedener Bauarten von Widerständen beziehungsweise Leistungswiderständen. Leistungswiderstände sind für höhere Stromstärken ausgelegt. Sie sind im oberen Bereich der Abbildung zu sehen.

Natürlich ist das hier nur eine kleine Auswahl. Tatsächlich gibt es noch viel mehr verschiedene Arten von Widerständen. Ich habe mich hier auf die Bauteilearten konzentriert, die häufiger in elektronischen Geräten verbaut werden, also nach meiner Erfahrung sehr oft vorkommen. Wie Sie sehen können, gibt es verschiedene Arten, die Widerstandswerte auf den Bauteilen anzugeben. Entweder erfolgt die Angabe in Ziffern oder mithilfe von Farbringen. Zunächst ein paar Worte zu den Ziffernangaben:

Die Angabe der Widerstandswerte erfolgt meistens im Zusammenhang mit dem Buchstaben „R“ für Resistor oder Resistance. Die Angabe eines Widerstandswertes in der Höhe von 100 Ohm kann - wie in der Abbildung links oben zu sehen - als 100R erfolgen. Sie kann aber auch einfach R100 lauten. Auch hierfür finden Sie ein Beispiel bei dem Widerstand in der Bildmitte, der einen Wert von 10 Ohm hat (R10). Ebenfalls möglich ist eine Widerstandsangabe mit dem Omegazeichen, also dem Symbol für den Widerstand in Ohm (Ω), wie oben in der Mitte des Bildes zu sehen ist. Die Angabe des Widerstandswertes in Form von Farbringen erfolgt nach der weiter unten gezeigten Tabelle.

Hierzu sei noch anzumerken, dass es Widerstandsbauteile mit vier oder fünf Farbringen gibt.

- Bei den Widerständen mit vier Farbringen bestimmen die ersten drei Farbringe den Widerstandswert (erster und zweiter Ring den Wert, der dritte Ring den Multiplikator)
- Bei den Widerständen mit fünf Farbringen bestimmen die ersten drei Ringe den Widerstandswert, der vierte Farbring ist der Multiplikator.
- Der fünfte Farbring ist schließlich für die Angabe der Toleranz vorgesehen, also die maximale Abweichung nach oben oder unten, wie es auch in der Tabelle zu sehen ist.

Diese Farbcodes finden Sie in sehr vielen Büchern, in denen es um elektronische Bauteile geht sowie auf zahlreichen Webseiten. Sie seien hier nur der Vollständigkeit halber gezeigt, damit Sie nicht lange herumsuchen müssen, um einen Bauteilewert zu bestimmen.

Wie Sie in der Tabelle auf der folgenden Seite sehen können, sind auch Multiplikatoren möglich, die den Widerstandswert um den Faktor 10 oder 100 verringern.

Diese sind notwendig, wenn ein Widerstand mit weniger als 10 Ohm mit diesem Farbcode versehen werden muss, etwa einer mit 6,8 Ohm, der dann die Farbringe blau, grau, gold hätte, plus dem Farbring für die Toleranz.

Farbe	1. Ring	2. Ring	3. Ring	Multiplikator	Toleranz
schwarz		0	0	x1	20%
braun	1	1	1	x10	1%
rot	2	2	2	x100	2%
orange	3	3	3	x1000	
gelb	4	4	4	x10.000	
grün	5	5	5	x100.000	
blau	6	6	6	x1.000.000	
violett	7	7	7	x10.000.000	
grau	8	8	8	x100.000.000	
weiß	9	9	9	x1.000.000.000	
silber				x0,01	10%
gold				x0,1	5%

Widerstands-Farbcode mit drei oder vier Farbringen und Beispielen

Ist der dritte Ring bei einem Widerstand mit drei Ringen für den Widerstandswert schwarz, folgt keine weitere Null, im Beispiel hätte der Widerstand dann 68 Ohm. Folgt als dritter Ring ein goldener, verringert man den durch die ersten beiden Farbringe bestimmten Wert also um den Faktor zehn.

Bei den Widerstandsbauteilen mit Zahlenangaben finden Sie, wie Sie auch in der Abbildung oben sehen können, die Angabe der Toleranz ebenfalls als Klartext. Viele alte Geräte aus den fünfziger Jahren enthalten noch Widerstände, auf denen keine Farbringe angegeben sind, sondern die Angaben zu den Widerstandswerten ebenfalls in Zahlen erfolgen.

Warum verwendet man eigentlich Farbringe?

Eine Vermutung geht dahin, dass die Farbringe immer zu erkennen sind, ohne dass der Widerstand dafür gedreht werden müsste. Egal, wie herum der Widerstand auf der Platine sitzt, die Ringe sind immer zu sehen. Das stellt einen gewissen Vorteil dar, weshalb man dieses Prinzip auch bei einigen Kondensatoren und bei Festinduktivitäten (Spulen) verwendet. Aber dazu später mehr. Zunächst gehen wir weiter zu den einstellbaren Widerständen, den Potentiometern.

Potentiometer

Bei den Potentiometern lässt sich der Widerstandswert stufenlos einstellen, es sind also Widerstände mit variablen Widerstandswerten. Eine der gängigsten und bekanntesten Anwendungen ist der Lautstärkeregler, der in vielen älteren Geräten der Unterhaltungselektronik eingesetzt wurde. Und das zu einer Zeit, bevor es Tasten zur Einstellung der Lautstärke gab.

Auch hier gibt es wieder zahlreiche verschiedene Bauarten. Deshalb hier nur eine kleine Auswahl, die in der Abbildung unten zu sehen ist. Es handelt sich hier um Drehpotentiometer für die Montage auf der Platine oder Frontplattenmontage (rechtes Potentiometer). Auch einige Trimmerpotentiometer sind zu sehen.

Dreh- (oben Mitte und rechts) und Trimmpotentiometer

Wie schon bei den Widerständen angedeutet, geht es um die Identifizierung solcher Bauteile, deshalb sehen Sie hier einige (gebrauchte) Bauteile, wie diese in zahlreichen elektronischen Geräten zu finden sind.

Das Potentiometer hat im Inneren eine Widerstandsbahn, deren Widerstand dem Nennwert des Bauteils entspricht. Zwischen diesem Nennwiderstand und dem minimalen Widerstandswert (nahe null Ohm) lässt sich ein beliebiger Widerstandswert einstellen. Dazu besitzt das Potentiometer einen Schleifkontakt, der sich auf der Widerstandsbahn bewegen lässt und der mit einem weiteren Anschluss (meist der mittlere Anschluss am Potentiometer) abgreifbar ist.

Die Abbildung unten zeigt, wie ein solches Drehpotentiometer einfacher Bauart von innen aussieht.

Potentiometer sind meistens als Drehregler ausgeführt. Es gibt aber auch einige Geräte, die mit Schiebereglern ausgestattet wurden. Schieberegler werden gerne dann eingesetzt, wenn mehrere Widerstandswerte parallel eingestellt und gegebenenfalls verglichen werden sollen, etwa in einem Equalizer, mit dem sich Frequenzen von Audiosignalen anpassen lassen.

Im Prinzip sind sie aber genauso aufgebaut wie das hier gezeigte Exemplar, nur dass die Widerstandsbahn dann gerade über eine bestimmte Strecke verläuft, statt wie hier kreisförmig.

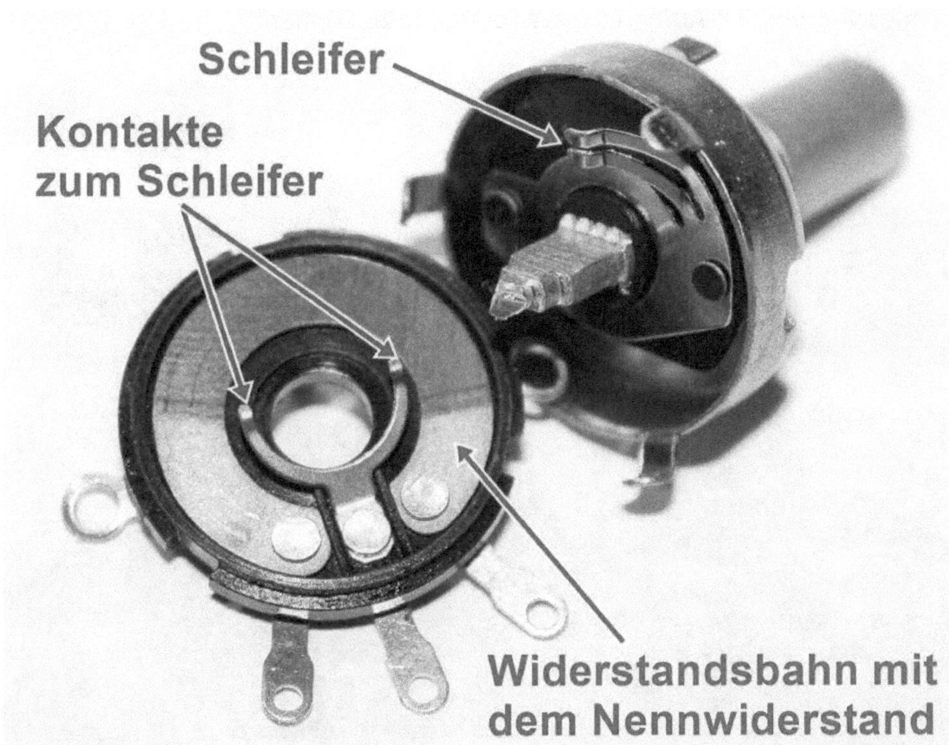

Geöffnetes Drehpotentiometer

Kondensatoren

Die Kondensatoren gehören ebenfalls zu den sogenannten passiven Bauteilen. Sie bestehen im Prinzip nur aus zwei elektrisch leitenden Flächen, die durch einen dünnen Isolator getrennt sind. Die Bauteile sind in der Lage, elektrische Ladungen zu speichern. Im Schaltbild werden sie durch zwei parallel verlaufende Striche dargestellt. Die Praxis dagegen bietet einige Varianten. Die folgende Abbildung zeigt eine kleine Auswahl von Kondensatoren verschiedener Bauart, wie sie „in freier Wildbahn“ vorkommen können.

Da geht es schön bunt zu, ähnlich wie bei den Widerständen mit ihren Farbringen. Die meisten Kondensatoren sind sogenannte Folienkondensatoren. Zwei dünne, leitende Folien werden durch einen ebenfalls sehr dünnen Isolator getrennt und dann aufgewickelt. Das hat den Vorteil, dass sich auch größere Flächen relativ kompakt in einem Bauteil unterbringen lassen. Stellen Sie sich Folgendes vor, um den Aufbau besser verstehen zu können:

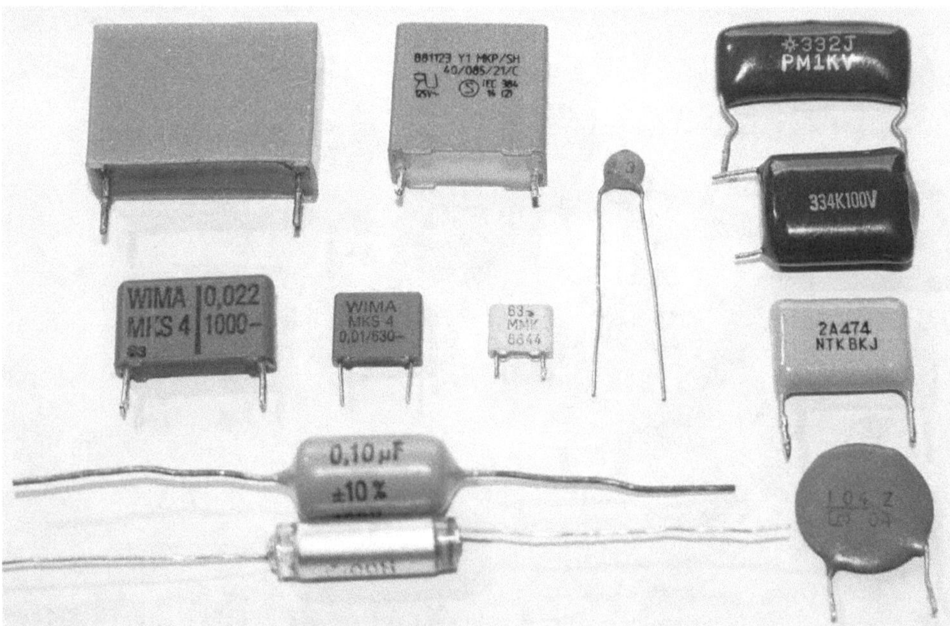

Verschiedene Folien- und Keramikkondensatoren

Sie nehmen zwei lange Streifen Alufolie, legen diese übereinander und trennen die beiden Schichten durch einen dünnen Papierstreifen. Wenn Sie das Ganze nun aufwickeln und Anschlüsse von den beiden Alufolien nach außen führen, haben Sie einen solchen Folienkondensator. So einfach ist im Prinzip ein Kondensator dieser Art aufgebaut. Es gibt aber auch sogenannte Plattenkondensatoren, bei denen zwei dünne Scheiben direkt übereinander liegen und durch einen Isolator getrennt sind. Solche Kondensatoren haben aufgrund der geringeren Fläche auch eine deutlich geringere Kapazität. Die beiden runden, braunen Kondensatoren in der Abbildung sind solche Plattenkondensatoren.

Auch Schichtkondensatoren sind Plattenkondensatoren, bei denen die einzelnen Schichten übereinander gestapelt statt gewickelt werden. Diese rechteckigen Bauteile, oft mit silberfarbener Oberfläche, zeichnen sich durch geringe Induktivität und eine Dielektrikumschicht aus Kunststofffolie oder keramischen Materialien aus. Sie sind vielseitig einsetzbar und werden häufig durch Schutzlack oder ein Kunststoffgehäuse geschützt.

Aber nun zu den Kapazitätswerten:

Diese Angaben sind oft sehr verwirrend, da sie auf vielfältige Weise auf den Bauteilen erfolgen. In den Beispielen sehen Sie Angaben von 0,022 oder 0,10, zum Teil mit, zum Teil auch ohne die Kapazitätsangabe in Mikrofarad (µF). Das ist eine der häufigsten Arten, wie die Kapazitäten auf diesen Bauteilen angegeben werden. Sehen Sie etwa Werte wie 0,01, 0,22 oder 0,33, sind dies Angaben in Mikrofarad (µF). Das ist die gleiche Angabe, wie sie auch auf Elektrolytkondensatoren vorgenommen wird. Aber zu diesen kommen wir gleich.

In der Abbildung ist ein weiteres Beispiel für die Kapazitätsangabe zu sehen. Dort sehen Sie rechts Ziffernangaben wie 332J, 334, 474 oder 104. Was bedeuten diese Angaben? Man geht dabei ähnlich vor wie bei den Widerständen und den Farbringen, nur dass hier statt der Farbringe direkt die Ziffern angegeben werden. Nehmen wir das Beispiel 332.

Die ersten beiden Ziffern geben den Wert an, in dem Fall die 33, die dritte Ziffer bestimmt den Multiplikator, in dem Fall multiplizieren wir also mit 100 (einfach zwei Nullen dran hängen). Nun kommen wir auf einen Wert von 3300. Da hier keine weitere Angabe erfolgt, wird bei den Kondensatoren von der Angabe in Pikofarad ausgegangen. Das ist die kleinste Kapazitätsangabe. Die Angabe von 332 bedeutet also nichts anderes als 3300 Pikofarad, das sind 3,3 Nanofarad (nF) oder 0,0033 Mikrofarad (µF). Zugegeben, das Ganze klingt jetzt etwas verwirrend. Wenn Sie es aber genauer überdenken, ist es ganz logisch. Ein Millifarad ist ein tausendstel Farad, ein Mikrofarad ist ein millionstel, ein Nanofarad ein milliardstel und ein Pikofarad ein Billionstel Farad.

Die Kapazitätswerte übersteigen nur in wenigen Fällen ein Mikrofarad, da die Kapazitäten meistens deutlich geringer sind und im Bereich Mikro-, Nano- oder Pikofarad liegen. Deshalb geht man auch, sofern keine Angaben zu Mikro oder Nano gemacht werden, von Pikofarad aus. Und darum beziehen sich Zahlenangaben wie 332 (was 3300 entspricht) auf diese Einheit.

Vereinzelt finden Sie aber auch weitere Angaben, die verwirrend sein können. Da steht auf den Bauteilen 33p, 22n oder 104K. Was bedeutet das nun wieder?

Die Angabe eines Wertes mit einem „p" bezeichnet die Kapazitätsangabe in Pikofarad, im Beispiel also 33 Pikofarad (pF). 22n bedeutet eine Angabe der Kapazität in Nanofarad, in dem Beispiel handelt es sich also um einen Kondensator mit 22 Nanofarad (nF). Der Buchstabe kann dabei auch zwischen zwei Ziffern stehen, also beispielsweise 2n2 lauten. In diesem Fall erfüllt der Buchstabe zwei Funktionen:

Er ersetzt ein Komma und dient gleichzeitig als Einheitenangabe in Nanofarad. Ein so bezeichneter Kondensator hätte eine Kapazität von 2,2 Nanofarad.

Wenn Sie so etwas lesen wie 47K, hat das nichts mit der Angabe in Kilo zu tun, sondern bezieht sich auf den reinen Kapazitätswert ohne Angabe für den Multiplikator, hier also 47 Pikofarad. Der Buchstabe deutet auf die Toleranz hin. K bedeutet in diesem Fall 10 Prozent Toleranz, das J steht für eine Toleranz von 5 Prozent. Eine Toleranzkennung ist allerdings nicht immer vorhanden. Häufig fehlt sie komplett. Mehr zu den Toleranzangaben finden Sie zum Beispiel auf meiner Website „Bastelnmitelektronik.de" unter folgender URL: https://bastelnmitelektronik.de/kondensator-kennzeichnung

Farbcodes bei Kondensatoren

Auch bei den Kondensatoren gibt es Exemplare, die keinen Aufdruck mit den Werteangaben besitzen, sondern Farbcodes, die Sie schon von den Widerständen her kennen.

Das kommt zwar meiner Erfahrung nach nicht allzu häufig vor, aber falls Sie doch einmal solche Kondensatoren vorfinden, sollten Sie dennoch wissen, wie der Farbcode entziffert wird. Die Farben und Ziffern stimmen mit den Werten in der Widerstandstabelle überein. Schwarz bedeutet 0, braun 1, rot 2 und so weiter.

Die Farbcodierungen entsprechen denen der Farbringe auf den Widerständen, und das nach einem logischen Muster, nach dem sie sich relativ gut einprägen lassen.

Außerdem finden Sie noch Angaben zur Bauteiletoleranz und zur maximalen Betriebsspannung. Letztere ist eine bei den Kondensatoren und Elkos eine wichtige Angabe, die sich auf den Dauerbetrieb bei einer Temperatur von 40 Grad Celsius bezieht.

Kondensatoren mit Farbringen statt Wertangaben im Klartext

Sie sehen in der Bildmitte die rechteckigen Kondensatoren auf der Platine dieses Tonbandgerätes?

Diese Bauteile haben vier oder fünf Farbringe, ähnlich wie die Widerstände mit ihren Farbringen. Sie geben neben dem Kapazitätswert auch die Nennspannung und die Toleranz an, und zwar nach der Tabelle, die Sie auf der folgenden Seite finden. Allerdings wurden in der Regel nur Kondensatoren mit relativ niedrigen Kapazitätswerten mit einer solchen Farbcodierung versehen.

Diese Tabelle gilt nicht für alle Kondensatortypen. Bei den Spannungswerten gibt es je nach Art des Kondensators (Glimmer-, Keramik- und Polyesterkondensatoren sowie einige Tantal-Elektrolytkondensatoren) Unterschiede bei der Kennzeichnung der Werte mithilfe der Farbcodes.

Farbe	**1. Ring**	**2. Ring**	**Multiplikator**	**Toleranz >10pF**	**Toleranz <10pF**	**Nennspannung**
schwarz	0	0	x1	± 20%		
braun	1	1	x10	± 1%	± 0,1pF	100V
rot	2	2	x100	± 2%	± 0,25pF	200V
orange	3	3	x1000			300V
gelb	4	4	x10.000			400V
grün	5	5	x100.000	± 5%	± 0,5pF	500V
blau	6	6				600V
violett	7	7				700V
grau	8	8	x0,01			800V
weiß	9	9	x0,1	± 10%	± 1,0pF	900V
silber						2000V
gold						1000V
Tabelle gilt u.a. für metallisierte Polyester-Typen			Farblos	± 20%		500V

Farbcodes für Kondensatoren, u. a. für metallisierte Polyestertypen

Einstellbare Kondensatoren

Es gibt, ähnlich wie bei den Widerständen auch einstellbare Kondensatoren, also Drehkondensatoren oder Trimmerkondensatoren, wie diese Bauteile häufig bezeichnet werden.

Sie werden dort eingesetzt, wo man veränderbare Kapazitäten benötigt. Ein klassisches Anwendungsbeispiel für einen Drehkondensator ist die Frequenzeinstellung in einem Radiogerät. Haben Sie ein älteres Radio und stellen am Senderregler die Frequenz ein, betätigen Sie damit in den meisten Fällen einen Drehkondensator.

Sie sehen einen solchen Drehkondensator in der folgenden Abbildung. Das Funktionsprinzip wird dadurch gut veranschaulicht. Sehr gut zu sehen sind die elektrisch leitenden Flächen, die Kondensatorplatten, von denen die Hälfte beweglich angeordnet ist und mit deren Hilfe sich der Kapazitätswert des Bauteils kontinuierlich verändern lässt.

Drehkondensator mit gut sichtbaren Kondensatorplatten

Dieser Drehkondensator besteht aus einem fest angebrachten Plattensatz, der im unteren Bereich des Bauteils montiert ist. Der zweite Plattensatz auf der drehbaren Welle taucht je nach Einstellung des Drehkondensators in den fest eingebauten Plattensatz ein, wodurch sich eine Veränderung der direkt gegenüberliegenden Platten beziehungsweise deren Flächen ergibt. Auf diese Weise lässt sich der Kapazitätswert in bestimmten Grenzen verändern.

Ähnlich funktioniert auch ein Trimmerkondensator. Das ist ein sehr kleines Bauteil, das meistens direkt auf einer Platine sitzt und zum einmaligen Einstellen eines Kapazitätswertes dient, etwa beim Abgleich einer elektronischen Schaltung. In einer Abbildung weiter hinten sehen Sie verschiedene Bauteile, wie diese in elektronischen Geräten zu finden sind. Darunter befinden sich auch mehrere Trimmerkondensatoren.

Elektrolytkondensatoren

Elektrolytkondensatoren sind ähnlich aufgebaut wie die eben gezeigten Kondensatoren. Sie haben aber wesentlich höhere Kapazitäten und verwenden statt einer einfachen Isolierfolie eine Isolierung zwischen den Kondensatorflächen, die mit einer Flüssigkeit getränkt wurde. Das ist der namensgebende Elektrolyt. Die Angabe der Kapazitätswerte bei den Elektrolytkondensatoren erfolgt in der Regel in Mikrofarad (µF).

Verschiedene Elektrolytkondensatoren und ein Supercap (rechts oben)

Die meisten Elektrolytkondensatoren sind Aluminium-Elektrolytkondensatoren. Ein Aluminium-Elektrolytkondensator, oft wird er einfach nur Elko genannt (**El**ektrolyt**ko**ndensator), hat eine festgelegte Polung. Er darf also nicht, wie die eben vorgestellten Kondensatoren, in verkehrt herum in einer Schaltung eingesetzt werden.

Die Anode (der Pluspol des Bauteils) besteht aus einer Aluminiumfolie, die durch einen Fertigungsprozess namens anodische Oxidation eine sehr dünne isolierende Schicht aus Aluminiumoxid erhält. Diese Schicht dient als Dielektrikum. Ein Dielektrikum ist ein Material, in dem ein elektrisches Feld besteht, also gespeichert wird. Eine signifikante elektrische Leitfähigkeit weist es nicht auf.

Der Elektrolyt passt sich an die Oberfläche der Anode an und bildet die Kathode (-) des Kondensators. Eine zweite Aluminiumfolie ist mit dem Elektrolyten verbunden und stellt so die elektrische Verbindung zum negativen Anschluss des Kondensators her. Es gibt Aluminium-Elektrolytkondensatoren mit flüssigen oder festen Elektrolyten.

Die Bauteile mit den flüssigen Elektrolyten können gegebenenfalls für eine elektronische Schaltung oder für ein Gerät zu einer Gefahr werden, wenn sie entweder überlastet werden und aufgrund hoher Temperaturen der Elektrolyt ausläuft, was auch als Folge von Alterserscheinungen vorkommt.

Außerdem können die Elektrolyten austrocknen, wodurch die Kapazität der Bauteile im Laufe der Jahre und Jahrzehnte nachlässt. Die Bauteile altern also und müssen gegebenenfalls nach mehreren Jahrzehnten (manchmal auch früher) ausgewechselt werden. Es gibt aber auch Elektrolytkondensatoren, die bereits viele Jahrzehnte alt sind und immer noch eine ausreichende Kapazität haben. Die Abbildung auf der nächsten Seite zeigt, wie ein solches Bauteil von innen aussieht.

Die Abbildung zeigt auch sehr gut den Aufbau eines Elektrolytkondensators, wobei hier das Gehäuse aus Aluminium bereits entfernt wurde. Im linken Bereich unten sehen Sie die Anschlüsse. Diese sind mit Folien im Inneren des Bauteils verbunden, wobei die beiden übereinander liegenden Metallfolien durch ein mit dem Elektrolyten getränktes Papier (im Bild als braunes Papier zu sehen) voneinander getrennt sind.

Auch in diesen Bauteilen wurden die inneren Teile zur Vergrößerung der gegenüberliegenden Metallflächen und damit der Kapazität aufgewickelt, so wie dies auch bei den Folienkondensatoren der Fall ist. Das Ganze wurde dann in einem Gehäuse untergebracht, das aus Sicherheitsgründen eine Sollbruchstelle enthält. Diese dient dazu, im Falle einer Überhitzung und der damit verbundenen Gasbildung durch den Elektrolyten den Austritt der Gase oder der Flüssigkeit in eine bestimmte Richtung zu lenken oder um das Explodieren des Bauteils zu verhindern. Ob das in der Praxis allerdings immer so funktioniert, ist fraglich.

Es kann allerdings Anzeichen für einen Überdruck geben, insbesondere eine Ausbeulung des Bauteils and er Oberseite, die in Schaltungen meistens gut zu sehen ist. Manchmal befindet sich im unteren Bereich des Elektrolytkondensators ein Ventil, durch das der Elektrolyt im Falle eines Überdrucks austreten kann. Dabei landet er dann allerdings direkt auf der Platine. Auch das kommt in der Praxis durchaus vor. Zu sehen sind solche Schäden meistens nicht auf Anhieb. (Allerdings kann es vorkommen, dass durch den austretenden Elektrolyten ein unangenehmer Geruch in der Nähe des Bauteils entsteht.)

Geöffneter Elektrolytkondensator, gut sichtbar ist die mit Elektrolyt getränkte Folie

Und noch etwas:

Ist Ihnen der kleine Kondensator oben rechts in der Abbildung mit den Elkos aufgefallen?

Dieses Bauteil gehört zu den sogenannten Superkondensatoren, auf Englisch „Supercaps". Das sind Bauteile mit einer gegenüber herkömmlichen Elektrolytkondensatoren stark erhöhten Kapazität, die in den Bereich bis hin zu mehreren Farad reicht. Und das bei einer sehr geringen Größe.

Bei den Elkos reicht die Kapazität meist bis in einen Bereich von mehreren tausend Mikrofarad (μF), gängige Werte bei Elkos sind zum Beispiel 2200 μF oder 4700 μF. Das entspricht einem einstelligen Millifarad-Bereich (mF), was wiederum dem Tausendstel eines Farad entspricht. Daran wird die Steigerung der Kapazität deutlich.

Außerdem können die Supercaps wie andere Elektrolytkondensatoren Millionen von Lade- und Entladevorgängen überstehen, was ihnen einen Vorteil gegenüber den Akkumulatoren verschafft, deren Anzahl an Lade- und Entladezyklen stark begrenzt ist. Supercaps werden deshalb gerne statt Akkus oder Batterien als Spannungsversorgung für flüchtige Speicher verwendet.

Kommen wir nun zu den aktiven Bauteilen, darunter die Dioden, Transistoren und die integrierten Schaltungen, die ebenfalls eine wichtige Rolle in elektronischen Schaltungen spielen. Fangen wir mit den Dioden an, die Sie im folgenden Abschnitt finden.

Dioden

Dioden sind so etwas wie Ventile für den elektrischen Strom.

Kernstück des Bauteils ist ein Halbleiterkristall, meist aus Silizium oder Germanium. Je nach dem eingesetzten Halbleitermaterial hat die Diode eine Durchlassspannung in einer bestimmten Höhe. Bei Siliziumdioden liegt sie bei etwa 0,6 bis 0,7 Volt. Germaniumdioden haben hingegen eine geringere Durchlassspannung von etwa 0,3 Volt.

Sie können die Durchlassspannung (sie wird auch als Schwellenspannung oder Schleusenspannung bezeichnet) ganz einfach mit Ihrem Multimeter im Diodentest (oft mit dem Schaltsymbol der Diode gekennzeichnet: —>⊢) messen.

Sie lassen den Strom also nur in einer Richtung fließen. Aber wie sehen Sie aus und woran erkennen Sie Dioden in einem Gerät?

Hier dazu eine Abbildung:

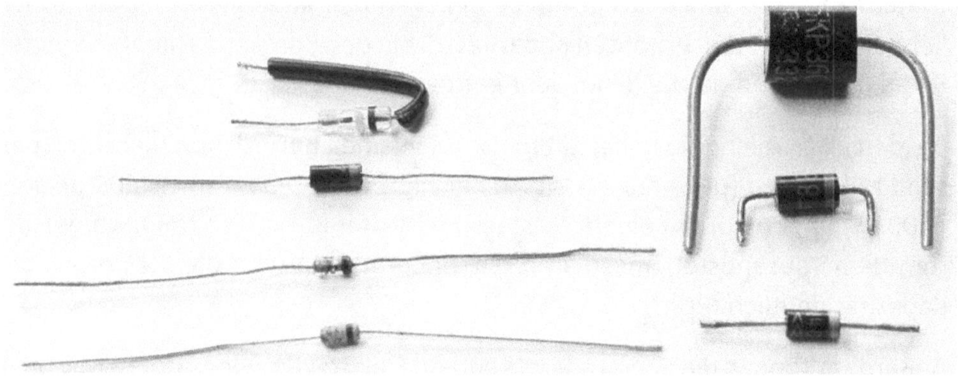

Verschiedene Dioden (Germanium, links oben) und Siliziumdioden

Nun zur Überprüfung von Dioden:

Halten Sie dazu einfach die Messspitzen an die beiden Anschlüsse der Diode, den COM-Anschluss (schwarz) dabei an die Seite der Diode, die mit einem Strich gekennzeichnet ist. Sie sollten die Durchlassspannung messen können. Vertauschen Sie die Anschlüsse, darf das Multimeter keinen Messwert (in Millivolt) anzeigen (Display zeigt dann unendlich an, also 1. oder -OL-), da Sie gegen die Sperrichtung der Diode messen, was einem gegen unendlich gehenden Widerstand entspricht.

Es gibt noch andere Dioden:

- Die bekannten Leuchtdioden in den unterschiedlichen Farben
- Laserdioden (zur Erzeugung eines Laserstrahls, unter anderem für CD- und DVD-Laufwerke, Laserdrucker, Laserpointer, Strichcodeleser und in der Glasfasertechnik)
- Zener-Dioden oder Z-Dioden, die auch in Sperrrichtung den Strom fließen lassen, aber erst ab einer bestimmten Spannung, die als Nennspannung auf dem Bauteil angegeben wird.
- Schottky-Dioden mit einem besonders schnellen Schaltverhalten, die dort eingesetzt werden, wo es auf hohe Schaltgeschwindigkeiten ankommt
- Shockley-Dioden (nicht zu verwechseln mit den Schottky-Dioden), die vier statt zwei Halbleiterschichten enthalten

- Gunn-Dioden für die Hochfrequenztechnik (Mikrowellenoszillatoren bis hin zum Gigahertz- und Terrahertz-Frequenzbereich)
- Varicap-Dioden (auch Varactor-Diode), die sich in elektronischen Schaltungen wie variable Kondensatoren verhalten und eine einstellbare Kapazität haben, werden oft anstelle von Drehkondensatoren eingesetzt. Es gibt sie in verschiedenen Gehäuseformen, darunter solchen, wie diese auch für Kleinsignal-Transistoren verwendet werden.

Dioden sind unverzichtbare Bauteile in Netzteilen (als Gleichrichter) oder vielen anderen elektronischen Schaltungen wie zum Beispiel Empfängern.

Transistor

Transistoren sind ebenso wie die Dioden zentrale Bauteile in fast jeder elektronischen Schaltung. Und das sowohl für den Elektronikbastler als auch in der Industrie, wo sie bereits seit Mitte des vergangenen Jahrhunderts eingesetzt werden und nach und nach die in den Anfangszeiten der Elektronik verwendeten Elektronenröhren immer mehr verdrängt haben. Es gibt auch hier etliche verschiedene Gehäusevarianten. In der Abbildung sind ein paar davon zu sehen.

Transistoren (Leistung und Kleinsignal) mit verschiedenen Gehäuseformen

Es handelt sich hier um Kleinsignaltransistoren und Leistungstransistoren. Letztere sind für die Montage auf einem Kühlkörper oder Kühlblech mit entsprechenden Befestigungsmöglichkeiten (Befestigungslöchern) versehen.

Links oben (2N2222) sehen Sie ein TO-18 Gehäuse, rechts oben (BU209) ein TO-3 Gehäuse. Die untere Reihe (von links nach rechts): TO-92, TO-226, SOT-32, TO-220. Es gibt noch einige weitere Bauarten, aber ich möchte hier nur einige der wichtigsten Gehäuseformen vorstellen.

Beachten Sie aber, dass auch andere elektronische Bauteile ein transistorähnliches Gehäuse besitzen können. Dazu gehören Dioden, integrierte Spannungsregler (wie die der 78XX/79XX-Reihe, LM317 oder einige andere) und ICs, darunter Verstärker-ICs wie TDA2030 und einige andere. Die Verstärkerschaltungen sowie ICs mit transistorähnlichen Gehäuseformen haben dann aber oft eine geringere (Dioden) oder größere (ICs) Anzahl von Anschlüssen und nicht drei wie bei den Transistoren, ausgenommen einige bestimmte Spannungsregler.

Wie kann man nun Transistoren überprüfen?

Zunächst möchte ich betonen, dass es hier um herkömmliche Bipolartransistoren geht, also PNP- und NPN-Transistoren, die überprüft werden sollen. JFET- und MOSFETs erfordern hingegen eine andere als die im Folgenden beschriebene Vorgehensweise.

Zum Prüfen von Bipolartransistoren gibt es mehrere Möglichkeiten. Die einfachste Möglichkeit besteht darin, den Transistor mit dem Multimeter im Diodentestmodus zu überprüfen.

Sie benötigen dazu nur Ihr Multimeter und die Anschlussbelegung des jeweiligen Transistors. Diese finden Sie im Datenblatt, das Sie leicht über eine Internetsuche finden und downloaden können oder bei Eingabe des Transistortyps in eine Suchmaschine.

Zum Verständnis sehen Sie sich einmal das Ersatzschaltbild eines NPN- und eines PNP-Transistors an.

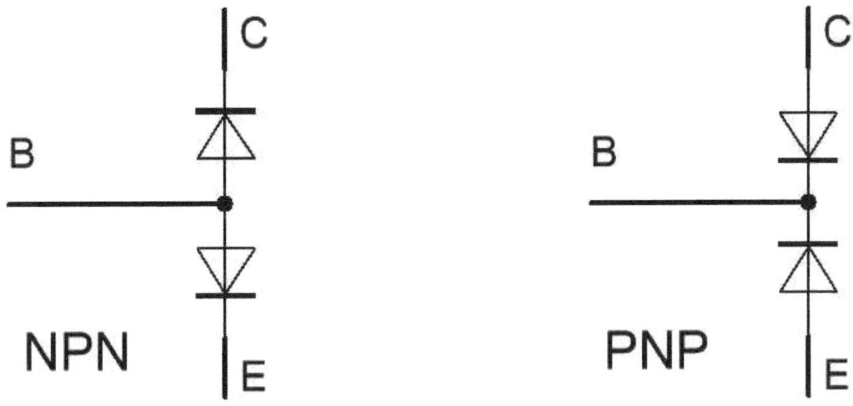

Ersatzschaltbild von einem NPN- und einem PNP-Transistor

Wenn Sie sich das Innenleben eines NPN- oder PNP-Transistors als zwei Dioden vorstellen, die auf die gleiche Weise wie in den Ersatzschaltbildern zu sehen miteinander verschaltet sind, können Sie den Transistor so prüfen beziehungsweise durchmessen, als wenn es sich um zwei Dioden handeln würde. Schalten Sie dazu das Multimeter auf den Diodentest und nehmen Sie die folgenden Messungen vor, welche bei einem intakten Transistor die in der Liste angegebenen Ergebnisse bringen sollten:

NPN-Transistor

- Die rote Messleitung an die Basis, die schwarze Messleitung nacheinander an Kollektor und Emitter halten. Ergebnis: Durchgang mit einem messbaren Spannungsabfall (hängt vom Transistortyp ab, kann bis zu mehr als 1000 Millivolt betragen).
- Die schwarze Messleitung an die Basis, die rote Messleitung nacheinander an Kollektor und Emitter halten. Ergebnis: kein Durchgang, Multimeter zeigt unendlich an.

Messen Sie jedoch etwas anderes, etwa einen Durchgang in beiden Richtungen oder gar keinen Durchgang, auch nicht in der entgegengesetzten Richtung, liegt ein Defekt vor. Beachten Sie aber, dass die Messwerte vom jeweiligen Transistortyp abhängig sind. Bei einigen Transistoren werden Sie auf diese Weise keine verwertbaren Ergebnisse erzielen. Verwenden Sie hier einen Transistortester oder überprüfen Sie den Transistor dann in einer kleinen Testschaltung. Solch eine Schaltung finden Sie weiter hinten in diesem Kapitel.

PNP-Transistor

- Schwarze Messleitung an Basis, rote Messleitung nacheinander an Kollektor und Emitter. Ergebnis: Durchgang mit messbarem Spannungsabfall
- Rote Messleitung an Basis, schwarze Messleitung nacheinander an Kollektor und Emitter. Ergebnis: kein Durchgang, Multimeter zeigt unendlich an.

Auch hier gilt: Andere Ergebnisse deuten auf einen Defekt hin. Das kann eine Unterbrechung oder ein Kurzschluss sein. Es sei an dieser Stelle nochmals erwähnt, dass dieses Messverfahren nicht bei MOSFET-Transistoren oder anderen Transistorarten als den hier genannten bipolaren Transistoren funktioniert.

Die Darstellung der Transistoren wie hier mit zwei Dioden in einem Ersatzschaltbild dient nur zur Veranschaulichung der Messung im Diodenprüfmodus. Mit der tatsächlichen Funktion des Transistors und dessen Eigenschaften als stromverstärkendes Bauteil hat diese Art der Darstellung nichts zu tun. Mehr zur Funktion folgt jetzt.

Transistor mit der hFE-Funktion am Multimeter prüfen

Eine weitere Möglichkeit besteht darin, ein Multimeter mit eingebautem Transistortester zu nutzen. Viele (auch preisgünstige) Multimeter besitzen dazu einen Testsockel, in den der zu prüfende Transistor eingesetzt wird.

Das Multimeter wird dann auf Transistortest geschaltet (oft als hFE bezeichnet).

Ein so ausgestattetes Multimeter misst sogenannten Stromverstärkungsfaktor eines Transistors, der bei einem intakten Bauteil auf dem Display abzulesen ist. Bei gängigen Kleinsignaltransistoren kann dieser bei Werten zwischen 100 und 600 liegen, bei Leistungstransistoren ist er wesentlich geringer und liegt meist nur im zweistelligen Bereich.

Zur Information:

Die Abkürzung hFE steht, wie schon angedeutet, für den Gleichstromverstärkungsfaktor eines Transistors. Das ist der Faktor, um den der Kollektorstrom (auch Laststrom oder Arbeitsstrom) höher ist als der entsprechende Basisstrom.

Beispiel:

Hat der Transistor einen Verstärkungsfaktor von 300, ist der Kollektorstrom 300-mal so hoch wie der Basisstrom (als Beispiel: Basisstrom 1 Milliampere, Kollektorstrom 300 Milliampere). Die Buchstaben hFE stehen dabei für „**h**ybrid Parameter **F**orward Gain, common **E**mitter", also „Hybride Parameter Vorwärtsverstärkung, gemeinsamer Emitter".

Ein höherer hFE-Wert bedeutet, dass der Transistor eine hohe Verstärkung des Eingangssignals liefert. Der hFE-Wert ist deshalb besonders wichtig bei der Auswahl von Transistoren für Verstärkerschaltungen.

Und das spielt auch eine Rolle, wenn Sie Ersatztypen für defekte Transistoren in Verstärkern benötigen, wenn etwa die original verbauten Typen nicht mehr erhältlich sind. Mehr dazu folgt aber noch im Kapitel 18, wenn es um die Beschaffung von Ersatzbauteilen für defekte elektronische Geräte geht.

Transistortest mit einem Multimeter mit hFE-Funktion

Sie können aber einen Transistor auch mithilfe einer einfachen Schaltung auf seine Funktion hin überprüfen. Ind er nächsten Abbildung finden Sie zwei Schaltbilder einer einfachen Testschaltung für die NPN- und die PNP-Variante.

Es funktioniert ganz einfach:

Sie haben einen Basisstrom (Steuerstrom) und einen Kollektorstrom (Laststrom). Fließt ein Basisstrom, den Sie mithilfe des Tasters ein- und ausschalten, sollte über die Kollektor-Emitter-Strecke ebenfalls ein Strom fließen. Und dieser Strom wird über die LED angezeigt. Den Stromverstärkungsfaktor können Sie so natürlich nicht bestimmen. Aber es ist mit dieser einfachen Schaltung möglich, die Funktion des Transistors mit einfachen Mitteln zu überprüfen.

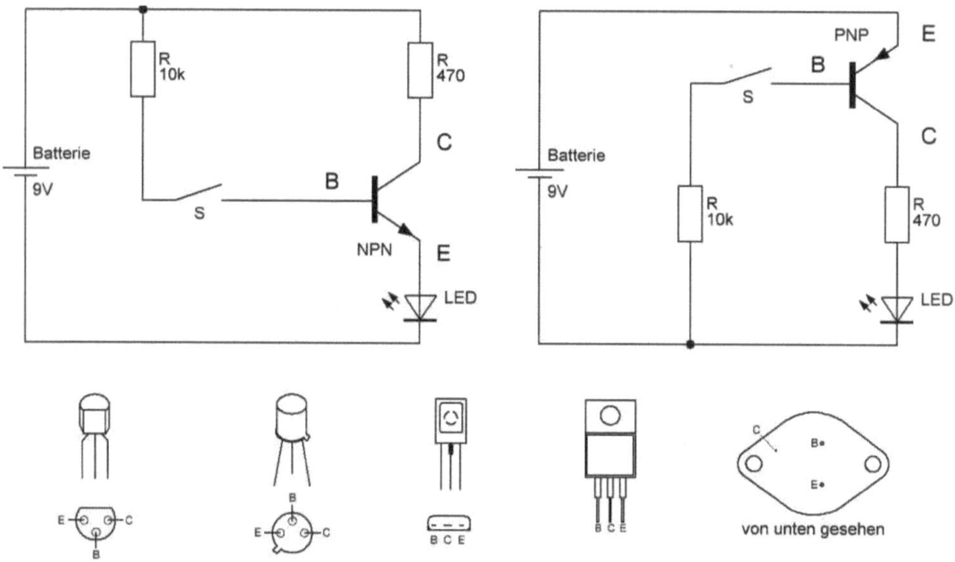

Einfache Testschaltung für einen NPN- (links) und einen PNP-Transistor (rechts)

Schaltet der Transistor den Laststrom nicht (die LED leuchtet auch bei gedrücktem Taster nicht), dann ist er defekt. Gleiches gilt auch, wenn die LED auch bei nicht vorhandenem Basisstrom (Steuerstrom) bereits leuchtet, also dann, wenn der Taster noch gar nicht gedrückt und damit die Basis nicht angesteuert wird.

Unterhalb der Schaltbilder für die beiden Transistor-Testschaltungen finden Sie die Anschlussbelegungen einiger gängiger Transistorgehäuse.

Beachten Sie aber, dass es insbesondere bei den Kleinsignaltransistoren Abweichungen von diesen Anschlussbelegungen gibt. Sehen Sie im Zweifelsfall im Datenblatt des jeweiligen Transistors nach oder verwenden Sie einen Bauteiletester.

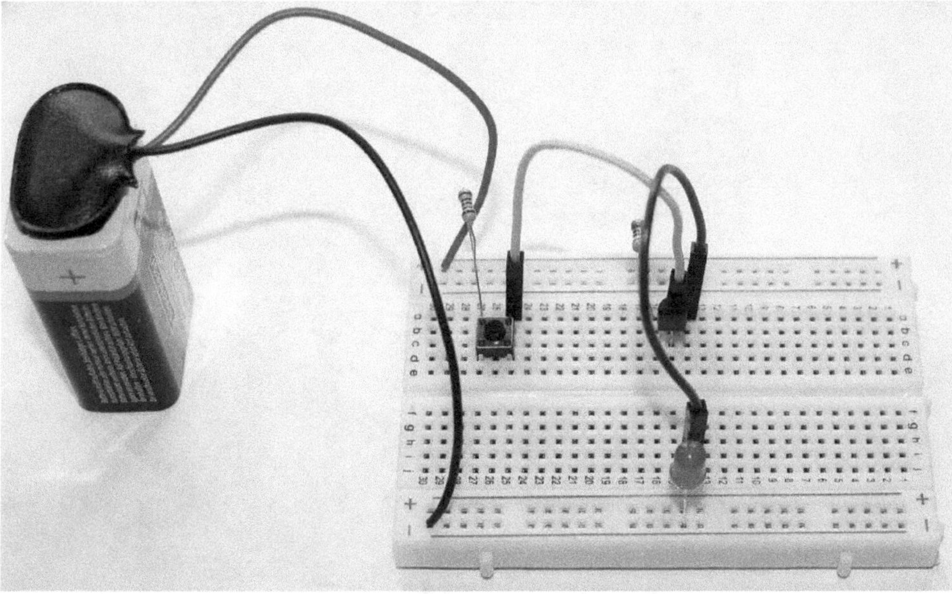

Transistortest auf einem Steckboard (oder auch Breadboard genannt)

Mit dem Bauteiletester können Sie in einem Testvorgang gleich mehrere Dinge überprüfen:

- Um was für ein Bauteil handelt es sich? (Bipolartransistor, FET oder andere)
- Welche Anschlussbelegung hat der Transistor?(Besonders interessant bei unbekannten Bauteilen, etwa aus Ersatzteilträgern)
- Welche Nenndaten hat der Transistor? (Stromverstärkungsfaktor und andere)
- Und natürlich, ob die Funktion gegeben ist und ob das Bauteil intakt ist und verwendet werden kann.

Besonders beim Überprüfen mehrerer Bauteile ist so ein Bauteiletester eine erhebliche Arbeitserleichterung. Aber trotzdem kann es nicht schaden, wenn Sie wissen, wie zum Beispiel ein Transistor mit dem Multimeter oder in einer einfachen Testschaltung überprüft werden kann. Außerdem hilft dieses Wissen bei der Fehlersuche, etwa in Verstärkerschaltungen.

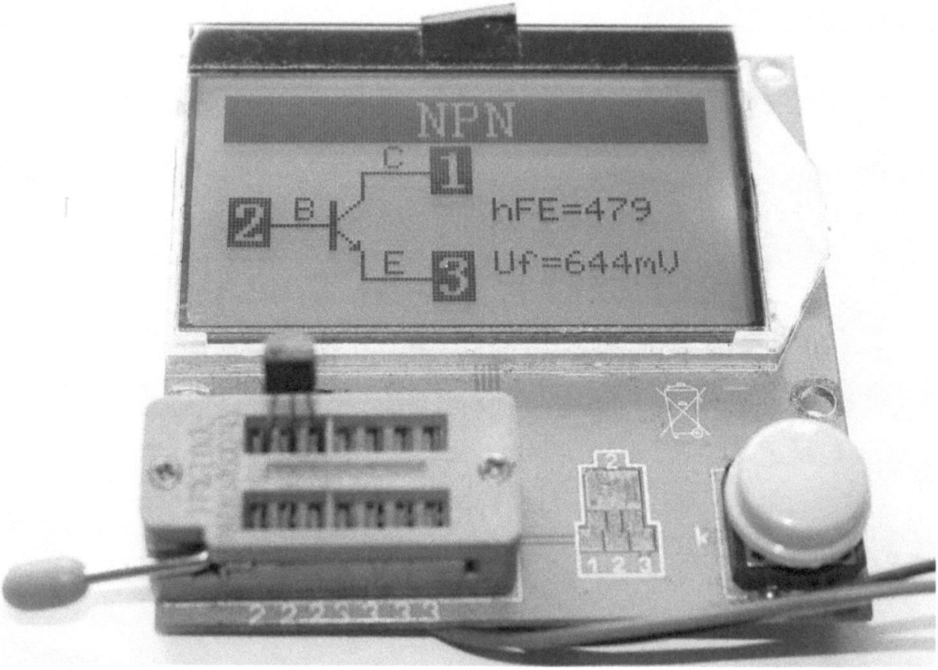

Transistortest mit dem Bauteiletester (zeigt auch Anschlussbelegung und Messwerte an)

Zum Thema Ersatz (-typen) für Transistoren

Oft gibt es Ersatz für einen defekten Transistor nicht mehr zu kaufen. Der im Gerät verbaute Transistor ist veraltet (was oft bei einem Gerät aus den sechziger oder siebziger Jahren der Fall ist) und dementsprechend nicht mehr erhältlich. Auch einen Ersatzteilträger mit dem genau passenden Transistor haben Sie gerade nicht zur Hand. Dann ist das Thema Ersatztyp wichtig.

Auf eine einfache Vergleichstabelle können Sie im Elektronik-Kompendium zurückgreifen (den Link finden Sie am Schluss des Buches). Bringt das aber kein Ergebnis, sollten Sie im Datenblatt des jeweiligen Transistors nach seinen Betriebsdaten sehen und einen geeigneten Transistor finden, der zumindest ähnliche Daten aufweist. Eine genaue Anleitung dafür zu geben, ist schwierig, da es immer auf den Einzelfall ankommt. Sind Sie auf der Suche nach einem Transistor mit einem bestimmten Spannungs- und Stromwert, geben Sie diese Werte am besten in eine Suchmaschine ein (zum Beispiel „Transistor 50V 1A). Suchen Sie dann einen Transistor mit der benötigten Gehäuseform und vergleichen Sie dessen Datenblatt mit dem des vorliegenden, defekten Bauteils.

Eine andere Möglichkeit besteht darin, den Typ des benötigten Bauteils zusammen mit dem Begriff „Ersatz" oder „Ersatztyp" einzugeben. Das kann dann so aussehen: „BC118 Ersatz", „BC118 Ersatztyp" oder „Transistor BC118 Ersatz". Probieren Sie aus, welche Variante die besten Ergebnisse bringt. Ebenfalls sinnvoll ist die englische Bezeichnung „Equivalent" statt „Ersatz" einzugeben.

Und noch ein Hinweis. Bei einigen Transistortypen ist auf dem Gehäuse nicht die komplette Bezeichnung angegeben. Finden Sie Bezeichnungen wie „C945", steht das meist für „2SC945". Der Aufdruck „D745" kann auch für „2SD745" stehen, eine Bezeichnung wie „K2545" (MOSFET) für „2SK2545". Infos zu Transistoren und Vergleichstypen finden Sie auch auf den Seiten von web-bcs.com. Den Link finden Sie ebenfalls am Ende des Buches. In der nächsten Abbildung sehen Sie die „sparsamen" Beschriftungen einiger Transistoren, bei denen das „2S" einfach weggelassen wurde.

Noch etwas zur Identifizierung von Transistoren:

Auf den Platinen ist bei den Transistoren oft der Buchstabe „Q" zu sehen, gefolgt von einer zwei- oder dreistelligen Zahl. So können Sie gut zwischen Transistoren und ICs (mit entsprechender Bezeichnung „IC") unterscheiden.

Weitere Bauteile

Natürlich gibt es noch eine Menge weiterer elektronischer Bauteile. Diese hier alle aufzuführen, wäre allerdings schwierig. Um Ihnen dennoch einen kleinen Überblick zu bieten, folgen nun noch ein paar weitere Beispiele für elektronische Bauteile, die Ihnen in den Geräten wahrscheinlich einmal begegnen werden.

Sie sehen diese kleine Auswahl an Bauteilen, die aus alten Geräten ausgebaut wurden, in der unteren Abbildung auf der folgenden Seite.

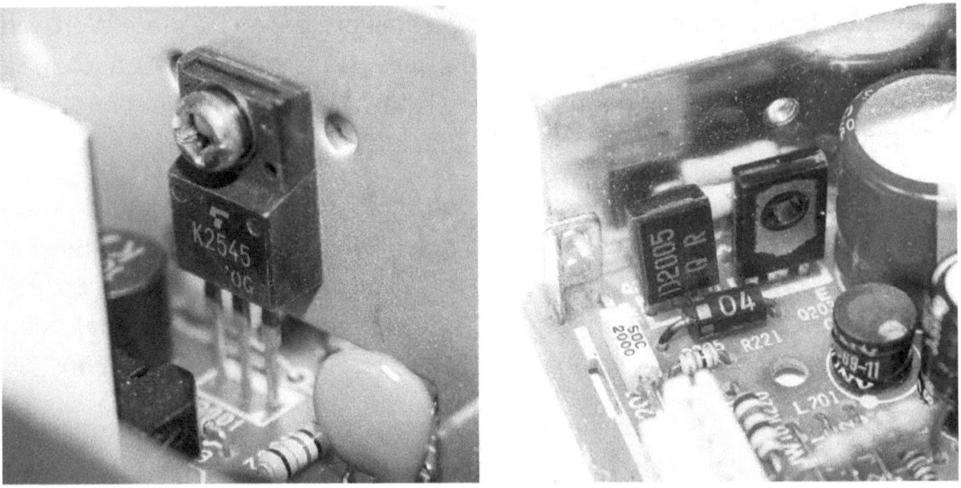

"Sparsame" Beschriftungen auf verschiedenen Transistoren

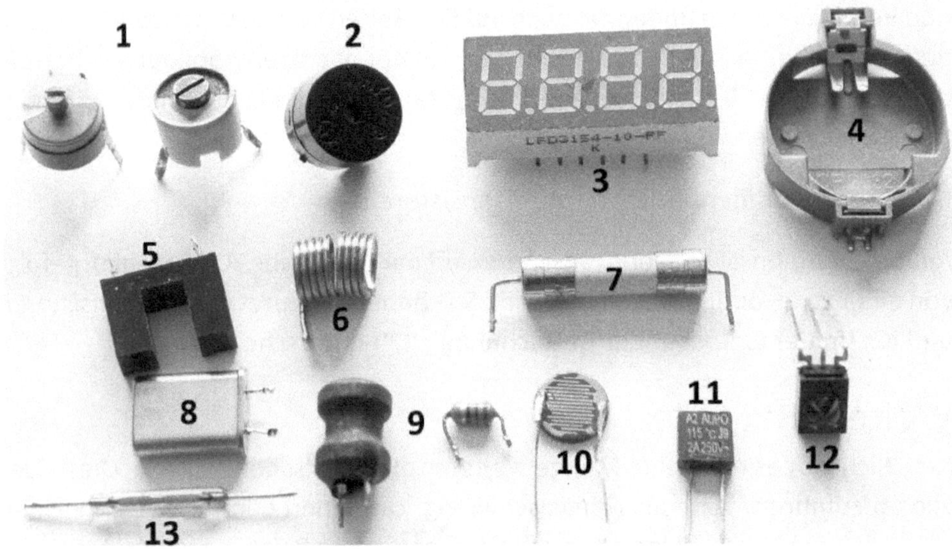

Auswahl verschiedener elektronischer Bauteile

Hier ist zunächst eine Liste mit den aufgezeigten Bauteilen:

1. zwei Trimmerkondensatoren
2. Summer, ein Piezo-Schallwandler zur Ausgabe von akustischen Signalen
3. LED-Anzeige
4. Sockel für CR3032 Lithium-Knopfzelle

5. Gabellichtschranke
6. Spule für Hochfrequenzschaltungen (Luftspule, da ohne Eisenkern)
7. Sicherung zum Einlöten
8. Schwingquarz
9. Spule auf Ferritkern (sogenannte Festinduktivität), rechts daneben ebenfalls eine Festinduktivität, auch wenn sie aussieht wie ein Widerstand mit Farbringen
10. Lichtabhängiger Widerstand (auch LDR oder Fotowiderstand)
11. Temperatursicherung (löst oberhalb der Nenntemperatur aus)
12. Infrarotempfänger (für Geräte mit Steuerung über Fernbedienung)
13. Reed-Kontakt (schließt einen Kontakt beim Anlegen eines Magneten)

Nun folgen einige Erläuterungen zu diesen Bauteilen.

1 Trimmerkondensatoren

Die beiden ersten Bauteile (von oben links gesehen) sind sogenannte Trimmerkondensatoren. Das sind kleine Drehkondensatoren, die zum Abgleich elektronischer Schaltungen vorgesehen sind. Das heißt, man stellt hier im Laufe des Abgleichs einen Kapazitätswert ein, der dann normalerweise für die gesamte Lebensdauer des Gerätes eingestellt bleibt. Solche Bauteile werden in Schaltungen eingesetzt, bei denen es schwierig ist, von vornherein einen bestimmten Kapazitätswert festzulegen und ein entsprechendes Bauteil mit festem Kapazitätswert einzusetzen.

Ähnlich verhält es sich übrigens auch bei den einstellbaren Widerständen (Trimmerpotis), welche zum Abgleich einer elektronischen Schaltung eingesetzt werden. Das kann entweder vor der ersten Inbetriebnahme des Gerätes oder im Rahmen eines späteren Abgleichs, zum Beispiel nach einer Reparatur und dem Austausch eines oder mehrerer Bauteile, erfolgen. Trimmerpotis werden bis auf ein paar Ausnahmen in der Regel nicht vom Benutzer eingestellt, sondern vom Hersteller oder nach dem Austausch eines Bauteils.

2 Piezo-Schallwandler

Das nächste Bauteil ist ein Piezo-Schallwandler. Das sind kleine Signalgeber, die Sie oft hören, wenn ein elektrisches Gerät Pieptöne von sich gibt. Das Kernstück dieses Bauteils ist ein kleiner Piezokristall, der auf einer leitenden Metallplatte aufgebracht wurde und diese beim Anlegen eines Audiosignals in Schwingung versetzt.

Das funktioniert so ähnlich wie bei einem Lautsprecher, allerdings mit dem Unterschied, dass statt einer Magnetspule der Piezokristall die Schwingungen erzeugt, die dann wiederum für eine entsprechende Schallausgabe sorgen.

3 LED-Display

Zum folgenden Bauteil, dem LED-Display, brauche ich wohl nicht viel zu schreiben. Das sind Ziffernanzeigen, wie diese in elektronischen Uhren oder Messinstrumenten eingesetzt werden. Jede Ziffer besteht aus sieben Segmenten (weshalb sie häufig auch als Siebensegmentanzeige bezeichnet wird), die aus einzelnen LEDs gebildet werden.

4 Batteriehalterung

Das nächste Bauteil ist eine Halterung zum Einsatz auf einer Platine, in der eine kleine Knopfzelle als Speicherbatterie eingesetzt werden kann. Solche Sockel werden in Geräten verwendet, die etwa eine Speicherbatterie zum Erhalt der in Speicherchips gespeicherten Informationen benötigen. Computer-Mainboards enthalten sehr oft solche Batteriehalterungen, aber auch einige weitere Geräte.

5 Gabellichtschranke

In der nächsten Reihe finden Sie links eine sogenannte Gabellichtschranke. Sie besteht aus einem Sender und einem Empfänger, die direkt aufeinander ausgerichtet sind. Gerät ein Objekt in die Gabellichtschranke, wird der Lichtstrahl vom Sender unterbrochen, was einen elektrischen Impuls auslöst.

Gabellichtschranken werden sehr gerne in Geräten mit beweglichen Objekten (Scanner, Drucker und viele andere) eingesetzt. Sie teilen der Elektronik mit, wenn ein Objekt eine Endposition oder eine bestimmte Position erreicht hat und das für die Steuerung eines Gerätes wichtig ist.

6 Luftspule

Als Nächstes folgt eine sogenannte Luftspule. Sie heißt so, weil sie keinen Eisenkern enthält. Spulen dieser Art haben eine sehr geringe Induktivität und werden hauptsächlich in Hochfrequenzschaltungen eingesetzt, zum Beispiel in Radios oder in Geräten aus der Funktechnik.

Interessant in diesem Zusammenhang ist, dass sich diese Spulen einstellen lassen, auch wenn es auf den ersten Blick nicht so aussieht.

Die Veränderung der Induktivität erfolgt hier durch das Verformen der Spule (Zusammenschieben oder Auseinanderziehen der einzelnen Windungen). Wenn Sie also eine solche Spule in einem Radio oder in einem anderen Empfangsgerät vorfinden, sollten Sie unbedingt vermeiden, diese Spule zu berühren bzw. zu verbiegen.

7 Glassicherung

Glassicherungen wie diese in der Abbildung sitzen keineswegs immer in einer Halterung, sodass sie sich mit wenigen Handgriffen auswechseln lassen. Oft sind sie auch direkt eingelötet. Womit das genau zu tun hat und ob das aus Kostengründen erfolgt, lasse ich mal dahingestellt. Die Funktion ist natürlich dieselbe wie bei einer in einer Fassung eingesetzten Sicherung.

8 Schwingquarz

In der dritten Reihe folgt als erstes Bauteil ganz links ein Schwingquarz. Dieser dient in einer elektronischen Schaltung zur Erzeugung möglichst stabiler Frequenzen. Eine seiner Hauptaufgaben besteht in seiner Funktion als Taktgeber in Computern, etwa für Mikroprozessoren und Mikrocontrollern.

Hier liefert der Schwingquarz die zeitliche Basis, die für die synchrone Ausführung von Befehlen und Prozessen notwendig ist. Die Frequenz des Schwingquarzes bestimmt somit die Arbeitsgeschwindigkeit dieser Geräte.

Man setzt Schwingquarze dort ein, wo es besonders auf eine hohe Frequenzstabilität ankommt. Schwingquarze können eine konstante Frequenz über lange Zeiträume und unter verschiedenen Umgebungsbedingungen liefern. Dies ist besonders wichtig in Anwendungen wie Funkübertragungen, Uhren, GPS-Systemen und anderen Präzisionsgeräten.

In Kommunikationssystemen wie Radios und Fernsehern wird der Schwingquarz zur Erzeugung von Trägerfrequenzen für die Übertragung und den Empfang von

Signalen verwendet. Dadurch wird eine zuverlässige Signalmodulation und Demodulation ermöglicht.

Keramikresonator statt Schwingquarz

Eine ähnliche Funktion erfüllt auch ein sogenannter Keramikresonator (nicht abgebildet). Auch dieser dient als Taktgeber für elektronische Schaltungen, allerdings mit einer nicht ganz so hohen Genauigkeit wie der Schwingquarz. Dieses Bauteil wird überall dort eingesetzt, wo es auf nicht auf maximale Genauigkeit ankommt wie beim Schwingquarz, trotzdem aber eine ausreichend genaue Taktvorgabe erfolgen soll.

Diese Bauteile arbeiten präziser als mit Spulen und Kondensatoren aufgebaute Schwingkreise. Außerdem ist ein Keramikresonator günstiger als ein Quarz und somit eine interessante Alternative für viele Schaltungen, bei denen man akzeptable Abstriche bei der Genauigkeit der Nennfrequenz machen kann.

9 Festinduktivitäten

Die nächsten beiden Bauteile sind sogenannte Festinduktivitäten. Das sind Spulen auf einem Ferritkern, wie diese für verschiedene Einsatzzwecke verwendet werden. Sie werden oft in Kommunikationsgeräten verwendet, besonders in Antennenfiltern, spannungsgesteuerten Oszillatoren und Leistungsschaltungen. Dort dienen sie als Filter, Anpassungsspulen und Drosseln. Die Spulen verwendet man, um in elektronischen Schaltungen bestimmte Frequenzen zu erzeugen, sie zu blockieren oder passieren zu lassen. Sie dienen aber auch zur Energiespeicherung mithilfe eines Magnetfeldes und werden zu diesem Zweck in Spannungswandlern oder Netzteilen eingesetzt.

Wie Sie erkennen können, sehen die Bauteile sehr unterschiedlich aus, erfüllen aber die gleiche Funktion. Das Bauteil unten in der Mitte erinnert mit seinen Farbringen eher an einen Widerstand. Tatsächlich besteht hier eine gewisse Verwechslungsgefahr. Allerdings handelt es sich um eine Spule, deren elektrische Werte ebenfalls mit Farbringen angegeben sind. Die Einheit für die Induktivität ist Henry (H), oft wird sie in µH (Mikrohenry) angegeben.

Wenn Sie die Induktivität einer solchen Spule mit Farbringen bestimmen wollen, hilft Ihnen dabei auch die Tabelle mit den Farbcodes für die Widerstände weiter, da die Farben der Ringe für die gleichen Zahlenwerte stehen. Nur dass hier die Angaben nicht in Ohm oder Kiloohm erfolgen, sondern in µH (Mikrohenry).

10 Lichtempfindlicher Widerstand (LDR)

Der lichtempfindliche Widerstand (Light-dependent Resistor, kurz LDR) verändert seinen Widerstandswert abhängig von der einfallenden Lichtmenge. Je mehr Licht auf den Widerstand beziehungsweise dessen lichtempfindliche Fläche fällt, desto geringer wird sein Widerstandswert. Er variiert zwischen Werten von weniger als 100 Ohm bis hin zu vielen Kiloohm. Die Einsatzgebiete der Fotowiderstände, wie sie ebenfalls genannt werden, sind sehr vielfältig. Eine klassische Anwendung ist zum Beispiel der Dämmerungsschalter, mit dessen Hilfe sich eine Beleuchtung automatisch bei Dunkelheit aktivieren lässt. Dazu wird natürlich noch eine elektronische Schaltung benötigt, die den eigentlichen Schaltvorgang übernimmt.

11 Temperatursicherung

Das nächste Bauteil ist eine temperaturabhängige Sicherung. Der auf diesem Bauteil angegebene Temperaturwert beträgt 115 Grad Celsius. Außerdem sind die maximale Spannung sowie die maximale Stromstärke angegeben, die das Bauteil verträgt.

12 Infrarotempfänger

Schließlich folgt noch der Infrarotempfänger. Das ist jenes Bauteil, auf das Sie Ihre (Infrarot-) Fernbedienung richten, wenn Sie den Fernseher oder den Satellitenreceiver einschalten oder steuern wollen. Es sitzt in einem von vorne einsehbaren Bereich, nimmt die von der Infrarotfernbedienung ausgestrahlten Lichtsignale auf und verarbeitet diese, bevor sie an die Elektronik des Gerätes weitergegeben werden.

13 Reed-Kontakt

Ganz unten links sehen Sie einen Reed-Kontakt. Das ist ein kleines Glasröhrchen, das zwei elektrische Kontakte enthält, die mithilfe eines magnetischen Feldes geschlossen werden. Das Gegenstück zum Reed-Kontakt bildet in der Regel ein Permanentmagnet, der in die Nähe des Kontaktes geführt wird und diesen auslöst. Alternativ kann auch eine Spule als Elektromagnet um den Reed-Kontakt gelegt werden und diesen ansteuern.

Platine mit gemischter Bestückung in konventioneller und SMD-Technik

Hier ist eine weitere Abbildung mit einer Platine, auf der eine kleine Auswahl an elektronischen Bauteilen enthalten ist. Diese Platine stammt aus einem Spannungswandler mit integriertem Netzteil.

Hier sind einige Erläuterungen zu den mit Ziffern versehenen Bauteilen:

1. Mit der Ziffer 1 beschriftet, sehen Sie Kondensatoren in verschiedenen Größen und Bauformen. Sie erkennen diese Bauteile auch an der Bezeichnung „C" auf der Platine. Das ist hilfreich, wenn Sie nicht unmittelbar aufgrund des Aussehens die Art und den Zweck des Bauteils bestimmen können.
2. Die Bauteile mit der Ziffer 2 sind die im vorigen Abschnitt schon erwähnten Festinduktivitäten, also Spulen auf einem Ferritkern. Wie Sie bereits wissen, können Ihnen diese in verschiedenen Formen begegnen. Häufig sehen Sie in der Praxis auch eine auf einen sichtbaren Ferritkern aufgewickelte Spule.

3. Direkt hinter der Steckverbindung mit der Ziffer 3 zu sehen ist ein schwarzes Kästchen, das ein Relais darstellt. Es besteht aus einer Magnetspule und einem Schaltkontakt, der durch das Magnetfeld der Spule ausgelöst wird.

4. Unter der Ziffer 4 sehen Sie einen Leistungstransistor, der auf einem Kühlkörper aus Aluminium montiert ist. Da durch solche Transistoren sehr hohe Ströme fließen können, benötigen diese Bauteile aufgrund der damit verbundenen Wärmeentwicklung eine ausreichende Kühlung, die meist passiv in Form eines Aluminium-Kühlkörpers umgesetzt wird. Der Kühlkörper nimmt die Wärme vom Bauteil auf und gibt sie an die Umgebung ab.

5. Das nächste Bauteil ist ein kleiner Wandlertransformator, wie er in Schaltnetzteilen (siehe Abschnitt über die Spannungsversorgung und Netzteile) zum Einsatz kommt. Auch diese Schaltung enthält ein solches Schaltnetzteil. Der zuvor genannte Leistungstransistor (Q10, Ziffer 4) dient zur Ansteuerung dieses Wandlertrafos.

6. Ebenfalls zum Schaltnetzteil gehören die beiden Optokoppler, welche Sie unter der Ziffer 6 sehen können. Diese bestehen aus einer Infrarot-Leuchtdiode und einem Fototransistor, die gemeinsam in einem Gehäuse untergebracht sind. Mithilfe dieser Bauteile lassen sich, ohne eine direkte elektrische Verbindung herzustellen (galvanische Trennung), Schaltkreise verbinden oder Signale zwischen diesen übermitteln.

7. Die Drossel unter der Ziffer 7 ist ebenfalls ein wichtiger Bestandteil eines elektronischen Schaltnetzteils. Sie wird hier als sogenannte stromkompensierte Drossel eingesetzt. Diese Drossel enthält zwei Spulen, die jeweils entgegengesetzt von Strom durchflossen werden. Dadurch heben sich die magnetischen Felder, die durch den Stromfluss gebildet (induziert) werden, im Kern der Drossel gegenseitig auf. Solche Drosseln dienen zur Entstörung und zur Unterdrückung von hochfrequenten Wechselströmen, wobei sie ausschließlich den Netzstrom im Niederfrequenzbereich (50 Hz) ohne größere Beeinflussung fließen lassen. Spulen wie diese hier werden häufig auch als „CMCs“ (common mode chokes) bezeichnet.

8. Die Halbleitersicherung, wie sie unter der Ziffer 8 zu sehen ist, wurde ebenfalls schon vorgestellt. Sie brennt bei zu hohem Stromfluss wie eine her-

kömmliche Schmelzsicherung durch und muss dann ausgewechselt werden, selbstverständlich durch eine Sicherung mit gleichem Amperewert.

Außerdem zu sehen sind einige SMD-Bauteile (SMD = surface-mounted device). Das sind oberflächenmontierte Bauteile, also direkt auf die Platine aufgelötete Bauteile, bei denen keine Beinchen durch Löcher in der Platine auf die Lötseite gesteckt werden, wie das bei den sogenannten bedrahteten Bauteilen (Durchsteckmontage, englisch THT –through-hole technology) der Fall ist.

Der Vorteil dieser Art der Platinenbestückung ist die Platzersparnis, die man damit erreicht. Das gilt ebenso auch für eine Mischbestückung aus SMD und Durchsteckmontage, wie sie hier zu sehen ist und die sehr häufig in elektronischen Geräten eingesetzt wird.

Die Bestimmung der Bauteile in der SMD-Technik, auf die ich in einem späteren Kapitel noch näher eingehen möchte, ist zuweilen etwas schwierig. Sehr gut zu erkennen sind die integrierten Schaltungen sowie einige Halbleiterbauteile. Zwischen den Kondensatoren und Widerständen wird die Unterscheidung schon schwieriger. Hilfreich hierbei sind wieder die Platinenbeschriftungen, die Rückschlüsse auf die verwendeten Bauteile zulassen.

Ebenso schwierig wie die Identifizierung dieser Bauteile ist die Bestimmung der jeweiligen elektrischen Parameter. Die Beschriftungen sind, sofern sie überhaupt noch zu lesen sind, äußerst klein, was natürlich der Mikrobauweise der SMD-Bauteile geschuldet ist. Ich möchte diese Technik hier vorerst nur erwähnen. Später gehe ich noch etwas ausführlicher darauf ein, auch auf die Beschriftung der Bauteile.

Kapitel 18: Ersatztypen und Bauteilebeschaffung

Wenn Sie elektronische Geräte reparieren wollen, werden Sie unweigerlich mit den Thema Ersatztypen und Beschaffung geeigneter Bauteile konfrontiert. Bei den Standardbauteilen wie Widerständen, Kondensatoren und Elektrolytkondensatoren ist das normalerweise kein Problem. Das gilt auch dann, wenn es sich um ältere Geräte handelt.

Widerstände oder Kondensatoren mit früher gebräuchlichen Werten sind oft schwierig zu beschaffen, da sie in diesen Dimensionierungen nicht mehr hergestellt werden.

Meistens ist es aber ohne Probleme möglich, Bauteile mit ähnlichen Werte zu nehmen, da die Widerstands- oder Kapazitätswerte in den älteren Geräten (für die das hauptsächlich gilt) ohnehin relativ große Toleranzen aufweisen.

Wenn Sie in einem älteren Gerät der Unterhaltungselektronik einen Elektrolytkondensator auswechseln müssen, der eine Kapazität von 50 µF hat, lässt sich dieser in den meisten Fällen ohne Weiteres durch einen moderneren Elektrolytkondensator mit einer Kapazität von 47 µF, also dem nächstgeringeren Wert, austauschen, ohne dass Sie dabei eine Fehlfunktion oder Nachteile befürchten müssen.

Auch bei einigen anderen Bauteilen wie etwa Dioden oder Transistoren kann die Ersatzteilbeschaffung mitunter etwas schwierig werden. Viele Transistoren aus den sechziger oder siebziger Jahren sind nicht mehr ohne Weiteres zu bekommen. Muss ein solches Bauteil ausgewechselt werden, benötigen Sie gegebenenfalls einen Ersatztypen, also ein Bauteil, das gleiche oder zumindest ähnliche elektrische Parameter hat.

Wie finden Sie aber nun ein geeignetes Ersatzteil?

Eines muss ich gleich anmerken: Eine Generallösung gibt es leider nicht. Aber ich kann Ihnen ein paar Tipps und Hinweise geben, die oft zum Erfolg führen. Sofern Sie noch die Möglichkeit haben, einen lokalen Händler aufzusuchen, ist das natürlich sehr praktisch. Solche Händler können Ihnen bei der Beschaffung von Ersatzteilen für ältere elektronische Geräte aufgrund ihrer mitunter jahrzehntelangen Erfahrung oft weiterhelfen, das richtige Ersatzteil zu finden. Leider ist das aber nur in Ausnahmefällen möglich, da der Einzelhandel mehr und mehr aus den Städten verschwindet.

Oft bleibt Ihnen nur übrig, dass Sie auf Datenblätter in Papierform oder auf Datenträgern oder auf andere Quellen zurückgreifen, um geeigneten Ersatz zu finden. Hilfreich ist dabei das Internet dank seiner fast unendlichen Möglichkeiten der Beschaffung von Informationen. Es hilft, auch für weniger gängige Bauteile die richtigen Datenblätter oder zumindest die notwendigsten technischen Daten zu finden, zum Beispiel für alte Transistoren oder ICs. Dabei können Sie wie folgt vorgehen:

- Geben Sie die Bezeichnung auf dem Bauteil in eine Suchmaschine ein. Beispiel: Kondensator 105J. Sehr schnell werden Sie ein Ergebnis finden, das auf einen Kondensator mit einer Kapazität von 1 µF hindeutet, oft sogar gleich mit einer Bezugsquelle.
- Auch bei Transistoren funktioniert das oft sehr gut. Beispiel: BC307B. Hier erhalten Sie schnell die Informationen, dass es sich um einen PNP-Transistor handelt, samt einiger Angaben zur Spannung und Stromstärke.
- Ist das Bauteil nicht mehr erhältlich, geben Sie gleich das Wort „Ersatz“ mit ein. Im Beispiel erhalten Sie den Hinweis auf einen möglichen Ersatz (BC557B), der ähnliche technische Parameter hat.
- Ähnlich sieht es mit ICs aus, wenn Sie deren Funktion nicht kennen. Geben Sie auch hier die Bezeichnung auf dem Bauteil ein. Oft führt das zu einem Ergebnis, das etwas zur Funktion aussagt, gegebenenfalls sogar mit einer Bezugsquelle.
- Oft hilft es auch, wenn Sie zusammen mit der Typenbezeichnung des ICs oder Halbleiters (Diode, Transistor) den Begriff „Datenblatt“ oder „Datasheet“ eingeben, um mehr zur Funktion, zu den technischen Daten oder zur Pinbelegung des ICs zu erfahren.
- Die Pinbelegung von integrierten Schaltungen hilft Ihnen auch dann weiter, wenn Sie zu Ihrem Gerät kein Schaltbild haben und wissen wollen, welche Anschlussbelegung das Bauteil hat, um Messungen vorzunehmen. Oft ist es bereits hilfreich, wenn Sie feststellen können, an welchem Pin einer integrierten Schaltung die Betriebsspannung anliegen muss.
- Wenn Sie schon auf der Suche nach einem Ersatz für ein elektronisches Bauteil sind, können Sie die Bauteilebezeichnung mit dem Zusatz „Ersatz“

oder „kaufen“ in eine Suchmaschine eingeben. Führt dies nicht direkt zu einem Ergebnis, versuchen Sie es mit einer englischen Bezeichnung wie etwa „equivalent“, notfalls können Sie auch weitere englische Bezeichnungen eingeben wie „pinout“, „circuit“ oder andere passende Stichworte.

- Sind Sie direkt auf der Suche nach einem Schaltbild oder einer Anschlussbelegung für ein bestimmtes Bauteil, wählen Sie doch gleich die Bildersuche aus, mit deren Hilfe Sie bei vielen Bauteilen schnell Ergebnisse finden können.

Die Abbildung auf der nächsten Seite zeigt ein solches Beispiel einer Ausgabe einer Suchmaschine, in der mittels der Bildersuche zahlreiche Ergebnisse zu finden sind, die eine Anschlussbelegung für ein Verstärker-IC zeigen.

Zugegeben, das ist ein sehr gängiges Bauteil, das auch heute noch vielerorts Verwendung findet. Aber häufig helfen solche Suchanfragen auch bei weniger bekannten Bauteilen weiter. Probieren Sie es ruhig einmal aus.

Natürlich funktioniert das nicht nur bei integrierten Schaltungen oder Transistoren, sondern auch bei anderen Bauteilen, für die Sie möglicherweise Ersatz suchen oder eine Anschlussbelegung benötigen.

Nutzen Sie die Möglichkeiten zur Informationsbeschaffung aus, die wir heute dank des Internets haben, was natürlich auch im Bereich der Hobbyelektronik ein enormer Vorteil ist. Früher mussten dazu dicke Bücher gewälzt werden, die auch erst einmal zur Verfügung stehen mussten. Heute gelangen Sie online wesentlich leichter und schneller an die benötigten Informationen zu einzelnen Bauteilen oder Schaltungen.

Es gibt übrigens spezielle Suchseiten für elektronische Bauteile. Eine davon ist die Website *findchips.com*, eine weitere Adresse ist *octopart.com*.

Lassen Sie sich nicht zu schnell entmutigen, wenn die Beschaffung von Ersatztypen oder das Herausfinden eines geeigneten Ersatzes für ein nicht mehr erhältliches Bauteil zur Detektivarbeit wird. Das gehört oft dazu.

Es gibt allerdings Umstände, welche die Recherchearbeit nicht gerade vereinfachen. So war es eine Zeit lang bei einigen Herstellern elektronischer Geräte üblich, eigene Bezeichnungen auf Halbleiterbauteilen wie ICs aufzudrucken. Die untere Abbildung auf dieser Seite zeigt so ein Beispiel. Es sind ICs, die vom Hersteller des Geräte neu „gelabelt“ wurden, wie es heute oft heißt.

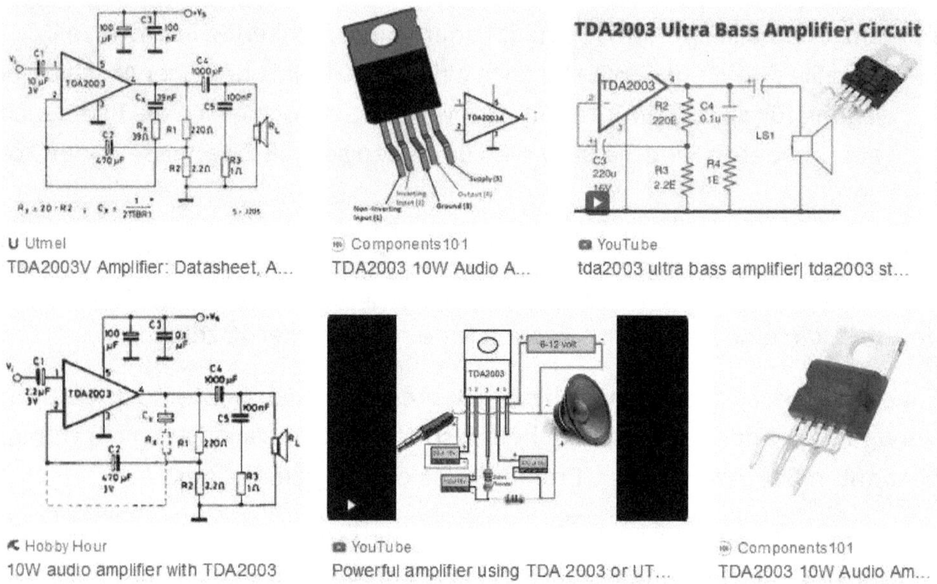

Suchergebnis nach der Eingabe einer IC-Bezeichnung (hier das Verstärker-IC TDA2003)

Herstellerspezifische Beschriftungen statt herkömmlicher IC-Bezeichnungen (Dr.Böhm Orgel)

Ersatzteilträger nutzen

Viele ältere Geräte verwenden Transistoren oder integrierte Schaltungen, die es heute nicht mehr zu kaufen gibt. Wenn Sie Glück haben, können Sie einen Ersatztyp einsetzen (etwa bei einem Transistor). Auch bei einigen ICs ist das ohne Weiteres möglich.

Gegebenenfalls müssen aber ein paar Änderungen an der Schaltung vorgenommen werden, wenn zum Beispiel die Anschlussbelegung eines Ersatz-ICs nicht mit der des Originalbauteils übereinstimmt.

In einigen Fällen müssen auch Anpassungen an den übrigen Bauteilen vorgenommen werden, was einen größeren Aufwand bei der Reparatur bedeutet und was sich daher nicht immer lohnt.

Es kommt immer auf den Einzelfall an, welchen Aufwand man investieren möchte, ob auf ein teures Originalbauteil zugegriffen werden kann und sollte oder ob sich ein größerer Umbau der Schaltung rentiert.

Eine wertvolle Hilfe stellen hierbei häufig alte Geräte dar, die ausgeschlachtet werden und die auch ältere ICs und spezielle Bauteile enthalten, die Sie möglicherweise gar nicht mehr im Elektronik-Fachhandel bekommen. Allerdings ist es sinnvoll, sich hier auf eine bestimmte Anzahl oder Art von Geräten festzulegen, um nicht unnötig viele ältere Ersatzteilträger mit Bauteilen zu horten. Nicht immer steht dafür der notwendige Platz zur Verfügung. Außerdem verliert man sehr schnell die Übersicht, und das passende Bauteil wird dann ohnehin nicht aufgefunden, wenn man es tatsächlich einmal benötigt.

Etwas einfacher wird dies, wenn Sie sich auf bestimmte Gerätetypen spezialisieren, einige davon als Ersatzteilträger zur Verfügung haben und nach einiger Zeit genügend Erfahrungen gesammelt haben, um zu wissen, was häufiger kaputt geht und welche Bauteile Sie auf Vorrat haben sollten.

Mit anderen Worten: Spezialisierung auf bestimmte Bereiche hilft hier und macht die ganze Sache etwas übersichtlicher. Und was nicht benötigt wird, wird nach und nach sachgerecht entsorgt oder kann eventuell auch an andere Elektronikbastler weitergegeben werden.

Datenblätter als Informationsquellen

Datenblätter sind eine sehr wertvolle Hilfe, wie Sie im Laufe der Zeit noch feststellen werden. Sie werden normalerweise zu jedem elektronischen Bauteil vom Hersteller erstellt. Darin enthalten sind die elektrischen und mechanischen Eigenschaften des jeweiligen Bauteils mitsamt Abmessungen seines Gehäuses und den elektrischen Parametern.

Häufig ebenfalls angegeben ist eine einfache Schaltung, mit der das Bauteil auf seine Funktion hin getestet werden kann, wenn man diesen Aufwand bei der Reparatur betreiben möchte.

Sie finden aber auch, was viel wichtiger ist, die Pinbelegung von Transistoren oder ICs, was in der Praxis eine große Hilfe ist. Auch zum Auffinden von geeigneten Ersatztypen beziehungsweise Vergleichstypen hat sich das Datenblatt oft schon als sehr hilfreich erwiesen.

Kapitel 19: SMD-Technik reparieren?

Die Elektronik wird immer kleiner, komplizierter und ausgefeilter. Und immer mehr Technik wird auf kleinstem Raum integriert. Ich möchte das einmal am Beispiel der Mikrochips aufzeigen.

Im Jahre 1958 fasste ein amerikanischer Ingenieur namens Jack Kilby mehrere Transistoren, Kondensatoren und Widerstände in einem Bauteil zusammen. Das Ergebnis: Die erste integrierte Schaltung war damit geschaffen.

Dieses „IC", Kurzform für „Integrated Circuit" (auf Deutsch: integrierte Schaltung), war zwar für heutige Verhältnisse noch sehr einfach aufgebaut, war damals aber ein Meilenstein. Zwar hatte man bereits zuvor schon mehrere aktive elektronische Bauteile in einem Gehäuse zusammengeschaltet. Dazu zählen Elektronenröhren mit mehreren Systemen oder Röhren mit bereits integrierten passiven Bauteilen wie Widerständen oder Kondensatoren. Das IC aber war der Startschuss für die Entwicklung der Mikrochips und der damit ständig fortschreitenden Miniaturisierung der Elektronik.

Immer mehr Bauteile wurden in diesen integrierten Schaltungen untergebracht. Und immer mehr Elektronik wurde in den Geräten eingebaut. Ein besonderer Treiber für fortschreitende Miniaturisierung war zweifelsohne die Computertechnik, oder sollte ich besser sagen: die Mikrocomputertechnik?

Diese ganze Entwicklung brachte eine Miniaturisierung nicht nur einzelner Bauteile mit sich. Auch die Schaltungen auf den Platinen mussten immer kompakter werden, die Bauteile immer weiter „zusammenrücken" und kleiner werden. Aus diesen Erfordernissen heraus entstand eine neue Technik der Platinenbestückung, die SMD-Technik.

Schauen Sie sich die Abbildungen auf der übernächsten Seite an, die diese Entwicklung anhand von ein paar Beispielen zeigen.

Beginnen wir mit der „fliegenden Verdrahtung" ohne Platinen, wie diese bis etwa in die fünfziger Jahre des vergangenen Jahrhunderts gängig war.

Bis hin zur Mikrocomputertechnik sind ein paar Beispiele dieser faszinierenden Entwicklung in der Elektronik zu sehen.

Bauteile mit nur wenigen Millimetern Größe

SMD-Bauteile sind meist nur wenige Millimeter groß.

Ein Widerstand in dieser Technik, wie dieser oft zu Hunderten in einer einzigen Schaltung eingesetzt wird, hat gerade einmal eine Länge von etwas mehr als einen Millimeter. Auch Dioden, Kondensatoren oder Transistoren sind in SMD-Bauweise wesentlich kleiner als ihre Verwandten in der bedrahteten Version.

Was aber für die Miniaturisierung gut und praktisch ist, hat auch gewisse Nachteile.

Das gilt besonders für die Elektronikbastler und Techniker, die solche Geräte reparieren möchten oder müssen.

- Wie sieht es mit der Reparierbarkeit solcher Geräte aus?
- Geht das überhaupt noch?
- Und wenn ja, mit welchen Werkzeugen?
- Brauche ich dafür eine Spezialausrüstung?

Um es vorwegzusagen:

Natürlich ist die Reparatur solcher Geräte mit anderen Anforderungen an die Werkzeuge und Hilfsmittel verbunden als Projekte in herkömmlicher Technik mit bedrahteten Bauteilen. Mehr dazu nun in den folgenden Abschnitten.

Doch zunächst folgt eine Abbildung mit verschiedenen Bestückungstechniken.

Bauteile in elektronischen Geräten der 1950er bis 2000er Jahre

Die Bilder 1 bis 6 zeigen dabei folgende Beispiele:

1. Verstärkerschaltung in einem Tonbandgerät aus den fünfziger Jahren
2. Bestückung in Röhrentechnik auf einer Platine aus den sechziger Jahren
3. Verstärkerplatine in einem Tonbandgerät gegen 1972
4. Bauteile auf einer Platine in einem analogen Anrufbeantworter von etwa 1988
5. Computerplatine mit integrierten Schaltungen aus den achtziger Jahren
6. Platine in einem Satellitenreceiver von etwa 2008

Auf den Bildern sind die Größenverhältnisse zu erahnen. Tatsächlich ist ein modernes IC in SMD-Technik oft schon wesentlich kleiner als ein einzelner Widerstand in bedrahteter Bauweise.

SMD steht für „**S**urface-**m**ounted **d**evice". Das heißt so viel wie oberflächenmontiertes Bauteil. Aber nicht nur, dass auf die Anschlussdrähte und deren Durchführung durch entsprechende Bohrungen auf die Lötseite der Platine verzichtet wird. Die Bauteile sind auch wesentlich kleiner geworden.

Kommen wir nun zum eigentlichen Thema: der Reparatur solcher Geräte.

Die SMD-Technik stellt also eine besondere Herausforderung für Elektronik-Hobbyisten dar, die gerne elektronische Geräte reparieren oder Änderungen an deren Schaltungen möchten. Die SMD-Komponenten sind deutlich kleiner und direkt auf die Oberfläche der Platine gelötet. Sie benötigen spezielle Werkzeuge und etwas Erfahrung, um erfolgreich Reparaturen an solchen Geräten durchführen zu können.

Gehen Sie mit ungeeigneten Werkzeugen ans Werk, richten Sie schnell mehr Schaden als Nutzen an. Ein nicht passender Lötkolben, eine zu lange Lötzeit oder Ungeduld führen oft zu Beschädigungen der Leiterbahnen und/oder Bauteile.

Das wichtigste Werkzeug für die SMD-Reparatur ist daher ein Lötkolben mit einer feinen Lötspitze. Eine temperaturgeregelte Lötstation hilft, die richtige Temperatur konstant zu halten, um saubere Lötverbindungen herzustellen.

Auch eine Pinzette ist wichtig. Diese ermöglicht es Ihnen, die winzigen SMD-Bauteile sicher zu greifen und sie richtig auf der Platine zu positionieren.

Ein weiterer wichtiger Punkt ist die Verwendung von Flussmittel. Es erleichtert das Löten enorm, weil es die Oxidation der Metalle verhindert und die Lötstellen sauber hält. Es sorgt für einen besseren Fluss des Lötzinns und hilft Ihnen dabei, einwandfreie Lötverbindungen herzustellen. Flussmittel gibt es in verschiedenen Formen, zum Beispiel als Stifte oder in kleinen Fläschchen mit einem Hilfsmittel zum Auftragen auf die Lötstellen.

Für die SMD-Technik ist das Löten und Entlöten von Bauteilen mit Heißluft gängig, insbesondere bei Bauteilen mit sehr vielen Anschlüssen (ICs), bei denen das Löten mit einem Lötkolben nicht möglich ist.

Mit kontrollierter Heißluftzufuhr lassen sich SMD-Komponenten ohne direkte Berührung erhitzen und vorsichtig ablösen. Aber das erfordert etwas Übung und Erfahrung. Besonders das Verlöten von SMD-Bauteilen und deren genaue Positionierung (hier kommt es nicht selten auf Bruchteile von Millimetern an) ist für viele Elektronik-Hobbyisten eine echte Herausforderung.

Aus diesem Grund sind Hilfsmittel wie beleuchtete Vergrößerungsgläser bei der SMD-Reparatur so gut wie unverzichtbar. Sie ermöglichen es, die winzigen Lötstellen genau zu inspizieren und sicherzustellen, dass keine Kurzschlüsse oder kalte Lötstellen vorhanden sind. Eine gute Beleuchtung ist ebenso wichtig, damit unsaubere Lötstellen oder sonstige Mängel möglichst gut zu erkennen sind.

Beim Umgang mit SMD-Bauteilen sind auch eine ruhige Hand und Geduld gefragt.

Die Bauteile sind oft sehr empfindlich gegenüber elektrostatischer Entladung (ESD). Daher ist es ratsam, antistatische Handgelenkbänder und eine antistatische Matte zu verwenden. Diese Vorkehrungen schützen die empfindlichen elektronischen Komponenten.

SMD-Bauteile bekommen Sie normalerweise überall dort, wo es auch bedrahtete elektronische Bauteile zu kaufen gibt.

Benötigen Sie spezielle ICs, sollten Sie auch international nach entsprechenden Bauteilen suchen. Spezial-ICs erhalten Sie oft zu relativ günstigen Preisen aus

Fernost, wenn Sie etwa Bauteile für Fernsehgeräte oder moderne Unterhaltungselektronik benötigen.

Um die entsprechenden Bauteile zu finden, ist auch hier die Internetsuche hilfreich.

Durch Eingabe des Halbleitertyps finden Sie meistens sehr schnell ein entsprechendes Datenblatt. Wenn Sie Glück haben, finden Sie für Ihre integrierte Schaltung möglicherweise sogar gleich einen passenden Anbieter, bei dem Sie das Bauteil auch gleich kaufen können.

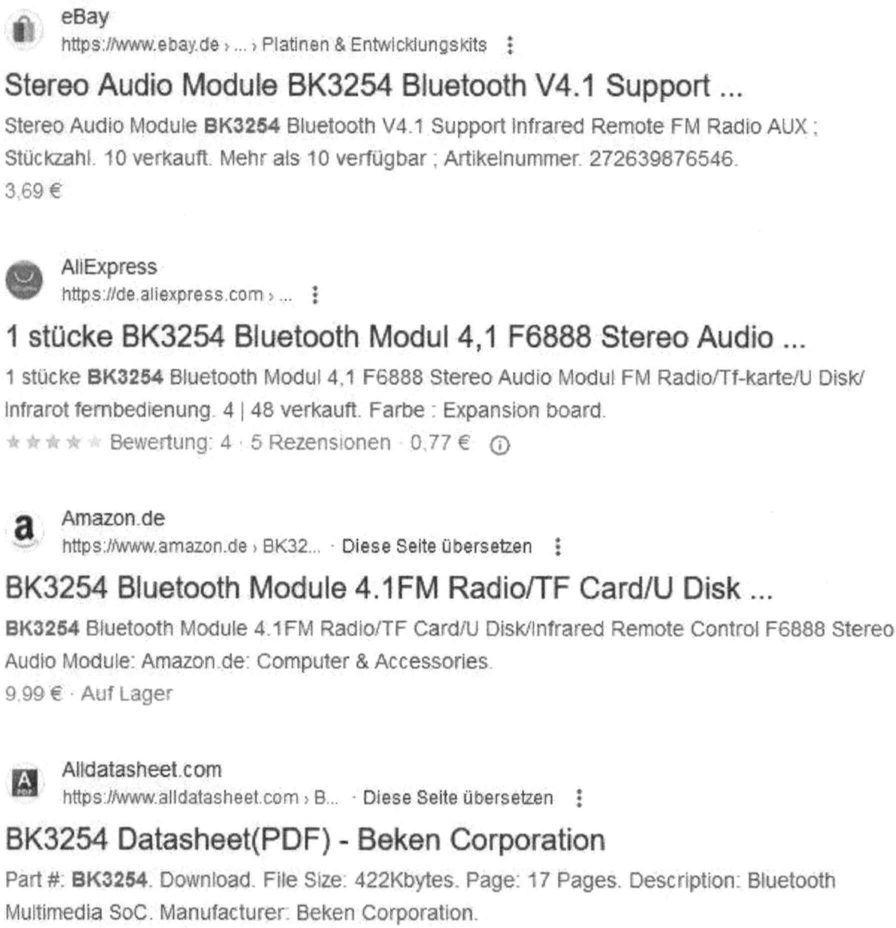

Abbildung zur Ersatzteilbeschaffung im Internet (und dem Ergebnis für ein Datenblatt)

Die Abbildung zeigt ein solches Suchergebnis sowohl mit passenden Kaufangeboten als auch mit der Möglichkeit, ein Datenblatt herunterzuladen.

Leider funktioniert das nicht immer so gut wie in diesem Beispiel für das IC mit der Bezeichnung BK3254, bei dem es sich um eine integrierte Schaltung für ein Bluetooth-Modul handelt, das außerdem ein FM-Radio enthält.

Wie bereits angedeutet, ist die Suche oft sehr langwierig, bevor Sie die gewünschten Informationen zum Bauteil oder zu einem Anbieter erhalten. Und manchmal werden Sie auch gar kein Glück haben, wenn es sich etwa um ein sehr seltenes oder wenig gebräuchliches Stück handelt.

SMD-Bauteile identifizieren

Kommen wir nun zu einem weiteren wichtigen Thema, das bereits bei den bedrahteten Bauteilen behandelt wurde: die Identifizierung der SMD-Bauteile.

Leider ist es nicht bei allen Bauteilen so, dass eine eindeutige oder leicht zu lesende Beschriftung vorhanden ist wie bei den integrierten Schaltungen. Das ist zum Beispiel bei den Bauteilen der Fall, die äußerst klein sind und auf denen eine große Beschriftung kaum Platz hätte.

SMD-Widerstände

Bei den Widerständen verwendet man verschiedene Arten der Kennzeichnung.

- Bei der Kennzeichnung mit einem dreistelligen Zifferncode geben die ersten beiden Ziffern den Zahlenwert an, die dritte steht für den Multiplikator. Beispiel: 102 steht für 1000 Ohm = 1 Kiloohm. Es funktioniert so ähnlich wie bei den Farbringen mit dem Unterschied, dass statt der Farbringe direkt Ziffern verwendet werden.
- Hat der Widerstand einen vierstelligen Code, geben die ersten drei Ziffern den Widerstandswert an, die vierte Ziffer den Multiplikator. Auch hier wird also die Anzahl der Nullen an den Widerstandswert angehängt. Beispiel: 1653 steht für 165000 Ohm = 165 Kiloohm.
- Taucht der Buchstabe „R“ in der Bezeichnung auf (anstelle einer Ziffer), steht dieser für eine Kommastelle. Hier sind ein paar Beispiele: 4R7 = 4,7 Ohm, 13R3 = 13,3 Ohm (siehe auch die Abbildung auf Seite 189, die solche Widerstände zeigt).

- Eine weitere Kennzeichnung verwendet eine zweistellige Zahl gefolgt von einem Buchstaben. Diese Kennzeichnung wird auch als EIA-96 bezeichnet. Der zweistellige Zahlencode steht dabei für den Wert, der Buchstabe für den Multiplikator.

Mehr zum EIA-96-Code finden Sie in der Tabelle auf der nächsten Seite. Sie finden in der Tabelle den Code für den Widerstandswert (z. B. Code 09 für 121) und den Multiplikator (z. B. C für 100).

Der folgende Code „09C" würde also einen Widerstandswert von 12100 Ohm = 12,1 Kiloohm darstellen.

Für Widerstände mit dem drei- oder vierstelligen Zahlencode sowie solche mit EIA-96 Kennzeichnungen können Sie auch ein einfaches Online-Tool verwenden (*https://www.digikey.de/de/resources/conversion-calculators/conversion-calculator-smd-resistor-code*).

Der Nachteil bei diesem EIA-96-Widerstandscode besteht darin, dass Sie eine Tabelle zur Hand haben müssen, um den jeweiligen Wert des Widerstandes zu bestimmen.

Es sei denn, Sie lernen diese Werte auswendig.

Code	01	02	03	04	05	06	07	08
Wert	100	102	105	107	110	113	115	118
Code	09	10	11	12	13	14	15	16
Wert	121	124	127	130	133	137	140	143
Code	17	18	19	20	21	22	23	24
Wert	147	150	154	158	162	165	169	174
Code	25	26	27	28	29	30	31	32
Wert	178	182	187	191	196	200	205	210
Code	33	34	35	36	37	38	39	40
Wert	215	221	226	232	237	243	249	255
Code	41	42	43	44	45	46	47	48
Wert	261	267	274	280	287	294	301	309
Code	49	50	51	52	53	54	55	56
Wert	316	324	332	340	348	357	365	374
Code	57	58	59	60	61	62	63	64
Wert	383	392	402	412	422	432	442	453
Code	65	66	67	68	69	70	71	72
Wert	464	475	487	499	511	523	536	549
Code	73	74	75	76	77	78	79	80
Wert	562	576	590	604	619	634	649	665
Code	81	82	83	94	85	86	87	88
Wert	681	698	715	732	750	768	787	806
Code	89	90	91	92	93	94	95	96
Wert	825	845	866	887	909	931	953	976

Code	A	B	C	D
Multiplikator	1	10	100	1.000
Code	**E**	**F**	**X**	**Y**
Multiplikator	10.000	100.000	0,1	0,01

Die Abbildung auf der nächsten Seite zeigt einige SMD-Bauteile wie Widerstände, Kondensatoren, Dioden und eine integrierte Schaltung. Unten rechts ist eine kleine Abbildung mit einer alternativen Beschriftung eingefügt (dreistelliger Ziffercode mit Buchstaben als Dezimaltrennung).

Außerdem sehen Sie noch einige Bauteile, auf denen einfach nur eine Null aufgedruckt wurde. Hierbei handelt es sich um Null-Ohm-Widerstände, die oft als Sicherungen eingesetzt werden. Sollten Sie in einem Gerät mit SMD-Technik feststellen, dass irgendwo eine Spannungsversorgung nicht in Ordnung ist, halten Sie auch nach solchen Bauteilen Ausschau und überprüfen Sie diese mit einem Multimeter im Durchgangstest. Oder Sie prüfen, indem Sie das Multimeter auf die Widerstandsmessung einstellen und auf Durchgang testen.

SMD-Bauteile und deren Beschriftung

Kaum zu erkennen sind oft die Bezeichnungen auf den anderen SMD-Bauteilen wie Kondensatoren. Auch davon sehen Sie einige auf der Abbildung. Auf deren Kennzeichnung gehe ich nun im nächsten Abschnitt ein.

SMD-Kondensatoren

Auch vor den Kondensatoren und Elkos haben die Miniaturisierung und die SMD-Technik nicht haltgemacht. Auch diese Bauteile wurden immer weiter verkleinert, woraus sich das Problem der Kennzeichnung dieser Bauteile ergab, wie wir das auch schon bei den Widerständen gesehen haben. Ähnlich wie bei diesen ist man auch hier dazu übergegangen, Zahlen- und Zeichencodes zu verwenden.

Da gibt es etwa den dreistelligen Zifferncode, wie Sie diesen bereits in ähnlicher Form von der Kennzeichnung der SMD-Widerstände her kennen. Hier geben die ersten beiden Ziffern den Kapazitätswert in Pikofarad (pF) an, die dritte Ziffer bezeichnet auch hier den Multiplikator. Beispiel: 473 = 47000 Pikofarad (pF) oder 47 Nanofarad (nF).

Manchmal werden Sie auch eine Bezeichnung wie n22, 47p oder 5n6 vorfinden. Hierbei handelt es sich um eine Kurzkennzeichnung mit einem Buchstaben, der als Einheitenzeichen und zugleich als Kommastelle dient. Die Bezeichnung n22 bedeutet dabei 0,22 nF, 47p steht für 47 pF und 5n6 für 5,6 nF. Sie sehen, das Prinzip dieser Kennzeichnung ist sehr einfach und man kann es sich relativ gut merken.

Ähnlich wie bei der Kennzeichnung von Widerständen gibt es auch bei den Kondensatoren eine Kodierung nach EIA (Electronic Industries Alliance) für verschiedene Kondensatorarten wie Folien-, Keramik- und Vielschichtkondensatoren.

Sie besteht aus einem Buchstaben und einer Ziffer. Der Buchstabe kennzeichnet einen bestimmten Kapazitätswert, die Ziffer ist der Multiplikator (nicht in der Tabelle).

Bitte beachten Sie:

Das gilt bis zur Ziffer 8, die praktisch die Anzahl der Nullen angibt, die an den Kapazitätswert angehängt werden. Aber Achtung: Die Ziffer 9 steht für x0,1. Angegeben werden die Werte auch hier in Pikofarad (pF).

Sie können die Werte der folgenden Tabelle entnehmen.

A	B	C	D	E	F
1	1,1	1,2	1,3	1,5	1,6
G	H	I	K	L	M
1,8	2	2,2	2,4	2,7	3
O	P	Q	R	S	T
3,3	3,6	3,9	4,3	4,7	5,1
U	V	W	X	Y	Z
5,6	6,2	6,8	7,5	8,2	9,1

a	b	d	e	f
2,5	3,5	4	4,5	5

m	n	t	y
6	7	8	9

EIA-Beschriftungscodes für SMD-Kondensatoren

So funktioniert es:

Suchen Sie den Wert anhand des Buchstabens aus der Tabelle heraus. Verwenden Sie dann die Ziffer als Multiplikator. Die Bezeichnung O3 steht also für 3,3 pF mit dem Multiplikator 10^3. 3,3 x 1000 = 3300 pF = 3,3 nF. Ein weiteres Beispiel: S2 steht für 4,7 pF multipliziert mit 100, also 470 pF. Die Bezeichnung S9 steht für 4,7 pF multipliziert mit 0,1, also 0,47 pF.

Die klein geschriebenen Buchstaben stehen hier für Sonderwerte, also Werte, die nicht der sogenannten Normreihe entsprechen. Mehr zum Thema E-Normreihen finden Sie in einem späteren Abschnitt.

SMD-Tantal- und SMD-Elektrolytkondensatoren

SMD-Elkos verwenden teilweise kodierte Bezeichnungen, zum Teil sind die Werte aber auch direkt abzulesen. Leider gibt es also auch hier Unterschiede, was die Identifizierung der Bauteile nicht gerade einfacher macht. Ein paar Beispiele sollen Ihnen aber helfen, sich zurechtzufinden.

Unterscheiden müssen Sie hier zwischen Tantal-Kondensatoren und Alu-Elektrolytkondensatoren. Erstere sind kleine rechteckige Bauteile mit seitlichen Anschlüssen, wie Sie diese auch in der Abbildung mit den SMD-Widerständen weiter vorne finden. Zu sehen sind die Bauteile in der Abbildung auf Seite 187 links oder in der Abbildung auf Seite 190 rechts. Diese enthalten einen vierstelligen Code, bestehend aus drei Ziffern und einem Buchstaben. Die Ziffern geben die Kapazität wie bei den SMD-Kondensatoren in Pikofarad an. Die ersten beiden Ziffern stellen den Kapazitätswert dar, die dritte Ziffer den Multiplikator. Sie kennen das System schon von den anderen Bauteilen. Der Buchstabe steht für die Spannung, an welcher der Kondensator betrieben werden darf. Die Spannungswerte können Sie folgender Tabelle entnehmen.

SMD Tantal	d	e	G	J	A	C	D	E	V	H
Volt	2	2,5	4	6,3	10	16	20	25	35	50

SMD-Tantal-Kondensatoren und deren Spannungsangaben als Buchstaben

Zum besseren Verständnis folgen nun ein paar Beispiele:

- Der Aufdruck C475 steht für eine Spannung von 16 Volt und eine Kapazität von 4.700.000 Pikofarad = 4,7 Mikrofarad.
- Ein Aufdruck 476J steht für 47.000.000 Pikofarad = 47 Mikrofarad bei 6,3 Volt. Die Spannungswerte können dabei auch direkt aufgedruckt sein (6,3 statt „J").

Die folgende Abbildung zeigt einen Platinenausschnitt, auf dem ein paar Beispiele zu sehen sind. Oben rechts sehen Sie einen SMD-Tantalkondensator mit der Bezeichnung 157A, die für 150 Mikrofarad und 10 Volt Spannung steht. Darunter befindet sich ein weiteres Bauteil, auf dem der Spannungswert in Höhe von 10 Volt direkt angegeben ist (die 475 steht für 4,7 Mikrofarad).

Beachten Sie auch die Polarität der Bauteile. Die Aluminium-SMD-Elkos haben eine Markierung am Minuspol. Bei den SMD-Tantalkondensatoren befindet sich die Markierung am Pluspol des Kondensators, wie auch in der Abbildung zu sehen ist.

SMD-Tantal Kondensatoren auf einer Handyplatine (rechts Mitte und rechts oben)

Und nun zu den SMD-Aluminium-Elektrolytkondensatoren.

Auch bei den Alu-Elektrolytkondensatoren in SMD-Bauweise gibt es drei- und vierstellige Zeichencodes, zum Beispiel 101F oder 3E3.

Die Angabe der Kapazität erfolgt hier wieder auf die schon bekannte Weise, nämlich mit Ziffern als Wertangabe sowie einem Multiplikator (101 = 100, entspricht einer 10 mit einer zusätzlichen Null). Steht zwischen den Ziffern ein Buchstabe, steht dieser nicht nur für den Spannungswert, sondern auch für ein Komma. Die Bezeichnung aus dem Beispiel oben würde also eine Kapazität von 3,3 µF mit einer Spannung von 16 Volt bedeuten. Die Spannungswerte finden Sie in der Tabelle auf dieser Seite.

Wichtig: Die Angabe der Kapazität erfolgt hier in Mikrofarad (µF), wie bei den Alu-Elektrolytkondensatoren üblich. Die Buchstaben und die entsprechenden Spannungswerte finden Sie in folgender Tabelle.

SMD Aluelko	C	D	E	F	G	H
Volt	6,3	10	16	25	40	63

Buchstaben und Spannungen auf SMD-Aluelkos

SMD-Aluminium-Elkos auf einer Platine

Die Abbildung zeigt mehrere SMD-Aluminium-Elektrolytkondensatoren mit 22 Mikrofarad und einer Spannung von 16 Volt. Die Angabe der Spannung erfolgte hier direkt und ohne Zahlencode. Hier wurde sogar das „V" für Volt aufgedruckt, was nicht immer der Fall ist.

Kapazität und Spannung können bei beiden Elektrolytkondensatorarten auch im Klartext aufgedruckt sein (2.2 / 35V oder ähnlich).

SMD-Halbleiterbauteile

Bei den SMD-Halbleiterbauteilen gibt es verschiedene Arten von Kennzeichnungen. Eine davon besteht aus Buchstabencodierungen, mit denen das Halbleitermaterial und der Halbleitertyp angegeben werden. Darauf folgen Zifferncodes, die das entsprechende Bauteil hinsichtlich der elektrischen Parameter identifizieren. Auf die genaue Kennzeichnung und einzelne Typen einzugehen, würde an dieser Stelle zu weit führen. Muss ein solches Bauteil ausgewechselt werden, kommt es in der Regel ohnehin nur darauf an, einen geeigneten Ersatztyp zu finden. Am einfachsten funktioniert dies, wenn Sie die Bezeichnung auf dem Bauteil direkt in eine Suchmaschine eingeben.

Nicht bei allen SMD-Bauteilen haben sie es aber so leicht wie bei den eben genannten Transistoren. Einige Bauteile sind nur sehr schwer erhältlich, andere haben gar keine Beschriftung. Leider gibt es auch das.

In jedem Einzelfall muss ohnehin überlegt werden, ob der Austausch von SMD-Bauteilen überhaupt Sinn macht und ob Sie die notwendigen Werkzeuge dafür besitzen. Die hier gemachten Angaben sollen Ihnen nur einen Eindruck vermitteln, welche Bauteile eingesetzt werden, wie diese aussehen und welche Bezeichnungen sie haben, sodass Sie sie besser identifizieren können.

SMD-ICs haben, wie die bedrahteten Bauteile individuelle Bezeichnungen, die den genauen Typ des ICs angeben, sodass Sie sich direkt auf die Suche nach einem geeigneten Ersatz machen können, sollte hier ein Defekt auftreten und Sie sich dazu entschließen, das Bauteil selber auszuwechseln.

Kapitel 20: Löten und Entlöten

Gehen wir an dieser Stelle noch einmal etwas näher auf das Löten und Entlöten ein. Schließlich ist das ein sehr wichtiges Gebiet bei der Reparatur elektronischer Geräte.

Die Bauteile sind in Platinen eingelötet, ob SMD oder bedrahtete Bauweise. Auch Kabel und Stecker wollen angeschlossen werden, und auch das erfolgt mithilfe des Lötens, genauer gesagt des Weichlötens.

Kurz zum Unterschied zwischen Hartlöten und Weichlöten:

Beim Weichlöten im Bereich der Elektrotechnik ist die Temperatur mit Werten zwischen etwa 180 und 250 Grad Celsius geringer als beim Hartlöten, das bei ca. 450 Grad Celsius beginnt. Für das Weichlöten verwendet man Lötkolben und Lötpistolen, für das Hartlöten geeignete Lötbrenner. Hier geht es in erster Linie um das Löten von elektronischen Bauteilen und das Löten von Kabelverbindungen. Temperaturen über 450 Grad Celsius wären für die sehr empfindlichen Bauteile und Leiterbahnen auch zu hoch.

Was brauchen Sie nun, um Lötarbeiten zu erledigen?

Es gibt einfache Lötkolben, Lötpistolen und Lötstationen. Wollen Sie erst einmal beginnen und ausprobieren, ob das Reparieren von Elektronik überhaupt etwas für Sie ist und suchen daher erst einmal eine einfache (und preisgünstige) Möglichkeit, um erste Erfahrungen zu sammeln und um zu üben? Dann ist der Lötkolben die erste Wahl. Er bietet ein gutes Preis-Leistungs-Verhältnis und ist schnell einsatzbereit. Lötkolben gibt es mit oder ohne Temperatureinstellung.

Für den Anfang reicht schon ein einfaches Exemplar mit einer Leistung von 30 bis 50 Watt. Achten Sie darauf, dass er eine feine Lötspitze hat, mit der sich elektronische Bauteile problemlos löten lassen.

Eine Lötpistole hat den Vorteil, dass sie innerhalb weniger Sekunden einsatzbereit ist. Die einfachen Lötpistolen mit Leistungen von etwa 100 Watt sind aber für Elektronik-Lötarbeiten aufgrund ihrer hohen Leistung nicht gut geeignet. Mit ihnen lassen sich Kabel verlöten oder gröbere Lötarbeiten an elektrischen Geräten und Einrichtungen vornehmen. Beim Löten von Bauteilen oder Platinen sollten Sie den Lötkolben oder die Lötstation verwenden.

Für viele Lötstationen gibt es unterschiedliche Arten von Lötspitzen zu kaufen, für einige Lötkolben auch. Die Lötstation sollte außerdem eine Leistung von etwa 80 Watt und damit Leistungsreserven haben. Eine temperaturgeregelte Lötstation bietet Ihnen die Möglichkeit, für das verwendete Lötzinn die richtige Temperatur einstellen können, und diese wird dank der automatischen Temperaturregelung auch eingehalten.

Um auch bei großflächigen Lötvorgängen schnell wieder auf Temperatur zu kommen, ist eine ausreichende Leistung wichtig. Und das wiederum hilft dabei, um den Lötvorgang auf die kürzest mögliche Zeit zu reduzieren. So lassen sich Beschädigungen an den empfindlichen Bauteilen durch unnötig lange Lötvorgänge vermeiden.

Wenn Sie einen Lötkolben auch unterwegs nutzen wollen, ist ein Akku-Lötkolben praktisch. Mit Lithium-Ionen-Akkus bestückte Akkulötkolben sind meistens innerhalb nur weniger Sekunden einsatzbereit. Auch für schnelle Lötvorgänge zuhause haben sie sich bestens bewährt.

Das ist aber ein Luxus, der am Anfang nicht unbedingt erforderlich ist.

Zum Thema Lötgeräte und Lötzinn wurde zu Beginn des Buches schon einiges geschrieben. Kommen wir nun zum eigentlichen Thema dieses Kapitels: zum Löten selbst.

Das Löten erfolgt durch das Schmelzen des Lötmittels und die daraus entstehende Verbindung zwischen den zu verlötenden Werkstücken. Beim Elektroniklöten handelt es sich dabei um das jeweilige Bauteil und die Leiterbahn auf der Platine.

Auch Kabel und Lötflächen an Steckverbindern lassen sich auf diese Weise miteinander dauerhaft verbinden. Das Lötmittel füllt dabei den Raum zwischen den zu verlötenden Werkstücken, also dem Anschluss des Bauteils und der Leiterbahn. Mehr dazu in der folgenden Abbildung, die eine Lötverbindung zwischen Bauteil und Platine zeigt.

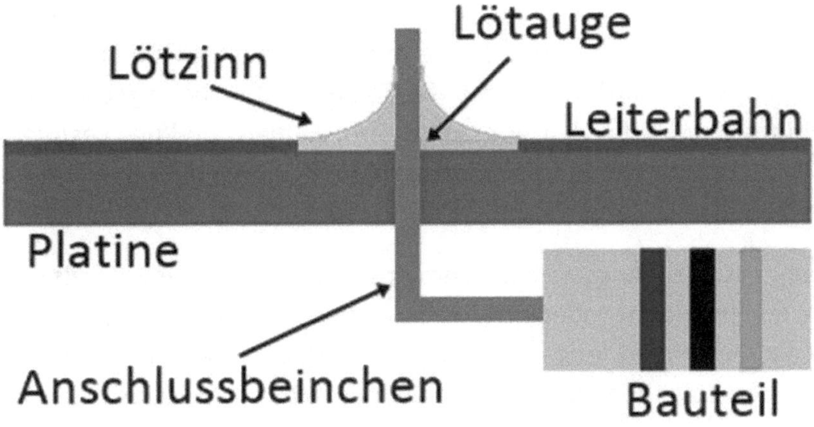

Schematische Darstellung einer Lötstelle

Wichtig ist, dass das Lötmittel (es wird meistens als Lötzinn bezeichnet, obwohl es eine Legierung aus unterschiedlichen Metallen ist) eine geringere Schmelztemperatur hat als die Metalle, die es miteinander verbinden soll.

Mehr zum Lötvorgang

Wie schon erwähnt, sollte der Lötvorgang solange wie nötig und so kurz wie möglich erfolgen. Außerdem ist es wichtig, dass der Lötkolben bereits seine Solltemperatur erreicht hat und dass während des Lötens sowohl Anschlussdraht als auch Lötstelle (Lötauge) gleichzeitig erhitzt werden.

Dabei wird Lötzinn zugeführt. Dieses schmilzt und gibt dabei Flussmittel ab. Das Flussmittel sorgt dafür, dass sich Lötzinn, Anschlussdraht und Lötstelle optimal verbinden.

Das Ganze spielt sich in nur wenigen Sekunden ab. Damit ist die Zeit gemeint, in der die Lötstelle durch den Lötkolben erhitzt wird. In Einzelfällen kann es auch ein paar Sekunden länger dauern.

Wichtig dabei ist, dass die Lötstelle komplett vom geschmolzenen Lötmittel benetzt wird und in die Zwischenräume der Lötstelle fließen kann. Nur so ist es möglich, eine großflächige und elektrisch sichere Verbindung zwischen dem Bauteil und der Lötstelle herzustellen.

Anschließend benötigt die Lötstelle etwas Zeit zum Abkühlen, damit das Lot aushärten kann. Wird während dieser Zeit die Platine bewegt oder die Lötstelle erschüttert, stört das den Vorgang des Auskühlens und des Festwerdens der Lötstelle. Es entsteht dann eine kalte Lötstelle, durch die keine sichere Verbindung hergestellt werden kann.

Bei einem Lötvorgang zwischen dem Anschlussdraht eines Bauteils und der Lötstelle auf der Platine (oder einer anderen Verbindungsstelle) ist es wichtig, dass eine ausreichende Menge an Hitze zugeführt wird. Wovon hängt das ab? Von der Wärmeableitung, die auf verschiedene Art und Weise erfolgen kann:

- durch das Anschlussbeinchen des Bauteils
- durch eine große Lötstelle (große Fläche = schnellere Wärmeableitung)
- beim Löten auf Blechteilen (zum Beispiel Abschirmbleche oder ähnliche Gegenstände, die verlötet werden sollen)

Wenn viel Wärme in kürzester Zeit abgeführt wird, kühlt sich die Lötspitze des Lötkolbens und damit auch die Lötstelle schnell ab. Der Lötkolben muss hier nachheizen, um alles auf Temperatur zu halten. Außerdem wichtig dabei: eine geeignete Lötspitze, durch welche die Hitze gut weitergegeben wird. Je nach Lötaufgabe ist hier eine schmale oder breite Lötspitze in Meißelform sinnvoll.

Es hängt also von mehreren Faktoren ab, ob und wie der optimale Lötvorgang ausgeführt werden kann. Mehr als etwa fünf Sekunden sollte der Lötvorgang nicht andauern, da Sie sonst höchstens das Bauteil und die Lötstelle „braten“. Fließt das Lötzinn auch nach dieser Zeit nicht richtig, gehen Sie lieber der Ursache dafür auf den Grund.

Hier sind dafür ein paar Möglichkeiten:

- Ist die Lötstelle sauber und wurden die Lötstellen auf der Platine von störenden Rückständen befreit?
- Haben Sie die Lötspitze gereinigt?
- Verwenden Sie eine geeignete Lötspitze?

- Verwenden Sie geeignetes Lötzinn (je nach Anforderung bleifrei oder bleihaltig, auf jeden Fall aber mit einem Flussmittel)?
- Ist Ihr Lötkolben auf der richtigen Löttemperatur und leistungsstark genug?

Hier noch einige Tipps und Hinweise zum Thema Löten und Hilfsmittel:

Achten Sie unbedingt darauf, dass die zu verlötenden Bauteile, Kabel und Platinen sauber und nicht oxidiert sind. Entfernen Sie Verschmutzungen und Oxidschichten sorgfältig. Legen Sie das Gerät oder die Platine auf einen sicheren und rutschfesten Untergrund. Achten Sie dabei auch darauf, dass keine umliegenden Bereiche von Lötspritzern, der beim Löten entstehenden Hitze oder von der Lötspitze beschädigt werden können.

Halten Sie zu Beginn alle für den Lötvorgang und den Austausch eines oder mehrerer Bauteile benötigten Gegenstände und Werkzeuge griffbereit. Dazu gehören Lötmittel, Entlötpumpe oder Entlötlitze, Seitenschneider und Zange, Reinigungsmittel für die Lötspitze und natürlich die zu verlötenden Bauelemente, Kabel, Stecker und Buchsen und sonstige Bauteile.

Achten Sie auch auf eine ausreichende Belüftung. Besonders die durch das Löten mit bleihaltigem Lötzinn entstehenden Dämpfe sind gesundheitsgefährdend. Vor dem Lötvorgang verzinnen Sie die Lötspitze, indem Sie etwas Lötzinn darauf schmelzen lassen. Dadurch wird die Hitze sehr schnell auf die zu verlötenden Stellen am Bauteil und der Platine übertragen.

Kabel und Drähte miteinander verlöten

Hin und wieder müssen Sie auch Kabel, Anschlussdrähte oder Stecker sowie Buchsen verlöten. Gehen Sie dabei am besten so vor, wie hier beschrieben.

- Erst entfernen Sie mit einer Abisolierzange oder einem Messer vorsichtig die Isolierung des Kabels über eine Länge von etwa fünf Millimetern.
- Dann verdrillen Sie die feinen Drähte der Litze mit den Fingern.
- Nun verzinnen Sie das abisolierte Ende, indem Sie es mit dem Lötkolben erhitzen und dabei etwas Lötzinn zuführen.
- Verwenden Sie Schrumpfschlauch zum Isolieren der Lötstelle, schieben Sie ein ausreichend langes Stück davon über eines der beiden zu verlötenden Kabelstücke.

- Nun stellen Sie die Verbindung her, indem Sie die beiden Kabelenden zusammenhalten und beide gleichzeitig mit dem Lötkolben erhitzen. Geben Sie dabei noch etwas Lötzinn hinzu, falls nötig.
- Nach dem Verlöten schieben Sie den Schrumpfschlauch über die Lötstelle und erhitzen diesen mit einem Heißluftgebläse, bis er die Lötstelle ausreichend isoliert und festsitzt.

Um die beiden Kabelenden in Position zu bringen und zu halten, können Sie eine dritte Hand verwenden.

Alternativ können Sie die Kabelenden auch miteinander verdrillen, bevor Sie sie schließlich verlöten.

Häufige Fehler beim Löten

Welche Fehler werden am häufigsten beim Löten gemacht? Und wie lassen sich diese vermeiden? Hier sind ein paar Beispiele.

Viele Bastler geben Lötzinn auf die Lötspitze (meistens auch zu viel) und wollen dann die Verbindung verlöten. Die Lötstelle ist aber noch kalt. Deshalb kann hierbei kaum eine vernünftige Lötverbindung entstehen. Außerdem muss der Lötstelle Flussmittel zugeführt werden, damit das Lötzinn sich optimal verteilt.

Denken Sie auch daran, dass mehr nicht immer besser ist. Das gilt besonders für das Lötzinn. Es können unerwünschte Lötbrücken entstehen. Manchmal merkt man das noch nicht einmal sofort, wenn zum Beispiel ein Faden aus Lötzinn beim Wegziehen des Lötkolbens zurückbleibt und später einen Kurzschluss in der Schaltung verursacht. Außerdem verteilt sich überflüssiges Lötzinn und kann dabei sogar durch das Loch für die Lötstelle gelangen, wenn die Platine durchkontaktiert ist.

Die Platine mit der Lötstelle (gilt auch für alle anderen Lötverbindungen) darf nach dem Lötvorgang für einige Sekunden nicht bewegt oder erschüttert werden, wie schon weiter oben erwähnt wurde.

Oft wird ein Lötkolben mit nicht ausreichender Leistung verwendet. Die Folge: Das Lötzinn und die Lötstelle werden nicht schnell genug oder gar nicht ausreichend erhitzt. Das Lötzinn stellt in diesem Fall keine haltbare Verbindung zwischen dem Bauteil und der Platine her. Außerdem passiert es oft, dass der Lötkolben viel zu lange auf die Lötstelle gehalten wird, was eine Folge der zu geringen Leistung des Lötkolbens ist. Hierdurch entsteht die Gefahr einer Überhitzung des Bauteils. Auch die Leiterbahn kann dabei beschädigt werden.

Eine gewisse Zeit benötigt der Lötvorgang aber dennoch, sonst kann das Lötzinn nicht optimal verlaufen und eine sichere Verbindung herstellen.

Das Löten ist zum größten Teil eine Frage der Routine und Erfahrung. Wenn Sie die Möglichkeit haben, legen Sie sich ein paar Übungsplatinen zu oder bauen Sie den einen oder anderen Bausatz zusammen. Das macht viel Spaß und ist eine gute Möglichkeit, die eigene Löterfahrung zu verbessern. Denken Sie immer daran:

So lang wie nötig, so kurz wie möglich löten.

Wichtig zum Thema Löten und Gesundheit:

Wenn Sie mit dem Lötkolben oder der Lötstation arbeiten, und das gilt besonders bei der Arbeit mit bleihaltigem Lot, sorgen Sie für eine gute Belüftung Ihres Arbeitsplatzes. Die durch die hohe Hitze entstehenden Dämpfe sind gesundheitsschädlich und sollten nicht eingeatmet werden. Hilfreich sind in solchen Fällen Lüfter, welche die beim Löten entstehenden Dämpfe absaugen und über einen entsprechenden Filter verfügen, der die abgesaugte Luft reinigt. Und zum Schluss dieses Kapitels folgt noch etwas Wichtiges zum Thema Lötkolben und Löten.

Mir ist es selbst schon ein paar Male passiert:

Ich kam nach einiger Zeit (oder am folgenden Tag) nach einem Reparatur- oder Basteltag in meinen Bastelraum und vernahm einen seltsamen Geruch. Nach kurzer Zeit stellte sich heraus, dass der Lötkolben noch an der Steckdose hing. Zwar ist nichts weiter passiert, aber ungefährlich ist das natürlich nicht. Deshalb ein einfacher Tipp:

Verwenden Sie doch eine Zeitschaltuhr, wenn Ihr Lötkolben oder die Lötstation keine automatische Sicherheitsabschaltung besitzt, die nach einigen Stunden die Stromzufuhr unterbricht.

Sie reduzieren damit nicht nur ein nicht unerhebliches Sicherheitsrisiko, sondern sparen auch Strom, wenn Sie doch einmal vergessen sollten, den Stecker des Lötkolbens zu ziehen. Eine andere Möglichkeit besteht darin, dass Sie für Ihren Arbeitsplatz oder die Werkbank einen Hauptschalter (oder eine Steckdosenleiste mit Schalter) verwenden, mit dem sich alle Gerätschaften auf der Arbeitsfläche auf einmal abschalten lassen.

Aber nun zum nächsten Thema:

Im nächsten Kapitel geht es um das Entlöten von Bauteilen auf Platinen, eine ebenfalls wichtige Angelegenheit. Sie brauchen das zum Auslöten von Bauteilen, weil sie defekt sind, und gegebenenfalls auch für die Gewinnung von Ersatzteilen aus alten Geräten.

Kapitel 21: Bauteile auslöten

Ist in einem Gerät erst einmal das defekte Bauteil identifiziert, steht der Reparatur doch eigentlich nichts mehr im Wege, oder? Einfach das alte und defekte Bauteil raus und durch ein neues ersetzen, und schon läuft es wieder.

Ganz so einfach ist es aber meistens nicht. Handelt es sich um eine eingelötete Sicherung oder um einen Kondensator oder Transistor, hält sich der Aufwand in Grenzen. Solche Bauteile lassen sich meistens ohne größere Schwierigkeiten auslöten und dann ersetzen.

Aber wie sieht es mit den Bauteilen aus, die mehr als zwei oder drei Anschlüsse haben? Wie lötet man ICs am besten aus, die nicht gesockelt sind? Leider sind das heute die meisten ICs nicht mehr, wahrscheinlich aus Kostengründen. Darum und auch um das möglichst einfache Auslöten von Bauteilen mit zwei, drei oder mehr Anschlüssen soll es hier gehen. Und wie das am besten abläuft, ohne dem Bauteil oder der Platine Schaden zuzufügen.

Denn auch bei den vermeintlich einfach auszulötenden Bauteilen kann es Probleme geben. Das ist vor allem dann der Fall, wenn es sich um doppelseitig beschichtete oder um Platinen mit mehreren Lagen an Leiterbahnen handelt.

Bauteile mit zwei oder drei Anschlüssen auslöten

Fangen wir am besten mit den einfachsten Möglichkeiten an, um Bauteile zu entlöten, wozu hier schon ein einfacher Lötkolben ausreicht. Das ist etwa dann der Fall, wenn Sie einen Widerstand, einen Kondensator oder ein anderes Bauteil mit zwei, vielleicht auch mit drei Anschlüssen auslöten wollen.

Sie erhitzen dazu mit dem (ausreichend lange und auf Betriebstemperatur befindlichen) Lötkolben erst einen Anschluss auf der Platine, ziehen das Bauteil auf der entsprechenden Seite etwas aus der Platine heraus und gehen dann genauso beim anderen Anschluss vor.

Gegebenenfalls müssen Sie das mit den zuvor bereits aufgeheizten Anschlüssen ein paarmal wiederholen, sodass Sie das Bauteil schließlich Stück für Stück aus der Platine herausbekommen. Verbrennen Sie sich dabei aber nicht die Finger, da die Bauteile durch die gut wärmeleitenden Anschlussdrähte sehr schnell heiß werden. Für das defekte Bauteil spielt das vielleicht keine Rolle mehr, wohl aber für Ihre Finger. In vielen Fällen können Sie auch einen kleinen Schraubendreher oder eine Pinzette verwenden, um das Bauteil aus der Platine herauszuhebeln oder -ziehen.

Oft besteht auch die Möglichkeit, mit dem Lötkolben gleich zwei oder drei Anschlüsse des Bauteils auf einmal zu erhitzen und so das Bauteil in einem Zug auslöten können. Besonders bei den Bauteilen, bei denen die Anschlüsse sehr dicht beieinandersitzen (radiale Elektrolytkondensatoren, Transistoren oder stehend eingesetzte Dioden und Widerstände), funktioniert das oft sehr gut.

Um die Lötstellen besser gleichzeitig erhitzen zu können, geben Sie am besten etwas Lötzinn auf die Lötstellen. Durch das Lötzinn wird die Hitze von der Lötspitze besser auf die Anschlüsse des Bauteils übertragen. Sie müssen gegebenenfalls danach nur wieder die überschüssigen Reste des Lötzinns von der Platine entfernen, bevor das neue Bauteil eingelötet werden kann. Wollen Sie auf diese Weise nur Bauteile aus einem Ersatzteilträger auslöten, spielt das ohnehin keine Rolle.

Bauteile mit mehr als zwei bis drei Anschlüssen

Natürlich gehen nicht nur Bauteile mit zwei oder drei Anschlüssen kaputt, außerdem werden Sie solche Bauteile auch einmal aus alten Platinen gewinnen wollen, um diese als Ersatzteile für defekte Geräte zu nutzen.

Um solche Bauteile aus der Platine zu bekommen, ohne dass sie dabei kaputt gehen, benötigen Sie noch ein paar weitere Hilfsmittel. Dazu gehören entweder Entlötlitze oder eine Entlötpumpe. Alternativ dazu können Sie auch eine Entlötpistole verwenden. Das ist zwar die komfortabelste und beste, aber auch die teuerste Lösung.

Kommen wir daher erst einmal zu den preisgünstigeren Möglichkeiten.

Sowohl die Entlötlitze als auch die Entlötpumpe haben nur einen einzigen Zweck: das Lötzinn von der Lötstelle zu entfernen, um das Bauteil herausnehmen zu können.

Die Entlötlitze besteht aus einem feinen Drahtgeflecht, das auf die Lötstelle aufgelegt wird, bevor Sie diese mit dem Lötkolben erhitzen. Das Geflecht nimmt dann das Lötzinn auf und entfernt es so von der Lötstelle. Ist die Litze vollgesogen, wird das entsprechende Stück einfach abgeschnitten und entsorgt.

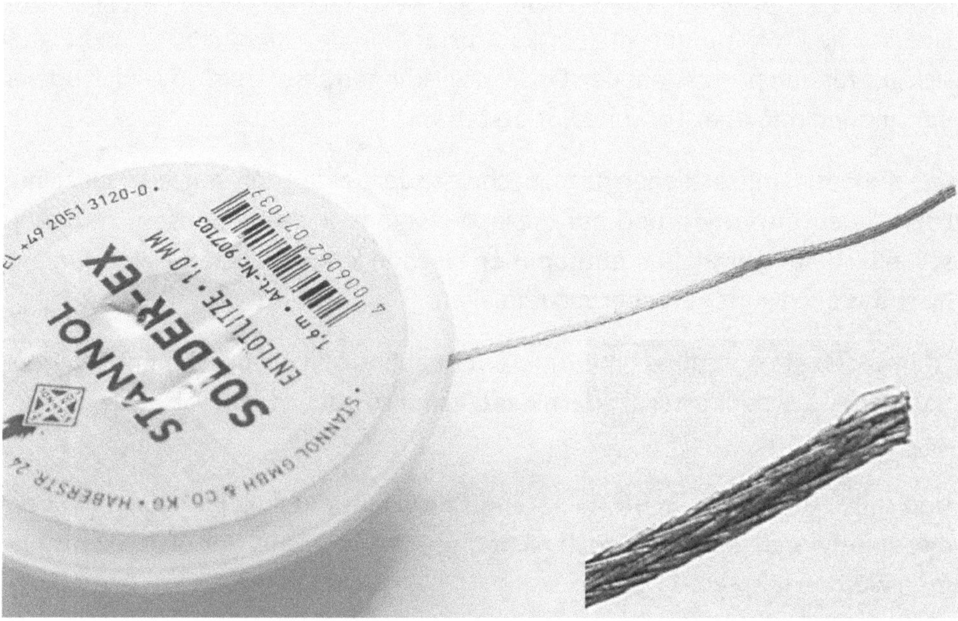

Die Entlötlitze besteht aus einem sehr feinen Drahtgeflecht, welches das Lötzinn aufnimmt

Die Entlötpumpe entfernt das Lötzinn durch ein Vakuum von der Lötstelle. Auch hier wird zusätzlich der Lötkolben benötigt, um das Lötzinn zunächst zu verflüssigen. Das Lötzinn wird dabei von der Pumpe aufgenommen und in einem Behälter in der Pumpe gesammelt. Das Funktionsprinzip dieser Pumpe besteht darin, dass sich im Inneren der Pumpe ein durch eine Feder gespannter Kolben befindet, der per Knopfdruck ausgelöst wird und dann sehr schnell in seine Ausgangsstellung zurückschnellt. Dabei erzeugt der Kolben im Inneren der Pumpe einen Unterdruck, durch den das Lötzinn schließlich abgesaugt wird.

Entlötpumpe in einfacher (preisgünstiger) Ausführung

Ein Entlötkolben vereint sozusagen einen Lötkolben und eine Entlötpumpe in einem Gerät. Der Lötkolben erhitzt auch hier das Lötzinn auf der gewünschten Stelle der Platine, anschließend saugt die elektrisch betriebene Pumpe es auf. Eine solche Entlötpumpe ist sehr komfortabel in der Handhabung und eignet sich gut für den professionellen Einsatz. Sie können sie einzeln erwerben oder in Verbindung mit einer Löt- und Entlötstation.

Alle diese Hilfsmittel dienen dazu, nacheinander das Lötzinn von jeder einzelnen Lötstelle zu entfernen und auf diese Weise das Bauteil zu lösen, sodass es schließlich aus der Platine entnommen werden kann. In vielen Fällen funktioniert das auch ganz gut, aber nicht in allen.

Oft müssen die Anschlüsse mehrmals mit der Entlötlitze oder der Entlötpumpe bearbeitet werden, bis schließlich das Lötzinn so gut wie möglich entfernt wurde.

Und selbst dann bleiben oft Rückstände zurück, sodass die Bauteile auch nach dieser aufwendigen Arbeit noch nicht ohne Weiteres aus der Platine entnommen werden können.

Oft müssen Sie trotzdem noch mit dem Lötkolben nachhelfen und einen Anschluss nach dem anderen erhitzen, sodass sich das Bauteil schließlich herausnehmen lässt. Das ist eine gewisse Geduldsarbeit, aber ganz normal. Seien Sie also etwas geduldig.

Die folgende Abbildung zeigt, wie ein Bauteil mithilfe von Entlötlitze ausgelötet wird.

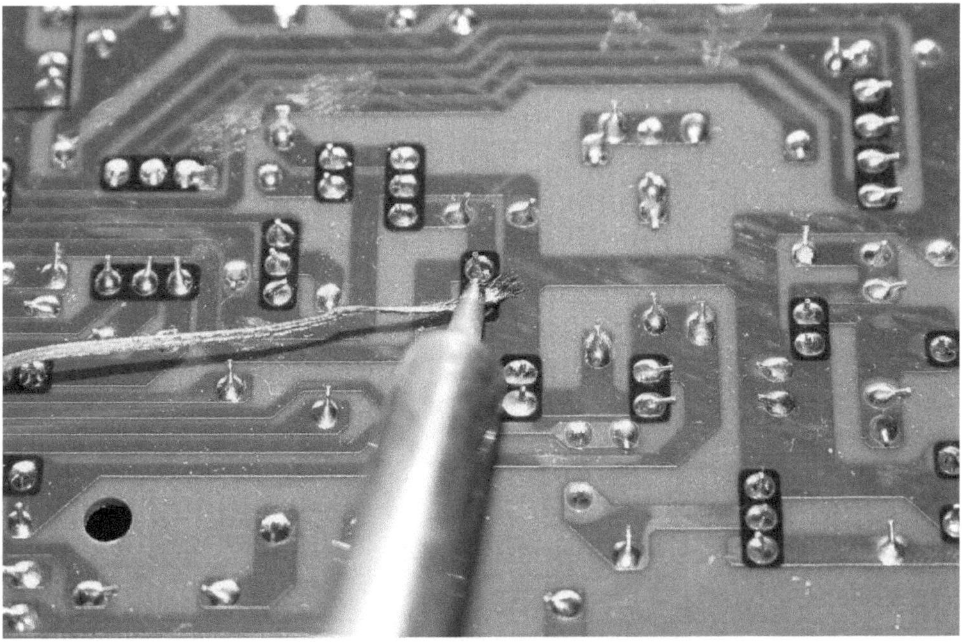

Bauteileanschlüsse von Lötzinn befreien mit Entlötlitze

Dazu noch ein paar Tipps:

- Säubern und verzinnen Sie die Lötspitze, bevor Sie anfangen.
- Legen Sie ein sauberes Stück Entlötlitze auf die Lötstelle und erhitzen Sie diese dann mit dem gut angeheizten Lötkolben.
- Stellen Sie die Temperatur ausreichend hoch ein, da der Lötkolben hier viel Hitze abgeben muss.
- Ist das verwendete Stück Entlötlitze vollgesogen, nehmen Sie ein neues Stück und schneiden Sie das vollgesogene Stück ab.
- Nehmen Sie sich so jeden einzelnen Pin vor und nehmen Sie sich Zeit für solche Arbeiten.
- Wenn das Lötzinn so gut wie möglich entfernt wurde, können Sie mit der Lötspitze ein Anschlussbeinchen nach dem anderen vorsichtig bewegen, um es von der umliegenden Lötstelle zu lösen. Das Bauteil lässt sich dann wesentlich besser aus der Platine herausnehmen.
- Ein Tipp: Mit etwas Flussmittel oder Lötwasser auf der Entlötlitze gelingt das Entlöten besser.

Auch ICs müssen gelegentlich ausgelötet werden. Ich verwende dazu in der Regel eine Entlötpumpe, da ich hier bessere Erfahrungen gemacht habe als mit der Entlötlitze.

IC-Anschlüsse vor und nach dem Entfernen des Lötzinns mit einer Entlötpumpe

Aber das ist natürlich Ihre Wahl. Sie können auch Entlötpumpe und Entlötlitze so einsetzen, wie es Ihrer Ansicht nach am besten für Sie passt und funktioniert.

Die Abbildung oben auf dieser Seite zeigt das Auslöten einer integrierten Schaltung.

Links sehen Sie die Platine vor dem Auslöten des ICs, der rechte Teil der Abbildung zeigt die Platine mit dem bereits entfernten Lötzinn, aber noch mit der in der Platine eingesetzten integrierten Schaltung.

Im rechten Teil des Bildes sehen Sie die Lötstellen mit dem entfernten Lötzinn. Es sieht hier schlimmer aus, als es in Wirklichkeit war. Das IC konnte gut aus der Platine herausgenommen werden, nachdem ich die Anschlüsse vorsichtig mit der Lötspitze des Lötkolbens etwas bewegt und so von den Lötstellen auf der Platine gelöst hatte.

Für ICs mit bis zu 16 Anschlüssen können Sie auch eine Art „Quick & Dirty"-Auslötmethode einsetzen.

"Quick & Dirty"-Methode zum Auslöten eines ICs aus einer Schaltung

Diese besteht darin, alle Anschlüsse auf einer Seite des jeweiligen ICs mit ausreichend Lötzinn zu versehen, um diese dann alle auf einmal zu erhitzen und das IC dann zuerst auf der einen, dann auf der anderen Seite aus der Platine zu lösen. Die beiden Bilder zeigen die Vorgehensweise.

Ich wende dieses Auslötverfahren auf Platinen an, die als Ersatzteilträger dienen und nicht mehr eingesetzt werden. Aber in vielen Fällen lässt sich das Lötzinn ohne Weiteres entfernen, sodass die Platine keinen Schaden erleidet und problemlos auch ein neues Bauteil eingesetzt werden und die Platine weiterverwendet werden könnte.

Wichtig bei dieser Methode ist allerdings, dass Sie einen Lötkolben mit ausreichender Leistung verwenden, damit alle Anschlüsse gleichzeitig genügend Hitze zugeführt bekommen. Auch verbraucht diese Methode recht viel Lötzinn.

Wie Sie nun letzten Endes vorgehen, bleibt natürlich Ihnen überlassen. Probieren Sie ruhig die verschiedenen Arten des Auslötens aus, am besten auf einer Platine, die Sie nicht mehr benötigen. Jeder sollte die für sich persönlich (und für den vorliegenden Fall einer Reparatur) am besten geeignete Methode finden. Wie sieht es nun aber mit SMD-Bauteilen aus? Mehr im folgenden Kapitel.

Kapitel 22: Auswechseln von SMD-Bauteilen

Jetzt wird es wahrhaftig klein und fein. Die Miniaturisierung der Elektronik drückt sich sehr gut in der SMD-Technik aus. Sie erinnern sich an die schon erwähnten „Surface-mounted devices“, auf Deutsch „oberflächenmontierten Bauteile“?

Ist es überhaupt sinnvoll, sich an diese Technik heranzuwagen oder lohnt sich das kaum noch? Meine Erfahrungen dazu sind bisher etwas durchwachsen.

Viele dieser Geräte konnte ich mit Geduld und Erfahrung wieder instand setzen. Aber einfach ist es nicht immer, außerdem erfordert das Austauschen gerade von SMD-ICs einiges an Geduld und Erfahrung. ICs mit mehr als acht Anschlüssen werden in der Regel mit einer Heißluft-Lötstation ausgelötet.

Sie sehen in der folgenden Abbildung eine solche Heißluftpistole, die Bestandteil einer Lötstation ist, die zusätzlich auch einen regelbaren Lötkolben enthält.

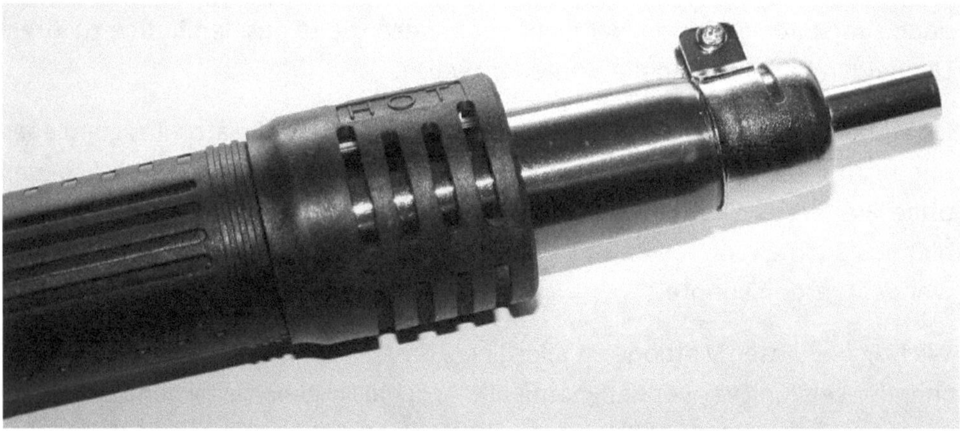

Heißluftpistole einer Lötstation

Das Vorgehen besteht nun darin, das jeweilige Bauteil beziehungsweise dessen Anschlüsse innerhalb einer bestimmten Zeit gleichzeitig zu erhitzen und das Bauteil dann vorsichtig mit einer Pinzette zu entfernen. Wie funktioniert das?

Die Heißluftpistole der Heißluft-Lötstation wird dazu auf die Arbeitstemperatur gebracht. Ich habe einige Zeit mit verschiedenen Temperatureinstellungen experimentiert.

Meine Erfahrungen dazu lauten, eine sehr hohe Temperatur (Maximaltemperatur, je nach Lötstation sind dabei 480 Grad Celsius) zu wählen. Heiß und möglichst kurz (aber so lange wie nötig) lautet hier das Motto.

Wichtig dabei:

Gegebenenfalls müssen die umliegenden Bereiche der Platine sowie hitzeempfindliche Bauteile geschützt werden. Dazu eignet sich hitzefestes Klebeband, das es für solche Zwecke zu kaufen gibt und das die Hitze der Heißluftpistole reflektiert. So werden die umliegenden empfindlichen Bereiche und Bauteile vor einer gefährlichen Überhitzung durch die heiße Luft geschützt.

Ist die Heißluftpistole auf Temperatur, werden für einige Zeit (kann bis zu einer Minute dauern) die Anschlüsse rund um das Bauteil (oder auf beiden Seiten bei zweireihigen Anschlüssen) mit gleichförmigen Bewegungen (!) erhitzt.

Wichtig hierbei ist es, dass die Hitze möglichst konzentriert zu den Anschlüssen des Bauteils geleitet wird. Das Bauteil selbst sollte, soweit möglich, nicht angeblasen werden, auch wenn es sich bei diesem Vorgang trotzdem stark erhitzt. Schließlich lässt sich das gar nicht vermeiden.

Je nach Größe und individuellem Fall dauert das schon einmal 30 Sekunden bis hin zu einer Minute. Das Bauteil wird dann vorsichtig mit einer Pinzette gefasst und sollte sich leicht abnehmen lassen, sobald alle Anschlüsse ausreichend erhitzt wurden und das Lötzinn an ihnen flüssig ist. Das IC sollte sich ohne Kraftaufwand von der Platine lösen lassen. Die Abbildung auf der folgenden Seite zeigt, wie auf diese Weise ein SMD-IC ausgelötet wurde.

Vielleicht denken Sie jetzt, dass die lange Einwirkung der Heißluft das Bauteil oder die Platine beschädigen. Aber das muss nicht der Fall sein. Es ist nicht unwahrscheinlich, dass das Bauteil diese Prozedur übersteht.

Und die Platine erleidet höchstens dann einen Schaden, wenn Sie zu früh versuchen, das Bauteil abzunehmen und sich dabei die Lötstellen oder ganze Leiterbahnen ablösen.

Dieselbe Platine vor (links) und nach dem Auslöten eines ICs mit Heißluft

Es ist eine Sache der Übung und Erfahrung. Auch hier gilt: Probieren geht über studieren. Wichtig bei dieser Arbeit: ausreichend Hitze an der Lötstelle und Geduld.

Gehen Sie beim Entnehmen des Bauteils nicht mit Gewalt vor. Es sollte im Normalfall ausreichen, wenn das Bauteil mit einer Pinzette ohne besondere Krafteinwirkung abgenommen werden kann. Ist das nicht der Fall, ist das Lötzinn noch nicht an allen Lötstellen geschmolzen.

Ein Abhebeln des Bauteils würde hier nur dazu führen, dass sich die Pads (Lötflächen beziehungsweise Anschlüsse für das Bauteil auf der Platine) lösen und dass die Platine dadurch irreparabel beschädigt wird.

Noch schwieriger als das Auslöten eines ICs (und anderer SMD-Bauteile) ist aber das richtige Einsetzen und Einlöten des neuen Bauteils. Hier kommt es im Wesentlichen auf zwei Dinge an: die richtige und möglichst genaue Positionierung des Bauteils und darauf, dass alle Anschlüsse Kontakt zu den Pads auf der Platine haben, und das ohne Kurzschlüsse.

Oft reichen schon Millimeterbruchteile aus, um fehlerhafte Kontakte zu bilden und so Kurzschlüsse bei der Inbetriebnahme des Gerätes zu verursachen. Auch hier ist es eine Frage der Geduld und Erfahrung. Wenn Sie sich dafür interessieren, legen Sie sich am besten genug Übungsmaterial zurecht und löten Sie SMD-

ICs und andere Bauteile zur Übung aus und wieder ein. Wenn die Möglichkeit besteht, können Sie auch ein nicht mehr benötigtes und ohnehin zu entsorgendes, aber (zumindest teilweise) noch funktionierendes Gerät als Übungsobjekt nehmen. Löten Sie hier ein SMD-IC aus und wieder ein und probieren Sie das Gerät anschließend aus. Das gilt natürlich nur, wenn durch diese Tests keine Gefahr für Sie entstehen kann.

Beim Einlöten des Bauteils sollten Sie auf Folgendes achten:

- Achten Sie auf eine penibel genaue Positionierung und vor allem auch darauf, ob sich die Kennzeichnung des ersten Anschlusses an der richtigen Ecke auf der Platine befindet (am IC meist mit einem Punkt gekennzeichnet, auf der Platine mit einer Markierung versehen).
- Löten Sie erst zwei Anschlüsse fest, damit sich das Bauteil nicht mehr bewegt und verschiebt. Sehen Sie mit der Lupe nach, ob sich das IC genau in der richtigen Position befindet.
- Erst dann löten Sie die anderen Anschlüsse an. Verwenden Sie dazu unbedingt geeignetes Flussmittel für das SMD-Löten. Dieses sorgt dafür, dass sich das Lötzinn optimal auf den Lötstellen (Pads und Pins) verteilt und so ein einwandfreier Kontakt zwischen Bauteil und Platine hergestellt wird.
- Zum Verlöten eignet sich entweder ein Lötkolben mit einer sehr feinen Lötspitze (mit kleiner abgeflachter Seite) oder eine Heißluft-Lötstation. Es kommt immer darauf an, wie groß die Anschlüsse des ICs sind.
- Sollte beim Verlöten zu viel Lötzinn auf die Anschlüsse geraten, entfernen Sie es vorsichtig mit dem Lötkolben und der Entlötlitze.

Zugegeben: Das SMD-Löten ist für Anfänger nicht unbedingt am besten geeignet. Vielleicht konzentrieren Sie sich zunächst auf konventionelle Bestückungsmethoden wie die Durchsteckmontage und das Löten sowie Entlöten solcher Bauteile.

In beiden Fällen gilt: Übung macht den Meister. Und für beide Arten der Bestückung von Platinen mit Bauteilen gibt es genügend Möglichkeiten, an Übungsobjekte zu kommen und hier erste Erfahrungen zu sammeln, ohne dass dabei ein wertvolles Gerät zerstört wird. Nutzen Sie diese Möglichkeiten.

Auch für die SMD-Technik gibt es zahlreiche Möglichkeiten, auf Übungsplatinen zurückzugreifen, die mit passenden Bauteilen zum Üben geliefert werden und an denen Sie erste Versuche beim Löten und Entlöten vornehmen können. Dabei riskieren Sie nicht den Verlust von Bauteilen, die Sie möglicherweise noch für andere Projekte benötigen. Wenn Sie den Umgang mit der Heißluft-Lötstation üben möchten, besorgen Sie sich ein paar alte Geräte oder Platinen mit SMD-Bauteilen, an denen sie nach Lust und Laune Ihre Fertigkeiten beim Löten verfeinern können. An solche Geräte oder Platinen zu kommen, dürfte in der heutigen Zeit kein größeres Problem darstellen. Fragen Sie einfach in Ihrem Bekanntenkreis nach nicht mehr benötigten Geräten.

Hier noch ein Hinweis zu günstigen China-Heißluft-Lötstationen:

Sie können diese Geräte durchaus zum Löten und Entlöten von elektronischen Bauteilen verwenden, auch für die SMD-Technik. Allerdings sollten Sie damit rechnen, dass die Temperaturanzeigen solcher Geräte oft alles andere als genau arbeiten und dass Sie die Temperaturen mitunter wesentlich höher einstellen müssen, als es normalerweise üblich ist. Das gilt nach meinen bisherigen Erfahrungen besonders für die Heißluftpistolen in diesen Lötstationen, mit denen man praktisch kaum etwas bewirkt, wenn die Temperatur zu gering eingestellt ist. Wie ich schon erwähnt habe, sollte hier auf Temperatur und kurze Lötzeit geachtet werden, um ein vernünftiges Resultat zu erzielen.

Natürlich sollten die Bauteile nicht mehr als notwendig erhitzt werden. Was aber oft ein noch größeres Problem ist als die hohe Temperatur, ist eine zu lange Lötdauer. Diese kann nämlich nicht nur das Bauteil beschädigen, das entfernt werden soll, sondern auch die Platinen und deren Leiterbahnen sowie die jeweiligen Lötstellen.

Das Auslöten von Bauteilen in Mehrlagenplatinen

Viele elektronische Geräte verwenden heute sogenannte Mehrlagenplatinen (englisch: Multilayer-Boards). Solche Platinen haben nicht nur auf einer oder beiden Seiten Leiterbahnen, sondern gleich in mehreren Lagen übereinander.

Solche Schaltungen werden aufgrund ihrer Komplexität hergestellt. Computer-Mainboards sind in dieser Technik gefertigt, um möglichst viele Verschaltungen auf kleinstem Raum unterzubringen. Die Verbindung der Schaltpunkte zwischen den einzelnen Lagen erfolgt dabei mithilfe von Durchkontaktierungen.

Für den Elektronikbastler sind diese Weiterentwicklungen der Technik gedruckter Schaltungen eher ein Handicap.

Beim Aus- und Einlöten der Bauteile muss darauf geachtet werden, dass keine Leiterbahnen beschädigt werden. Außerdem lassen sich Bauteile aus solchen Platinen oder Mainboards von Computern oft nur sehr schlecht auslöten und neue Bauteile einsetzen.

Außerdem:

Die Löcher für die Bauteile mit Durchsteckmontage in den Platinen sind oft so knapp bemessen, dass sich die Bauteile trotz guter Erwärmung der Lötstellen kaum herausnehmen lassen. Zu viel Hitze ist auch schädlich, sodass sich oft sogar Wechsel einfacher Bauteile mit zwei Anschlüssen, wie etwa Elektrolytkondensatoren, nur sehr schlecht beziehungsweise gar nicht durchführen lassen.

Ein dabei sehr häufig auftretendes Problemen:

Während sich zum Beispiel die Pluspole von Elektrolytkondensatoren noch relativ gut lösen lassen, hapert es bei den Minuspolen der Elektrolytkondensatoren beziehungsweise den Masseanschlüssen.

Die verbundenen Masseflächen in der Schaltung entziehen dem Lötkolben so viel an Hitze, dass ein vernünftiges Löten kaum noch möglich ist. Auch in Netzteilen mit sehr vielen Masseanschlüssen ist dieses Phänomen oft zu beobachten.

Mit ausreichend Hitze und gegebenenfalls Vorheizen der Platine ist es zwar oft möglich, solche Arbeiten durchzuführen. Aber trotzdem sollten Sie sich als „Einsteiger“ in die Löttechnik nicht wundern, wenn Sie mit solchen Arbeiten anfangs noch keinen großen Erfolg haben.

Ich erwähne das auch aus dem Grund, da viele solcher relativ modernen Geräte und Mainboards Probleme mit den Elektrolytkondensatoren haben und diese ausgewechselt werden sollen, diese Arbeiten sich aber dann oft schwieriger als gedacht gestalten.

Kapitel 23: Beispiele für durchgeführte Reparaturen

Hier geht es nun an die Praxis. Ich stelle Ihnen einige Beispiele für Reparaturen vor, die ich in den letzten Jahren durchgeführt habe.

Es sind Geräte gewesen, die ich im Laufe der Jahre schon auf dem Tisch hatte. Nicht alle davon konnte ich erfolgreich reparieren, und die hier vorgestellten Reparaturen sind nur eine kleine Auswahl. Es sind Fehler, wie sie immer wieder an Geräten auftreten können, unter anderem durch defekte Elektrolytkondensatoren ausgelöste Fehlfunktionen und Ausfälle, Wackelkontakte durch kalte Lötstellen oder durch Überlastung aufgetretene Defekte an Halbleiterbauteilen, um nur ein paar der gängigsten Fehlerursachen zu nennen.

Viele ältere Geräte, die möglicherweise aus Ihrer Sicht erhaltenswert sind, lassen sich durch Reparaturen wie die hier gezeigten weiter nutzen und müssen nicht entsorgt werden.

Kommen wir nun zu den Beispielen.

Nicht mehr reagierende Tasten an der Fernbedienung

Ein typisches Phänomen sind immer schlechter reagierende Tasten auf einer Fernbedienung. Das kann aber auch bei anderen Geräten durchaus vorkommen.

Bestimmt kennen Sie das:

Sie wollen auf dem Fernseher schnell einmal das Programm umschalten oder die Lautstärke lauter oder leiser einstellen und brechen sich dabei fast den Finger ab, da die entsprechende Taste auf der Fernbedienung sich nur noch mit größter Kraftanstrengung, sprich Daumendruck, überzeugen lässt, die gewünschte Gerätefunktion an Ihr Fernsehgerät weiterzugeben.

Meistens sind es Fernbedienungen mit Gummitasten, die von diesem Phänomen betroffen sind und mit denen die Nutzung der zugehörigen Geräte erschwert wird oder sogar unmöglich ist.

In vielen Fällen lässt sich das Problem zumindest für eine gewisse Zeit lösen und die Fernbedienung danach noch eine Weile nutzen, ohne gleich eine neue kaufen zu müssen. Oft sind es verschmutzte Kontaktflächen an den sogenannten Tastenmatten oder auf der Platine in der Fernbedienung, welche die Kontaktflächen trägt.

So wie in der folgenden Abbildung sieht eine geöffnete Fernbedienung aus.

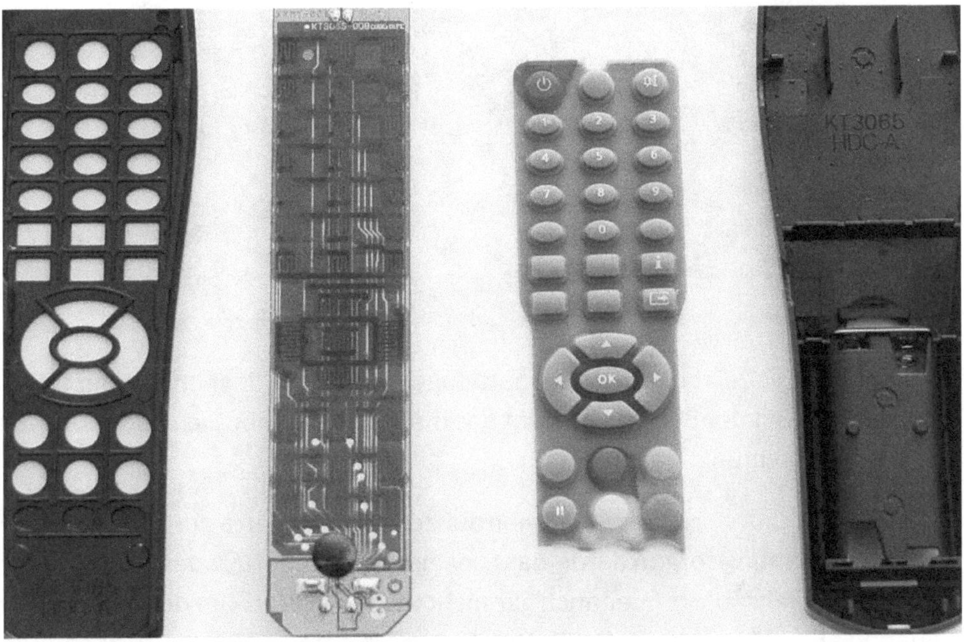

Zerlegte Fernbedienung mit Tastenflächen auf der Platine und Tastaturmatte

Die beiden Gehäusehälften links und rechts im Bild sind zunächst einmal uninteressant, auch wenn diese möglicherweise ebenfalls eine Reinigung vertragen können. Interessant sind vor allem die beiden Teile in der Mitte, nämlich die Platine mit den hier schwarz angedeuteten Kontaktflächen und die Tastaturmatte rechts daneben.

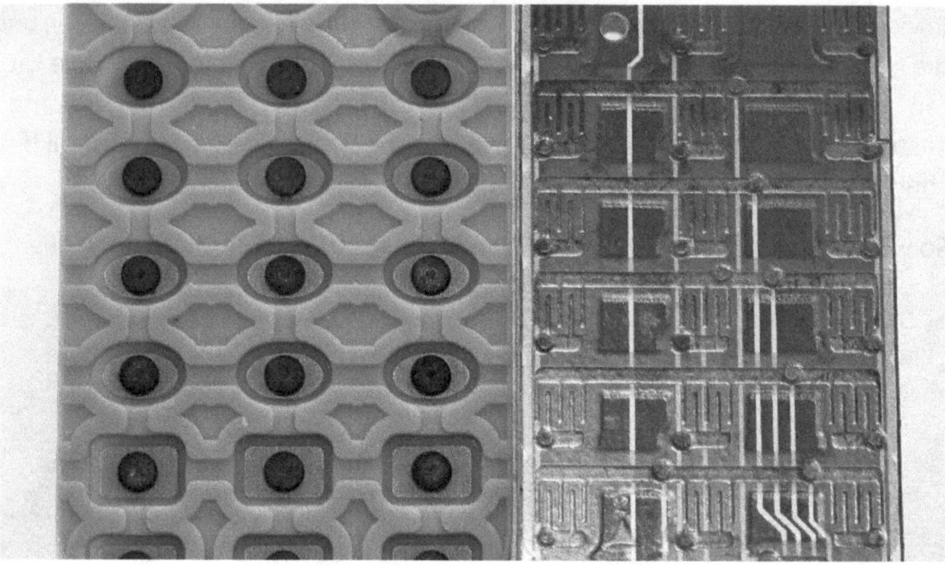

Kontakte auf der Tastaturmatte und auf der Platine der Fernbedienung

Diese Abbildung zeigt die Tastaturmatte und die Kontaktflächen aus der Nähe. Nach einiger Zeit der Benutzung sieht das meistens aber deutlich anders aus als hier in der Abbildung.

Rückstände auf den schwarzen Flächen auf der Tastaturmatte oder der Platine in der Fernbedienung sorgen dafür, dass bei einem Tastendruck das zu steuernde Gerät nicht mehr sofort oder auch gar nicht mehr reagiert. Um die gewünschte Funktion auszulösen, muss die Taste schon mit einem gewissen Druck betätigt werden. Je nach Grad der Verschmutzung muss dieser immer stärker ausgeführt werden, bis auch das nichts mehr hilft und die Fernbedienung schließlich kaum noch reagiert.

Hilfreich ist es hier, die Fernbedienung zu zerlegen, die Kontaktflächen vorsichtig zu reinigen und alles wieder zusammenzusetzen. Ich weiß nicht, wie viele Fernbedienungen ich auf diese Weise schon bearbeitet habe und diese für einige Jahre wieder funktioniert haben. Das Vorgehen ist aber immer das gleiche:

- die Batterien aus der Fernbedienung herausnehmen
- anschließend die Fernbedienung zerlegen (meistens wird das Gehäuse der Fernbedienung nur durch Plastiknasen zusammengehalten)

- das Gehäuse gründlich reinigen (wurde die Elektronik komplett entfernt, geht das sogar unter fließendem Wasser)
- die Tastaturmatte (nicht die Platine) vorsichtig mit lauwarmem Wasser reinigen, anschließend gut trocknen (am besten mit einem weichen und saugfähigen Tuch, keine scharfen Reinigungsmittel verwenden)
- die Kontaktflächen auf der Platine vorsichtig mit etwas Isopropanolalkohol und einem weichen Tuch reinigen
- nachdem alles gut getrocknet ist, die Fernbedienung wieder zusammensetzen

Schwierig wird es allerdings, wenn die Kontaktflächen auf der Tastaturmatte schon stark abgenutzt sind oder die Tasten aufgrund intensiver Nutzung sogar beschädigt sind. Reagiert die Fernbedienung trotz dieser Reinigung nicht mehr richtig, sollten Sie doch überlegen, eine neue zu kaufen.

Für viele Fernsehgeräte oder andere Geräte der Unterhaltungselektronik gibt es passende Fernbedienungen für relativ wenig Geld günstig zu kaufen. Damit meine ich keine Universalfernbedienungen, sondern solche, die für das jeweilige Gerät als Ersatz erhältlich sind. Das gilt natürlich auch dann, wenn die Fernbedienung durch Sturz, Draufsetzen oder andere äußere Einflüsse irreparabel beschädigt wurde. Aber eine Fernbedienung für ein paar Euro neu kaufen ist immer noch besser, als sich gleich einen neuen Fernseher zuzulegen, nur weil die Fernbedienung nicht mehr funktioniert.

MP3-Player mit defektem Kopfhöreranschluss

Vielleicht kennen Sie das folgende Problem auch: Sie benutzen Ihren MP3-Player sehr oft und auch gerne, sei es beim Joggen oder einfach zur Entspannung mit einem guten Hörbuch oder mit guter Musik. Irgendwann stellen Sie fest, dass der Kopfhörer nur noch auf beiden Kanälen vernünftig funktioniert, wenn Sie etwas am Kopfhörerstecker am MP3-Player wackeln. Und irgendwann kann es natürlich passieren, dass das auch nichts mehr hilft und einer oder beide Kanäle ausfallen. Wie kommt so ein Fehler zustande?

Meistens liegt es an einer defekten Kopfhörerbuchse oder daran, dass diese nicht mehr einwandfrei auf der Platine sitzt. Und genau um einen solchen Defekt geht es im folgenden Beispiel.

In diesem Fall hatte sich die Kopfhörerbuchse sogar komplett von der Platine gelöst, wie es in der folgenden Abbildung zu sehen ist.

Von der Platine des MP3-Players gelöste Kopfhörerbuchse

Im Gegensatz zu vielen anderen Geräten, bei denen die einzelnen Bauteile mittels der so genannten Durchsteckmontage auf der Platine befestigt sind, wo die Anschlussdrähte also durch Löcher in der Platine durchgeführt und auf der anderen Seite angelötet werden, erfolgt hier die Montage der Kopfhörerbuchse mithilfe der SMD-Technik.

Das ist zwar einerseits ganz praktisch, birgt aber andererseits die Gefahr, dass sich mit dem Lösen der Kopfhörerbuchse auch gleichzeitig die Anschlüsse auf der Platine, sprich die Leiterbahnen, mit ablösen. Und genau das ist hier passiert. Zumindest ist davon eine der Lötstellen betroffen.

Es bot sich allerdings die Möglichkeit, den Anschluss direkt am nächsten Bauteil anzubringen, in diesem Fall an einem kleinen SMD-Kondensator, der sich direkt neben dem entsprechenden Anschluss für die Kopfhörerbuchse befindet. Die folgende Abbildung zeigt, wie die Kopfhörerbuchse neu auf der Platine angelötet wurde.

Die wieder eingelötete Kopfhörerbuchse

Im hinteren Bereich der Kopfhörerbuchse wurde der Anschluss direkt mit dem Kondensator auf der Platine zusammengeführt, und zwar mit Lötzinn, das den Anschluss jetzt direkt mit dem Bauteil verbindet. Das kann man natürlich so machen. Allerdings sollte man in einem solchen Fall aufpassen, dass durch die enorme Hitzeentwicklung beim Löten und das reichlich aufgebrachte Lötzinn nicht das SMD-Bauteil aus Versehen beschädigt oder gleich mit ausgelötet wird. In diesem Fall hat es aber geklappt, sodass der MP3-Player wieder genutzt werden kann.

Oft passiert so etwas auch bei anderen tragbaren Geräten, und das nicht nur am Kopfhöreranschluss, sondern auch beim USB-Anschluss. Leider lässt sich dieser nicht immer ohne Weiteres wieder neu anlöten, wenn etwa die Lötpads oder Leiterbahnen beschädigt sind. Besonders oft von solchen Wackelkontakten oder Komplettausfällen betroffen sind Smartphones, die sich dann auf einmal nicht mehr aufladen lassen oder bei denen der USB-Stecker für das Ladegerät hin und her bewegt werden muss, bis der Anschluss im Gerät schließlich wieder einen Kontakt mit der Platine hergestellt hat und so das Aufladen möglich ist.

Defekte Kontakte in einem Radiorekorder

Nicht nur die Kontakte in einer Fernbedienung können aufgrund häufiger Nutzung irgendwann ihren Dienst versagen und reagieren dann nur noch schlecht oder sogar gar nicht mehr auf den Tastendruck, um die gewünschte Funktion auszuführen. Davon sind auch andere Geräte betroffen. Ein Beispiel dafür ist dieser kleine Radiorekorder mit integrierter Uhr, an der sich die Zeit praktisch gar nicht mehr einstellen ließ.

Auseinandergebauter Radiorekorder mit Uhr

Die Abbildung zeigt die Uhr oben rechts im Bild. Hauptsächlich betroffen waren drei Tasten im linken Bereich unter den Uhrendisplay, die aufgrund von Oxidation nicht mehr auf einen Tastendruck reagierten. Die Abbildung auf der nächsten Seite zeigt das Ganze aus der Nähe.

Die hier eingesetzte Uhr verwendet keine Gummimatten mit Kontaktflächen, um die Uhrzeit einzustellen oder um andere Funktionen aufzurufen. Vielmehr handelt es sich um elektrische Kontakte, die mithilfe von biegsamen Metallplättchen hergestellt wurden. Das Gerät hier ist schon viele Jahre alt, dementsprechend haben die Metallflächen bereits Rückstände durch Oxidation angesetzt. Außerdem war das Metall auch nicht mehr ganz so biegsam wie erforderlich und drohte bereits durchzubrechen. Sicher kennen Sie das Phänomen, wenn Sie ein Metallstück etliche Male hin und her bewegen, sodass dieses schließlich Risse bildet und durchbricht. So ähnlich muss es sich hier verhalten haben, und zwar durch das wiederholte Einstellen der Uhrzeit oder Weckzeit. Die Hauptarbeit bei diesem Gerät bestand darin, das Chassis aus dem Gehäuse auszubauen und damit das Uhrenmodul für die Reparatur freizulegen.

Die Schaltkontakte an der Digitaluhr

Die Tastenflächen wurden gründlich gereinigt. Anschließend wurden die Metallzungen vorsichtig neu auf der Platine angelötet. Wie lange das hält, wird natürlich erst die Zukunft zeigen. Allerdings lässt sich zumindest so die Uhrzeit wieder einwandfrei einstellen.

Eine alternative Möglichkeit für eine Reparatur bestünde bei diesem Gerät oder in einem ähnlichen Fall darin, statt der Kontaktzungen Miniaturtaster in das Gerät einzusetzen, die eine sehr lange Lebensdauer haben. Diese könnten bei entsprechend geringer Größe direkt auf der Platine angebracht werden.

Mini-LCD-TV ohne Displayanzeige

Der hier gezeigte Minifernseher stammt aus den 1980er Jahren und wollte nicht mehr funktionieren. Zwar ließ er sich einschalten, und auch die Displaybeleuchtung ging an. Aber es war nicht mehr möglich, einen Sender einzustellen, die Skalenanzeige für die Empfangsfrequenz funktionierte auch nicht mehr.

Zwar gibt es heute keine analogen Fernsehsender mehr (zumindest nicht mehr in Deutschland), aber ich wollte das TV-Gerät trotzdem erhalten, also machte ich mich auf Fehlersuche. Betreiben kann man solche alten Analog-TVs übrigens noch mithilfe eines TV-Modulators oder an einem Videorekorder, der einen TV-Modulator enthält, also ein Signal bereitstellt, das mit diesem Minifernseher empfangen werden kann.

Aber nun zur Fehlersuche und der anschließenden Reparatur.

So wie in der nächsten Abbildung sieht das Gerät nach dem Öffnen des Gehäuses aus, nachdem ein paar Gehäuseschrauben entfernt wurden. Die Schaltung besteht aus mehreren Teilen, darunter der Empfangsteil des TV-Gerätes, die Steuerung für die Hintergrundbeleuchtung des LC-Displays und die Spannungsversorgung für die einzelnen Bereiche. Da die Beleuchtung noch funktionierte, das Gerät aber keine Reaktion auf die Bedientasten oder Eingangssignale mehr zeigte, vermutete ich einen Fehler im Bereich der Spannungsversorgung. Zumindest wollte ich dort mit der Fehlersuche beginnen.

Die Fehlersuche dauerte nicht lange, da einer der Elkos im Bereich der Spannungsversorgung (nahe der Anschlussbuchse für das externe Netzteil) auffällig geworden war. Genau gesagt nahm ich einen strengen Geruch wahr, nachdem das Gerät eine Weile in Betrieb gewesen war. Das deutete auf einen ausgelaufenen Elektrolytkondensator hin, der sich vor dem Ausbau in diesem Bereich befand (siehe dazu auch die Markierung in der folgenden Abbildung).

Nach dem Ausbau der Platine und dem Auslöten des Bauteils stellte sich dieser Verdacht als richtig heraus. Tatsächlich waren auf der Unterseite der Platine und am Bauteil selbst Rückstände des ausgelaufenen Elektrolyten zu finden.

Der Ausbau des defekten und der anschließende Einbau eines neuen Elkos waren nicht ganz so einfach, da der Platz wegen des kompakten Aufbaus des TV-

Gerätes doch etwas begrenzt ist und der zur Verfügung stehende Elektrolytkondensator von seinen Abmessungen her gerade noch so in den engen Zwischenraum zwischen zwei anderen Elektrolytkondensatoren hineinpasste.

Mini-TV mit defektem Elektrolytkondensator

Die Abbildung lässt schon erahnen, wie eng es an der betroffenen Stelle zugeht. Das in der Abbildung zu sehende Bauteil ist schon das Ersatzteil. Bei solchen Reparaturen ist es wichtig, die Platine von den Rückständen des ausgelaufenen Elektrolyts zu befreien, da sonst Beschädigungen an den Leiterbahnen drohen, die einen erneuten Ausfall des Gerätes zufolge hätten. Am besten erfolgt das mit Isopropanolalkohol und einem Wattestäbchen.

Was diese Reparatur ebenfalls etwas erschwerte, ist die Tatsache, dass es sich hier um eine doppelseitig beschichtete Platine handelte, die auf beiden Seiten Leiterbahnen und Lötstellen enthält. Die Anschlüsse für die bedrahteten Bauteile (zu denen auch dieser Elektrolytkondensator gehört) sind durchkontaktiert. Das heißt, die Kontakte auf der Ober- und Unterseite der Platine sind miteinander verbunden. Dementsprechend schwierig ist es, das Lötzinn von diesen Lötstellen zu entfernen, um das Bauteil zu entnehmen. Bei einem zweipoligen Bauteil wie einem Elektrolytkondensator geht das noch. Muss allerdings in einem solchen Gerät mit einer doppelseitig beschichteten Platine eine integrierte Schaltung mit vielen Anschlüssen gewechselt werden, erfordert das einen größeren Aufwand. In der folgenden Abbildung sehen Sie den defekten Elektrolytkondensator, der übrigens auch an einer anderen Stelle in diesem Buch schon gezeigt wurde.

Ausgelöteter und ausgelaufener Elektrolytkondensator

Der defekte Elektrolytkondensator war dafür verantwortlich, dass keine ausreichende Betriebsspannung für die Elektronik des Gerätes anlag und deshalb die Einstellung der Frequenz sowie der Empfang eines Signals und die Bildanzeige nicht mehr funktionierten.

CD-Player mit defektem Audioausgang

Der hier vorgestellte CD-Player funktionierte zwar und erkannte auch alle CDs, die eingelegt wurden. Auch der Ausgang für den Kopfhörer funktionierte soweit gut. Allerdings war es nicht möglich, über den Line-Out-Anschluss an der Seite mit Cinchbuchsen ein Ausgangssignal zu bekommen. Genauer gesagt kam ab und zu ein Ausgangssignal, meistens aber nicht.

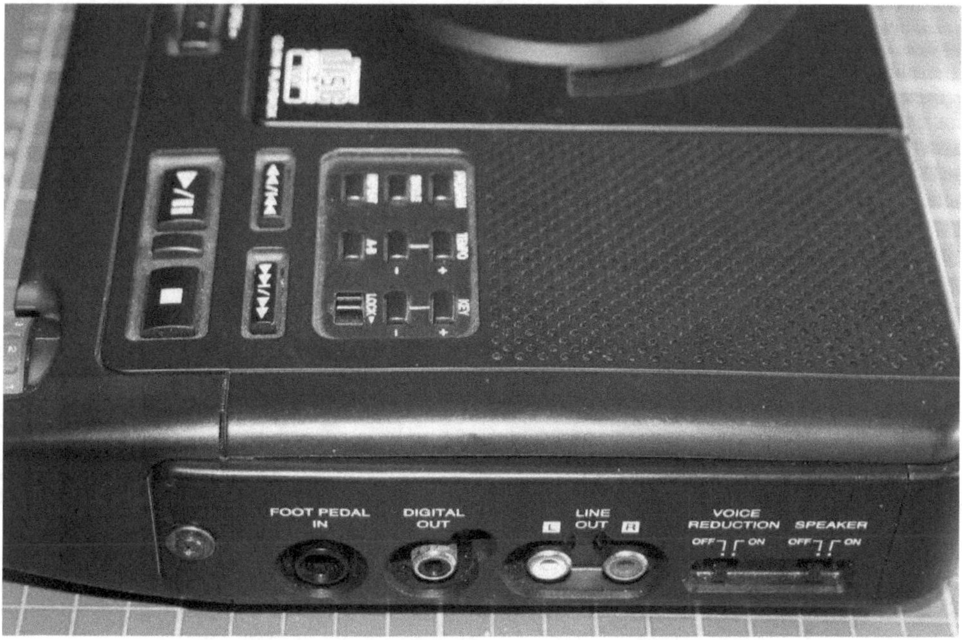

CD-Player mit defekten Cinch-Anschlüssen

Da sich dieser Zustand änderte, sobald man an den in die Cinchbuchsen eingesteckten Cinchsteckern etwas wackelte, vermutete ich kalte Lötstellen, die zwischen den Leiterbahnen und den Anschlussbuchsen keinen einwandfreien Kontakt mehr herstellen konnten. Das Problem bei diesem Gerät war aber nicht die Reparatur dieses Defektes an sich, sondern das Zerlegen. Dieses gestaltete sich mehr als umständlich. Tragbare Geräte sind oft mit sehr vielen Schrauben unterschiedlicher Größe gesichert und die einzelnen Platinen mit mehreren Steckverbindungen untereinander verbunden, was die Demontage und den späteren Zusammenbau erschwert und viel Zeit kostet.

Nachdem der Aufbau des Gerätes soweit klar war und alle zur Demontage benötigten Schritte ausgeführt waren, konnte endlich die Platine mit den Anschlussbuchsen ausgebaut und näher unter die Lupe genommen werden. Die Vermutung mit den kalten Lötstellen stellte sich dabei als richtig heraus. In der folgenden Abbildung sehen Sie die Bereiche, um die es konkret geht.

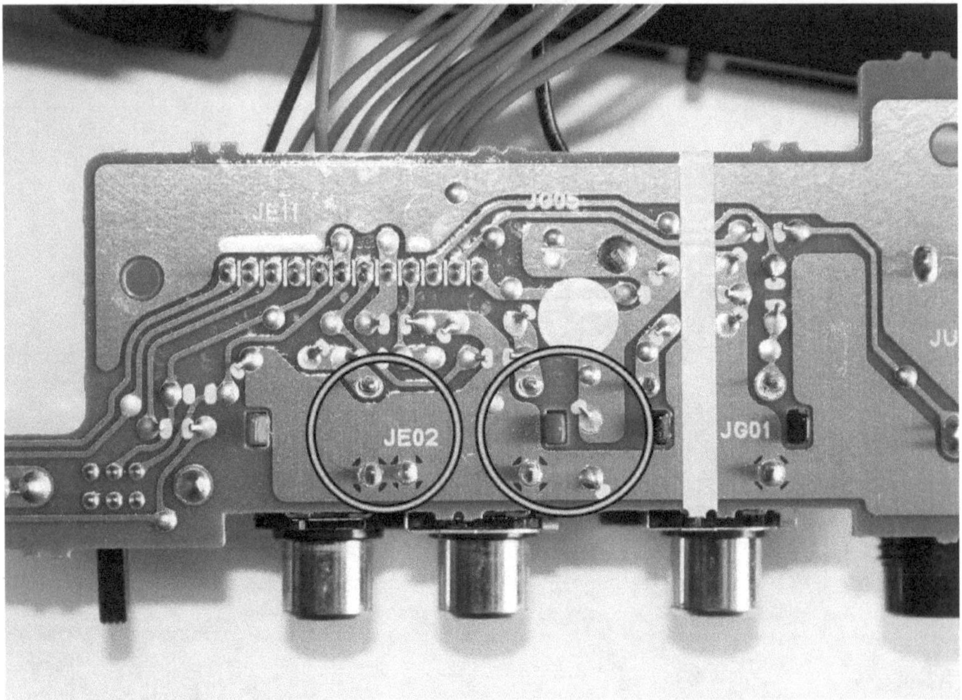

Gelöste Lötstellen an den Cinchbuchsen auf der Anschlussplatine

Es ist möglicherweise nicht ganz so deutlich auf der Abbildung zu sehen. Die Anschlüsse mussten nachgelötet werden, damit sie wieder einen einwandfreien Kontakt zwischen den Cinchbuchsen und den Leiterbahnen auf der Platine herstellen konnten. Das ist keine große Sache und eine Reparatur, die in wenigen Augenblicken durchgeführt ist. Und das Beste dabei: Es werden nicht einmal teure Ersatzteile benötigt. Nur etwas Lötzinn und ein gut aufgeheizter Lötkolben.

Solche kalten Lötstellen findet man nicht nur an Bauteilen, die mechanischen Belastungen ausgesetzt sind. Wahrscheinlich ist dieser Fehler dadurch entstanden, dass das Gerät oft mit angeschlossenem Verstärker bewegt wurde oder diese Anschlüsse einfach sehr oft beansprucht wurden.

Solche Fehler treten aber auch intern auf, das heißt, an den Bauteilen, die keine direkte Verbindung nach draußen haben. Entstehen können sie etwa durch starke Temperaturwechsel (an Bauteilen, die viel Wärme entwickeln). Auch nicht einwandfrei hergestellte Lötverbindungen können im Laufe der Zeit solche Fehler verursachen. Identifizieren lassen sich solche Fehler sehr gut, wenn etwas an den betroffenen Bauteilen gewackelt wird. Sieht man dann die Bewegung der Anschlusspins in den Lötstellen, ist das ein sehr deutliches Anzeichen, dass die Lötstelle nicht mehr einwandfrei ist.

Gebrochenes Zahnrad im Drucker

Die Reparaturen an verschiedenen Geräten im Haushalt betreffen natürlich nicht immer nur die Elektronik. Auch die Mechanik ist einerseits von einem gewissen Verschleiß betroffen, andererseits kann es auch von einem Moment auf den anderen zu einem Ausfall kommen. Im konkreten Fall handelte es sich um einen Drucker, der von einem Tag auf den anderen nicht mehr funktionieren wollte, da ein gebrochenes Zahnrad aus Kunststoff die gesamte Mechanik für den Papiertransport blockierte.

In der Abbildung auf der nächsten Seite ist das deutlich zu erkennen. Es handelt sich um ein Zahnrad, das auf der Welle für eine Walze für den Papiertransport angebracht war. Durch den Bruch blieb es an einer bestimmten Stelle immer hängen, der Papiertransport funktionierte dann nicht mehr. Da das Zahnrad zwar nur lose auf der Welle aufgesteckt war, genauso gut aber auch hätte fix befestigt werden können, habe ich es mit Sekundenkleber direkt auf der Welle aufgeklebt. Anschließend wurde die geklebte Bruchstelle für eine gewisse Zeit zusammengehalten.

Um dem Ganzen noch zusätzliche Stabilität zu geben, habe ich auf der Innenseite etwas Schrumpfschlauch eingesetzt, um das zylindrische Stück des Zahnrades zu umschließen und die Bruchstelle so besser zusammenzuhalten. Die zweite Abbildung auf der nächsten Seite zeigt die Walze mit dem angeklebten Zahnrad während der Trocknung des Sekundenklebers.

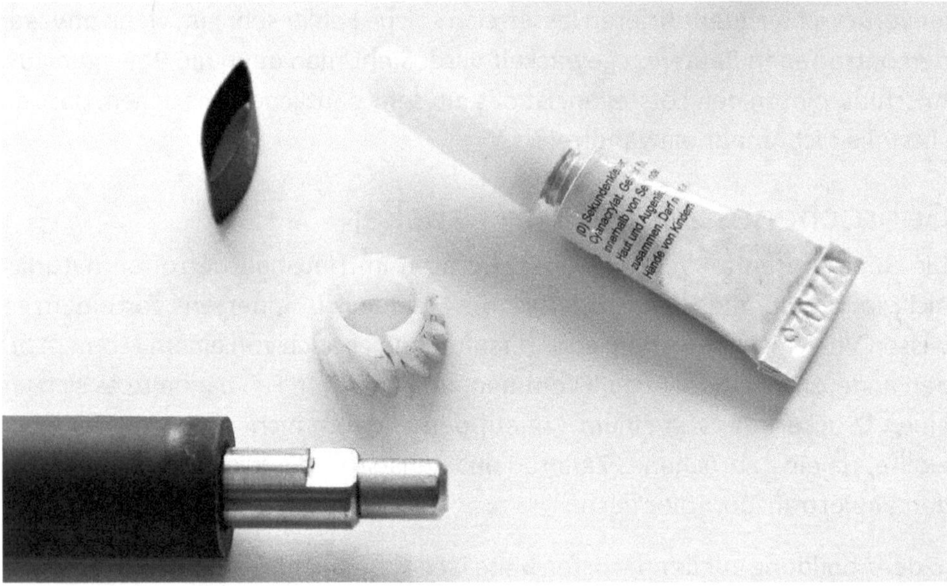

Transportwalze für den Drucker mit gebrochenem Zahnrad, Kleber sowie Schrumpfschlauch

Geklebtes und mit Schrumpfschlauch befestigtes Zahnrad während des Trocknens

Nach etwa einer Stunde habe ich die Walze aus der Klemme herausgenommen. Die folgende Abbildung zeigt das Ergebnis. Die Bruchstelle war nun fest verklebt. Dementsprechend hing das Zahnrad auch nicht mehr an ein und derselben Stelle immer wieder fest, so wie das vorher der Fall gewesen war. Diese Reparatur ist ein gutes Beispiel dafür, wie eine Kleinigkeit ein komplettes Gerät lahmlegen kann. Das Problem hierbei:

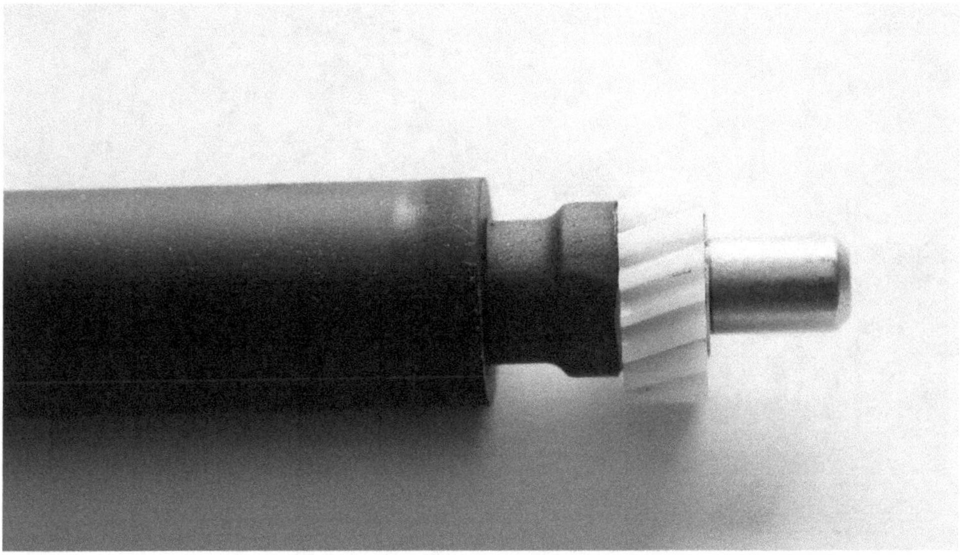

Die Transportwalze nach der Reparatur

Wäre es nicht möglich gewesen, das Zahnrad auf diese Weise wieder auf der Welle zu befestigen, hätte wahrscheinlich der komplette Drucker entsorgt werden müssen. Ein passendes Ersatzteil ist in solchen Fällen meist kaum noch aufzutreiben. Und wie es mit der Reparatur von Druckern im Fachhandel aussieht, wissen Sie möglicherweise schon aus eigener Erfahrung. Nur die wenigsten Betriebe werden überhaupt bereit sein, eine solche Reparatur durchzuführen. Schließlich kostet eine Arbeitsstunde oft bereits mehr als ein neuer Drucker.

Musik-Keyboard ohne Ton

Einen ähnlichen Fehler mit nicht mehr einwandfreien Lötstellen zeigte ein Musikkeyboard, das sich zwar noch einschalten und normal bedienen ließ, aber keinen einzigen Ton mehr von sich gab. Der Audioausgang per Klinkensteckverbindung und der Kopfhörerausgang wurden von mir überprüft mit dem Ergebnis, dass diese ebenfalls kein Signal lieferten. Eine defekte Endstufe für die eingebauten Lautsprecher konnte also kaum die Ursache sein.

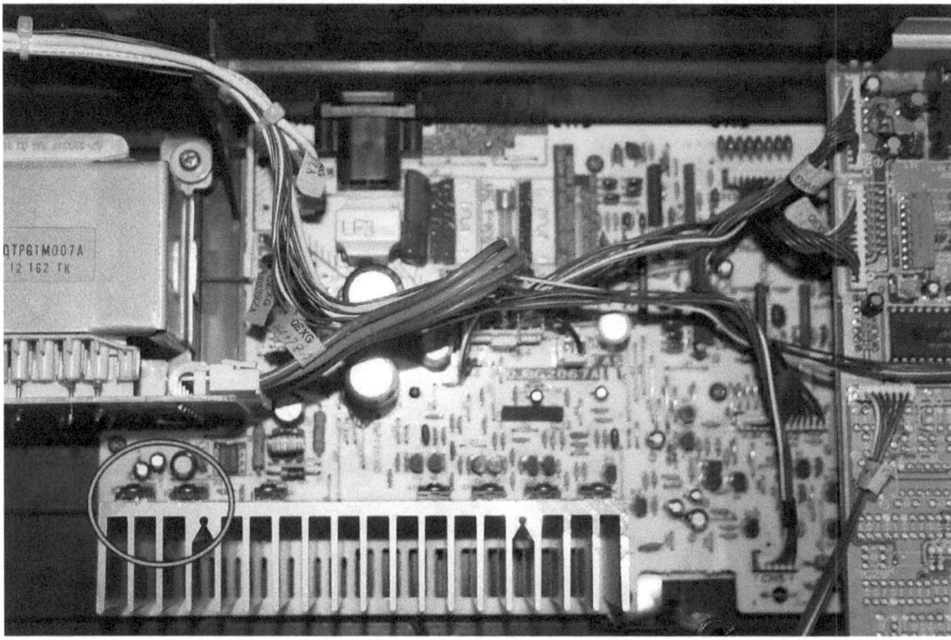

Netzteil mit Spannungsreglern (siehe Markierung) in einem Musikkeyboard

Auch hier gestaltete sich das Zerlegen des Gerätes schwieriger als zunächst angenommen. Da die Lautsprecher und auch die anderen Audioausgänge (Line-Out für einen externen Verstärker und der Kopfhöreranschluss) überhaupt kein Signal mehr lieferten, konzentrierte ich mich zunächst auf die Spannungsversorgung des Gerätes im Bereich des Netzteils, hier deutlich erkennbar durch den großen Transformator und dessen Verbindung zur Platine.

In der Abbildung sehen Sie denjenigen Bereich des Innenlebens, in dem neben dem Netzteil auch die Endstufe für die eingebauten Lautsprecher zu finden ist. Gut zu sehen ist der große Kühlkörper unten, der neben den Endstufen auch einige Spannungsregler enthält, die eine möglichst konstante Versorgungsspannung für die Elektronik des Gerätes und den Verstärkerteil des Keyboards liefern sollen. Auch hier war zunächst ein Ausbau der Platine erforderlich, um die betroffenen Bereiche für Messungen freizulegen.

Bei solchen Messungen ist allerdings Vorsicht geboten. Immerhin arbeitet das Gerät mit der Netzspannung in Höhe von 230 Volt, und es ist potenziell gefährlich, hier im laufenden Betrieb Messungen an der Spannungsversorgung vorzunehmen. Außerdem besteht immer die Gefahr, beim Umgang mit dem Messgerät und dem Ansetzen der Messspitzen durch eine unbedachte Bewegung einen Kurzschluss zu verursachen.

Wie sich aber herausstellte, war auch hier eine kalte Lötstelle für den Ausfall der Endstufe und des übrigen Audioverstärkers verantwortlich, da dieser keine Versorgungsspannung mehr erhielt. Ich vermute, dass dieser Fehler durch Temperaturwechsel an den Spannungsreglern und dem Kühlkörper entstanden ist. Sie sehen die betroffenen Bauteile mit der Markierung.

Die Spannungsregler mit Kontaktschwierigkeiten vor dem Nachlöten

Die zweite Abbildung der Keyboardelektronik zeigt die beiden Spannungsregler noch besser. Die Bauteile sind auf der Platine mit IC2 und IC3 gekennzeichnet. Obwohl die Bauteile auf den ersten Blick wie Leistungstransistoren aussehen, handelt es sich um integrierte Spannungsregler, genau gesagt um Spannungsregler der 78XX-Reihe, also um Spannungsregler mit festen Ausgangsspannungen. Diese Bauteile und deren Eigenschaften haben Sie bereits in einem früheren Kapitel in diesem Buch kennengelernt.

Es gilt auch hier wieder: kleine Ursache, große Wirkung. Solche Reparaturen machen viel Freude, da sie mit relativ geringem Aufwand sehr schnell ein Erfolgserlebnis ermöglichen. Vergessen Sie allerdings bei solchen Reparaturen nie die Gefahr durch die vorhandene und lebensgefährliche Netzspannung in einem solchen Gerät, auch bei allem Enthusiasmus nicht. Achten Sie bei der Arbeit unbedingt auf Ihre Sicherheit und überlegen Sie jeden Schritt genau im vorhinein.

Als nächstes Beispiel folgt nun ein Hi-Fi-Verstärker, bei dem weder ein defekter Elektrolytkondensator noch eine kalte Lötstelle für den Ausfall verantwortlich waren, sondern vielmehr eine Überlastung der Endstufe.

Verstärker mit defekter Endstufe

Defekte an Endstufen in Verstärkerbausteinen wie diesem hier sind an sich keine Seltenheit. Sie entstehen oft dadurch, dass ungeeignete Lautsprecherboxen an die Geräte angeschlossen werden oder durch Kurzschlüsse, die in den Lautsprecherleitungen auftreten können.

Für jeden Kanal der Endstufe sind hier zwei Leistungstransistoren eingesetzt, die quasi als Paare zusammenarbeiten. Fällt einer davon aus (oder beide), arbeitet die jeweilige Endstufe nicht mehr. Und genau das war hier der Fall.

Die Abbildungen auf der folgenden Seite zeigen das Innenleben des Verstärkers mit den verschiedenen Bereichen wie Netztrafo, Anschlussplatinen, Bedieneinheit und die eigentliche Verstärkerplatine. Da hier nur ein Kanal nicht funktionierte und der Verstärker sonst normal auf die Bedienung reagierte, vermutete ich gleich einen Fehler im Bereich der Endstufe (hier der linke Kanal).

Die Endstufentransistoren sind für eine ausreichende Kühlung auf sehr großen Kühlkörpern montiert worden. Schließlich muss die beim Betrieb der Endstufe entstehende Wärme abgeführt werden, damit die Bauteile nicht überhitzen.

Das nützt allerdings nicht viel, wenn die Endstufe und damit auch die Transistoren überlastet werden, etwa durch die bereits genannten Ursachen.

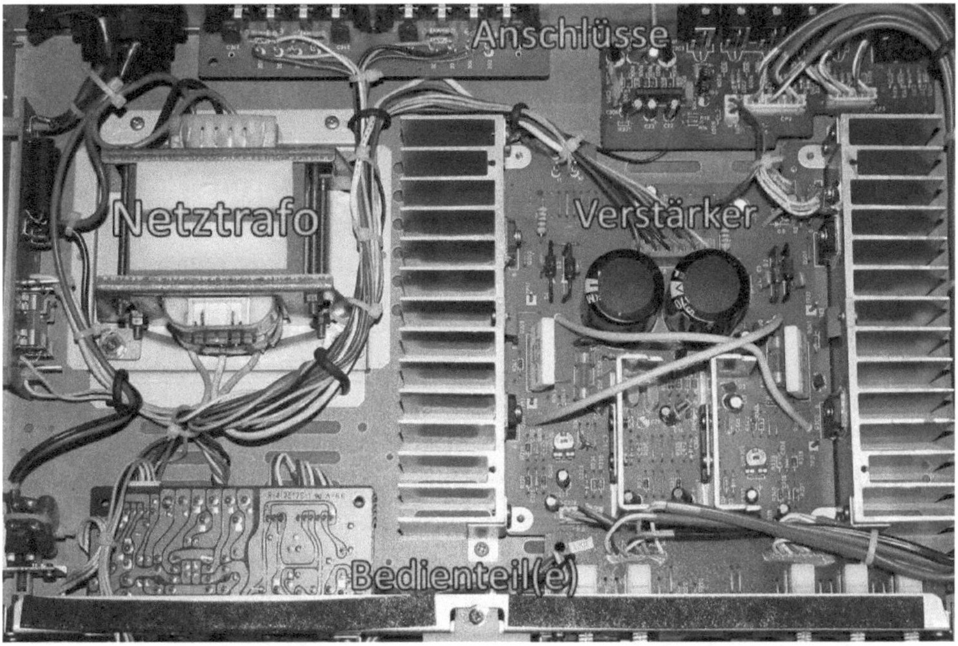

Das Innere des Verstärkers vor der Reparatur

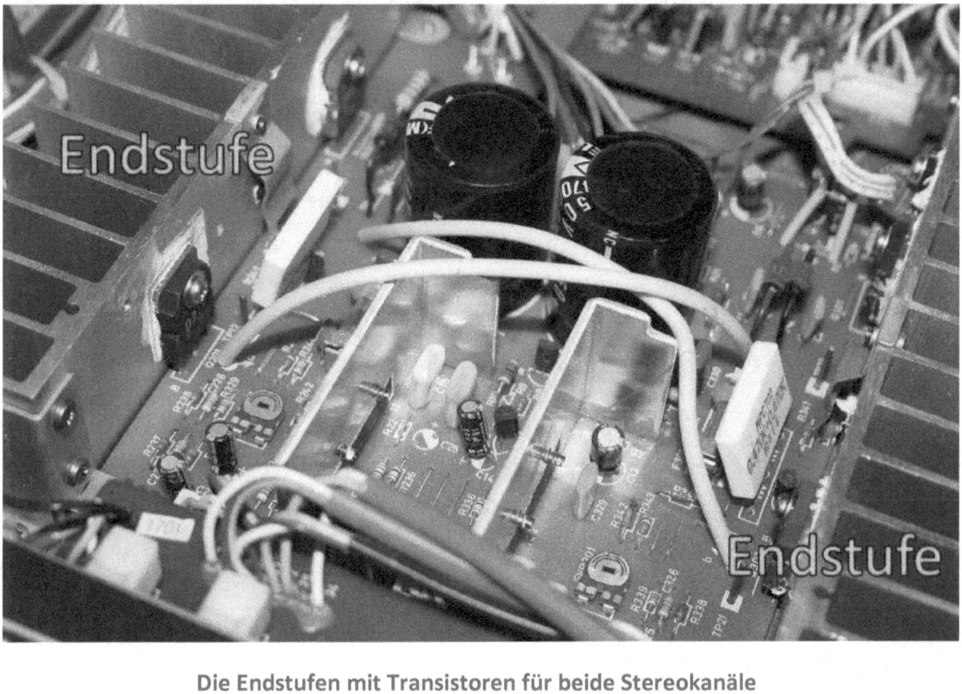

Die Endstufen mit Transistoren für beide Stereokanäle

In der unteren Abbildung sehen Sie die Verstärkerplatine mit den beiden Endstufen, von denen eine nicht mehr funktionierte. Bei genauem Hinsehen erkennt man die beiden Transistoren pro Endstufe, die in einer sogenannten Gegentaktschaltung arbeiten und welche die Audiosignale so weit verstärken, dass diese schließlich die Lautsprecherboxen ansteuern können. Da pro Endstufe jeweils zwei Transistoren zusammenarbeiten, fällt die gesamte Endstufe aus, wenn einer davon nicht mehr in Ordnung ist. Und genau das war hier der Fall.

Genauer gesagt handelte es sich bei dem defekten Bauteil um einen Transistor des Typs 2SD718, ein NPN-Transistor, der glücklicherweise im Fachhandel für elektronische Bauteile noch erhältlich war und somit ohne Probleme ersetzt werden konnte. Der Defekt war nach dem Ausbau des Bauteils mit einem Transistortester (beziehungsweise dem schon vorgestellten Bauteiletester) innerhalb weniger Augenblicke eindeutig festgestellt. Nachdem der Transistor bestellt, geliefert und anschließend in das Gerät eingesetzt worden war, funktionierten beide Kanäle wieder einwandfrei.

Wichtig bei solchen Reparaturen sind folgende Punkte:

- Die Transistoren müssen unbedingt mithilfe geeigneter Wärmeleitpaste am Kühlkörper befestigt werden. Diese weiße Masse wird dünn zwischen Kühlkörper und Transistor aufgetragen und sorgt für eine bessere Wärmeableitung.
- Einige der Transistoren, insbesondere die mit einer metallischen Fläche an der Rückseite, benötigen eine Isolierung, damit keine direkte elektrische Verbindung zwischen dem Bauteil und dem Kühlkörper hergestellt werden kann, was zu einem Kurzschluss führen würde.
- Außerdem wichtig ist die Einstellung des sogenannten Arbeitspunktes, wenn Transistoren in Verstärkern gewechselt werden.

Der Arbeitspunkt eines Transistors bestimmt, wie der Transistor in einem Schaltkreis arbeitet. Er legt fest, welcher Strom im Ruhezustand durch den Transistor fließt. Dies ist wichtig, um sicherzustellen, dass der Transistor richtig funktioniert und nicht überhitzt wird oder die Verstärkerschaltung ineffizient arbeitet und eventuell dabei die Signale verzerrt. Der Arbeitspunkt beeinflusst also, wie gut der Transistor Signale verstärken kann und wie stabil er unter verschiedenen Betriebsbedingungen bleibt.

Jedes elektronische Bauteil hat bestimmte elektrische Eigenschaften, die bei Transistoren und vielen anderen elektronischen Bauteilen anhand einer Kennlinie dargestellt werden. Diese Eigenschaften können sich aufgrund gewisser Bauteiletoleranzen auch bei Bauteilen des gleichen Typs voneinander unterscheiden. Aus diesem Grund muss eine geringfügige Anpassung der Ansteuerung (Basisstrom) des Bauteils vorgenommen werden, um den Arbeitspunkt, also das optimale Verhalten bei der Ansteuerung, an das neue Bauteil anzupassen.

Autoradio mit Fehler in der Spannungsversorgung

Auch Autoradios, egal ob ältere Modelle oder moderne mit großem LCD-Bildschirm in Doppel-DIN-Ausführung, gehen hin und wieder kaputt. Nicht immer sind es hier fehlerhafte Anschlüsse oder falsch verbundene Lautsprecherboxen, die zu Defekten an den Geräten führen. Auch ganz banale Fehler wie defekte Elektrolytkondensatoren können hier auftreten, wie das folgende Beispiel zeigt.

Defekter und ausgebeulter Elko in einem Autoradio

Wie Sie in der Abbildung sehen können, zeigt einer der Elektrolytkondensatoren direkt im Bereich der Anschlüsse eine deutliche Verformung an seiner Oberseite. Ob und wie sich dieser Fehler im Betrieb des Gerätes bemerkbar gemacht hat (wenn überhaupt), kann ich nicht sagen, da ich das Gerät aufgrund eines anderen Fehlers überprüfen wollte. Es spielte keine CDs und DVDs mehr ab, ein ebenfalls nicht selten auftretender Fehler bei solchen Geräten, die über ein entsprechendes Laufwerk verfügen. Der defekte Elektrolytkondensator war eher ein Zufallsfund.

Was den Fehler im CD- beziehungsweise DVD-Laufwerk angeht, wurde dieser nicht behoben, da dieses Gerät hier ohnehin nicht weiter genutzt werden sollte und für später als Ersatzteilträger vorgesehen war.

Ich habe diesen Fall nur als Beispiel für einen deutlich sichtbaren Fehler an einem Elektrolytkondensator aufgeführt. Außerdem wird deutlich, dass auch DVD-Laufwerke Fehler aufweisen können, die meistens auf einen nicht mehr einwandfrei funktionierenden Laser im Laufwerk hindeuten.

In vielen Fällen können solche Geräte wieder repariert werden, etwa durch den Austausch der Lasereinheit, die für viele Modelle aus Fernost bestellt werden können. Die Auswahl des richtigen Bauteils ist allerdings gar nicht so einfach. Lediglich für einige gängige Gerätereihen wie die PlayStation oder DVD-Player bekannter Marken können die Lasereinheiten eindeutig identifiziert und somit passend bestellt werden. Bei diesem Autoradio hier war das allerdings nicht der Fall. Da es sich um ein No-Name-Gerät eines unbekannten Herstellers handelte und mir der Reparaturaufwand zu hoch war, wurde es nicht repariert.

Smartphone mit defektem Touchscreen

Smartphones sind schon eine feine Sache. Mit ihnen lassen sich zahlreiche Dinge einfacher gestalten wie zum Beispiel die Terminverwaltung, das Speichern und Betrachten von Bildern und Videos oder Aktivitäten auf Social Media. Und nebenbei gesagt: telefonieren kann man damit sogar auch. Aber Spaß beiseite.

Aber Smartphones haben auch eine entscheidende Schwachstelle: das Display mitsamt darauf angebrachtem Touchscreen.

Die folgenden Abbildungen zeigen ein solches Gerät. Abgesehen von dem defekten Touchscreen funktionierte es zwar noch, war aber natürlich nicht mehr wirklich nutzbar, da sämtliche Eingaben über eben diesen Touchscreen erfolgen.

Ist in einem solchen Fall eine Reparatur überhaupt möglich oder ist das Gerät ein Fall für die Entsorgung?

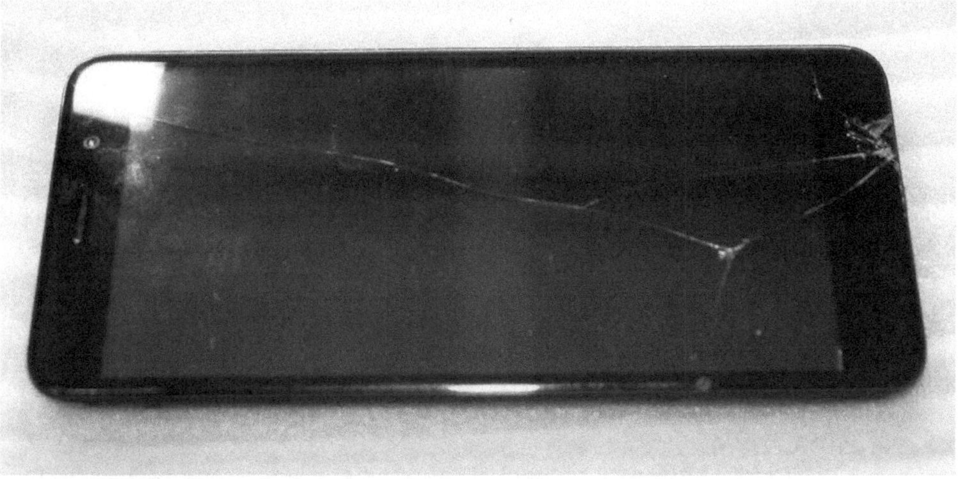

Smartphone mit defektem Touchscreen aber intaktem Display

In vielen Fällen erhalten Sie passende Touchscreens für solche Smartphones auf verschiedenen Shopseiten im Internet, häufig werden sie hier auch als „Digitizer" angeboten. Wichtig bei der Bestellung ist die Angabe des Herstellers und genauen Typs Ihres Smartphones.

Wenn Sie eine solche Reparatur wirklich selbst durchführen wollen und das zum ersten Mal machen, sollten Sie eines der vielerorts angebotenen Reparatursets nutzen, die neben dem Touchscreen auch gleich die geeigneten Werkzeuge zum Öffnen des Gerätes enthalten. Dazu noch ein Set bestehend aus Kleber und Werkzeugen, um das neue Displayglas anbringen zu können.

Der Touchscreen war festgeklebt und musste vorsichtig gelöst werden

Noch ein Tipp zur Auswahl und Bestellung des passenden Touchscreens:

Achten Sie bei der Bestellung unbedingt auf den genauen Gerätetyp. Ich erwähne das an dieser Stelle noch einmal deutlich, da es bei einigen Geräten nicht nur unterschiedliche Typenbezeichnungen gibt, sondern auch bestimmte Ausstattungsmerkmale, durch die sich die Geräte bei gleicher Typenbezeichnung nochmals voneinander unterscheiden. Häufig gibt es dann auch Unterschiede bei den benötigten Ersatzteilen wie bei diesem Touchscreen. Sehen Sie also lieber zweimal genauer hin als einmal zu wenig.

Wenn Sie die Möglichkeit haben, bauen Sie den defekten Touchscreen vor der Bestellung aus. Das hat einen bestimmten Grund:

Bei einigen dieser Geräte ist der Touchscreen direkt mit dem Display verklebt, und zwar ganzflächig, sodass sich dieser kaum vom Display lösen lässt. Ob sich hier eine Reparatur wirklich lohnt und ob Sie diese selber durchführen können, ist sehr fraglich. In einem solchen Fall (und wenn sich das aufgrund eines wertvollen Gerätes wirklich lohnt) sollten Sie besser auf eine komplette Displayeinheit zurückgreifen oder die Reparatur gleich in einem Handyladen durchführen lassen, der solche Dienstleistungen anbietet.

Das Smartphone mit neuem Touchscreen beim Hochfahren

Wenn Sie sich dennoch selbst an die Reparatur wagen, gehen Sie bei allen Schritten sehr vorsichtig vor, damit das empfindliche Display, sofern es noch intakt ist, nicht beschädigt wird. Das passiert leider sehr schnell, da ja der defekte Touchscreen während der Reparatur nicht mehr als Schutz für das Display dient. Außerdem sollten Sie bei solchen Arbeiten sehr sauber vorgehen, da es ärgerlich ist, wenn sich Staub oder andere Rückstände zwischen dem Display und dem Touchscreen absetzen und später sichtbar sind.

Übrigens lassen sich auf die gleiche Weise auch viele Tablets reparieren, die im Prinzip genauso aufgebaut sind, nur etwas größer. Auch für diese Geräte gibt es bei diversen Anbietern (Amazon, AliExpress, eBay und andere) die passenden Touchscreens (Digitizer genannt) als Ersatz zu kaufen. Machen Sie sich allerdings auf eine etwas längere Wartezeit gefasst, da die Lieferung meist direkt aus China erfolgt und diese schon einmal ein paar Wochen dauern kann.

Lüfter im Laptop läuft auf Hochtouren

Kennen Sie die folgende Situation? Sie schalten Ihren Laptop ein, und sofort läuft der Lüfter ständig auf Hochtouren und will gar nicht mehr herunterregeln. Und das, obwohl Sie mit dem Gerät noch gar nicht angefangen haben zu arbeiten, die CPU (Hauptprozessor) also noch gar nicht wirklich viel leisten muss. Woran liegt so etwas?

In vielen Fällen liegt es einfach daran, dass der Lüfter entweder selbst die Geräusche verursacht (aufgrund fehlender Schmierung an den Lagern) oder an einer starken Verschmutzung der feinen Lüftungsschlitze und der Lamellen am Kühlkörper, der vom Lüfter mit frischer Luft versorgt wird.

Die Abbildung unten auf dieser Seite zeigt eine solche Lüftereinheit, bestehend aus einem Wärmeleiter (wird häufig auch als „Heatpipe", zu Deutsch „Wärmerohr" bezeichnet), einem Kühlkörper mit Lüftungsschlitzen und dem eigentlichen Lüfter.

Die Heatpipe ist eine geschlossene Einheit mit einer Flüssigkeit im Inneren und dient dazu, die am Prozessor entstehende Wärme möglichst effizient an einen Kühlkörper weiterzuleiten, der wiederum durch den Lüfter gekühlt wird. Sie sehen dieses längliche Gebilde in der Abbildung, das mithilfe eines kupfernen Blechs auf dem Hauptprozessor des Laptops (in der Abbildung rechts zu sehen) befestigt wurde und dadurch CPU und Kühlkörper miteinander verbindet. Ebenfalls zu sehen sind die starken Staubrückstände, die sich im Laufe der Zeit sowohl zwischen den Lamellen des Kühlkörpers als auch am Lüfter angesammelt haben.

Doch wie kommen solche starken Verschmutzungen überhaupt zustande?

Mit Schmutz und Staub verstopfter Lüfter und Kühlkörper eines Laptops

Leider gelangen zusammen mit der frischen Luft auch andere Dinge ins Innere des Gerätes wie etwa Staub und Schmutz. Wird das Gerät in einem Raucherhaushalt betrieben, kommen noch Nikotin und andere Stoffe hinzu, die durch die Verbrennung von Tabak entstehen und sich hier absetzen.

Wichtig ist es in einem solchen Fall, das Gerät zunächst so zu zerlegen, dass man es später wieder ohne Probleme zusammenbekommt und die betroffenen Bereiche freilegt, so wie es in der Abbildung zu sehen ist. Anschließend können die von starkem Schmutz und Staub befallenen Stellen mit einem Pinsel und einem Staubsauger vorsichtig gereinigt werden. In vielen Fällen hilft es auch, vorsichtig und mit etwas Druckluft die feinen Schlitze im Kühlkörper zu säubern. Wenn Sie hier mit Druckluft arbeiten wollen, sollten Sie allerdings sehr vorsichtig vorgehen, um keine empfindlichen Teile der Elektronik auf dem Mainboard durch den hohen Luftdruck zu beschädigen. Blockieren Sie dabei auch die Lüfter.

Auch solche Maßnahmen helfen, die Lebensdauer eines Gerätes deutlich zu verlängern. Denn durch die nicht mehr funktionierende Kühlung und den dadurch entstehenden Wärmestau leiden neben der überhitzten CPU noch etliche andere Bauteile im Inneren des Gerätes unter der starken Wärmeentwicklung und können dadurch vorzeitig einen Defekt aufweisen. Dazu gehören etwa Elektrolytkondensatoren, die vorzeitig austrocknen und andere Bauteile, denen die Hitze auf Dauer ebenfalls nicht gut bekommt. Es ist also eine wichtige Maßnahme, die auch zum Werterhalt und einer längeren Lebensdauer Ihres Computers oder Laptops beiträgt.

Kapitel 24: Was reparieren und was besser nicht?

Im Prinzip sollten ja alle Geräte zu reparieren sein, oder nicht? Die Antwort:

Solange die passenden Ersatzteile erhältlich sind, die Kosten dafür sich in einem erträglichen Rahmen halten und die Reparatur mit gängigen Mitteln realisierbar ist, stimmt das schon. Dann können Sie fast jedes elektronische Gerät instand setzen und zumindest noch eine Weile (oft sogar viele Jahre) weiterhin verwenden.

Aber es gibt ein paar Dinge, die Sie beachten sollten. Und dazu gehört, dass es bei einigen Geräten Bedenken gibt, was die Reparatur außerhalb eines Fachbetriebes angeht. Und genau darum geht es in diesem Abschnitt. Hier erfahren Sie, welche Reparaturen für Einsteiger geeignet sind und welche eher nicht und warum Sie nicht gleich zu Beginn alle denkbaren Reparaturen selbst durchführen sollten. Dabei geht es zum größten Teil um die Sicherheit, sowohl Ihrer als auch die Ihrer Geräte.

Was ist wichtig für den Anfang?

Wenn Sie sich für die Reparatur von elektronischen Geräten interessieren und weiteres Grundwissen benötigen, helfen Ihnen zahlreiche Fachbücher weiter, welche die dafür benötigten Grundlagen vermitteln. Einige davon finden Sie im Anhang. In solchen Büchern finden Sie nicht nur die Grundlagen des elektrischen Stromkreises und wichtige Grundschaltungen mit elektronischen Bauteilen wie Transistoren und anderen, sondern auch Formeln zur Berechnung verschiedener Schaltungen und vieles mehr, was für die Elektronikpraxis wichtig ist.

Sicherheit ist, wie schon gesagt, ein wichtiger Punkt, auf den ich hier nochmals eingehen möchte. Dass es bei der Reparatur elektrischer Geräte gefährlich werden kann, dürfte Ihnen klar sein, schließlich sind die Gefahren des elektrischen Stroms nicht neu und auch hier wurde schon mehrmals darauf hingewiesen.

Mit einfachen Reparaturen anfangen

Nehmen Sie sich zunächst einfachere Reparaturen vor (sofern Sie das vorher beurteilen können). Versuchen Sie sich nicht gleich an einem defekten Fernseher, der nicht unbedingt als erstes Reparaturobjekt geeignet ist. Vielleicht beginnen Sie zunächst mit einem defekten MP3-Player, einem Radiorekorder oder einem anderen Gerät, anhand dessen Aufbaus und Funktionsweise Sie sich einen ersten Überblick verschaffen können.

Und wenn Sie gerade am Anfang Hilfe bekommen können, umso besser. Diese kann von jemandem kommen, der Erfahrung mit dieser Materie hat oder kann auch bei einem Besuch in einem Reparaturcafé erworben werden, in dem interessierte Menschen, die ihre Geräte länger und nachhaltiger nutzen möchten, gerade am Anfang wertvolle Hilfe finden können. Mittlerweile gibt es diese Reparaturcafés in sehr vielen Orten. Dieses Buch kann Ihnen zwar Tipps und Infos mit auf den Weg geben, aber gerade bei Ihren ersten Gehversuchen bei der Reparatur hilft Ihnen die Praxis besonders, wenn nötig, mit fachlicher Hilfe.

Also fangen Sie am besten klein an und behalten Sie dabei auch stets Ihre eigene Sicherheit im Auge. Und damit wäre ich auch schon beim nächsten wichtigen Thema: der Sicherheit.

Viele, vor allem ältere Geräte, weisen nicht die heute gängigen Sicherheitsstandards auf. Dazu gehören zum Beispiel Röhrenradios oder andere Geräte aus der ersten Hälfte oder der Mitte des 20. Jahrhunderts, die beliebte Sammler- und Reparaturobjekte sind.

Und das sind sie auf gutem Grund. Das Design ist noch etwas ganz anderes als das, was man heute von den ganzen Kunststoffkästen kennt. Auch der Klang der großen Röhrenradios und Musiktruhen ist ein ganz besonderer.

Aber was die Sicherheitsstandards angeht, bewegte man sich in den 1950er Jahren oder davor noch in anderen Bereichen als heute. Da wäre zum Beispiel das Thema Netztrennung und die damit verbundenen Sicherheitsrisiken. Bei vielen der damals gängigen Röhrenradios oder Fernsehgeräten standen die metallenen Chassis im Inneren der Geräte je nach Polung des Netzsteckers unter Spannung. Eine einzige Berührung damit kann tödlich sein, wenn das Gerät ohne Trenntransformator betrieben wird.

Das heißt, dass eine der beiden Leitungen des Netzsteckers direkt mit dem Chassis verbunden ist. Und je nach Stellung des Netzsteckers kann dies entweder der

Neutralleiter (früher Nullleiter) oder auch die spannungsführende Leitung (Außenleiter, oft auch Phase genannt) sein.

Außerdem möchte ich an dieser Stelle noch darauf hinweisen, dass gerade bei Röhrengeräten an vielen Stellen der Schaltung sehr hohe Spannungen von bis zu mehreren hundert Volt anliegen. Auch wenn das oft Gleichspannungen sind, stellen sie eine nicht zu unterschätzende Gefahr dar. Das gilt nicht nur für Stromschläge, die tödlich sein können, sondern auch bei Kurzschlüssen durch metallene Werkzeuge oder ähnliches und damit verbundene Schäden an elektronischen Bauteilen.

Natürlich sind auch moderne netzbetriebene Geräte nur mit Vorsicht zu reparieren, außerdem sollten Sie immer im Hinterkopf behalten, dass einige Bauteile auch nach dem Herausziehen des Netzsteckers noch hohe Spannungen führen können, zum Beispiel Elektrolytkondensatoren in Netzteilen. Gefährliche Netzspannung gibt es bei Geräten mit Schaltnetzteilen, die keine galvanische Trennung auf der Primärseite aufweisen und natürlich bei allen anderen Netzteilen oder Geräten, die direkt mit der Netzspannung betrieben werden. Bei Unsicherheit suchen Sie sich unbedingt kompetente Hilfe.

Nachfolgend möchte ich Ihnen noch einige Beispiele aufzeigen, die Reparaturen betreffen, welche für Reparatureinsteiger nicht unbedingt einen idealen Start in das neue Hobby darstellen oder Geräte, die besser gar nicht repariert werden, sondern gleich ersetzt werden sollten.

Beispiel Steckdosenleiste mit fehlerhaftem Schalter

Dieses Fehlerbild taucht häufiger bei preisgünstigen Steckdosenleisten mit Ein-/Aus-Schalter auf:

Die Steckdosenleiste lässt sich nicht mehr richtig einschalten. Trotz Schalterbetätigung liefert sie an den Ausgängen keinen Strom. Ursache für dieses Fehlerbild ist meistens der hier eingesetzte Schalter (oft mit Kontrollleuchte). Haben Sie eine solche defekte Steckdosenleiste, sollten Sie sich erst gar nicht an einer Reparatur versuchen. Und das aus mehreren Gründen:

Die Reparatur lohnt sich kaum, da neue Steckdosenleisten nicht die Welt kosten. Außerdem lassen sie sich oft nur schwer öffnen, da sie Schrauben mit wenig gängigen Schraubenkopfprofilen enthalten und ein Öffnen ohne Spezialwerkzeug kaum möglich ist, ohne das Gehäuse dabei zu beschädigen. Denken Sie auch an die Sicherheit beim Betrieb einer solchen Steckdose und daran, dass diese nicht durch einen zu hohen Leistungsbedarf an den Ausgängen überlastet werden darf.

Beispiel eines Importgerätes aus China

Das folgende Gerät ist ein gutes Beispiel für unterschiedliche Vorstellungen von Sicherheitsstandards bei elektronischen Geräten, die an der Netzspannung betrieben werden.

Ich erwähne ein solches Beispiel, da ich vor nicht langer Zeit eine Reparatur an einem solchen Gerät vornehmen sollte. Es handelte sich um ein Ladegerät für ein Funkgerät aus chinesischer Fertigung. Ich möchte nichts gegen solche Geräte im Allgemeinen sagen, aber dieses Beispiel hier ist durchaus erwähnenswert.

Sehen Sie sich die Abbildungen auf der folgenden Seite an. Diese zeigen das Innenleben des Ladegerätes.

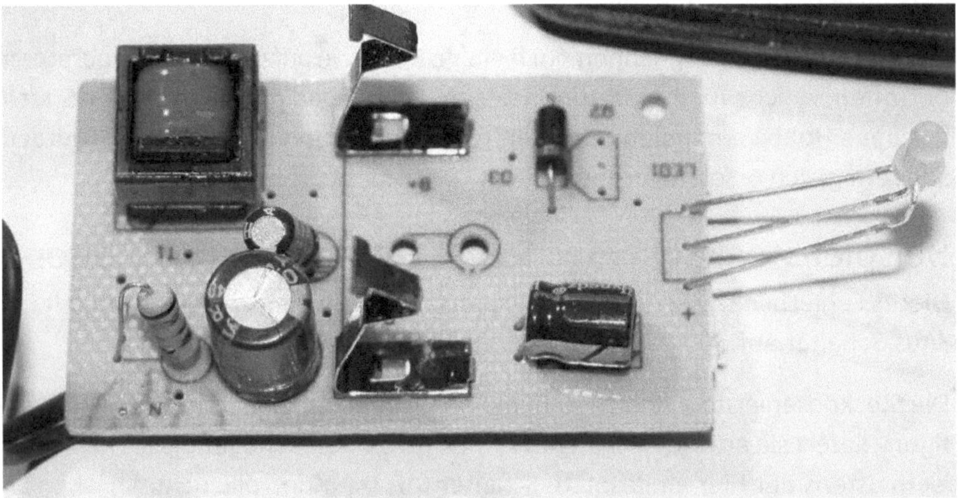

Das Innenleben eines Billig-Ladegerätes aus Fernost

Die Abbildung zeigt die Platine für das Ladegerät, die ein simpel aufgebautes Schaltnetzteil sowie eine einfache Ladeschaltung für Lithium-Ionen-Akkus auf der Sekundärseite enthält. Auf der Bestückungsseite sind kaum Bauteile zu sehen. Einiges ist in SMD-Technik aufgebaut. Das wird auf der Lötseite deutlich, die in der folgenden Abbildung zu sehen ist.

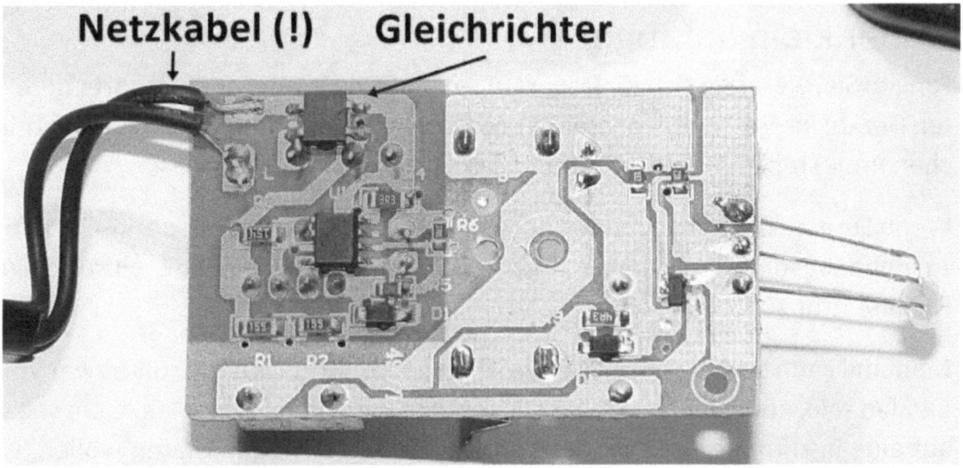

Die Rückseite der Netzteilplatine mit fragwürdigem Netzkabelanschluss

Der linke Bereich ist die Primärseite des Schaltnetzteils, also alles, was vor dem Übertrager beziehungsweise Wandlertrafo liegt. Der Anschluss und die Qualität des Netzkabels sprechen bereits Bände.

Das hier verwendete Kabel erinnert an dünne Lautsprecherkabel, auch wenn es eine zweite Isolierung besitzt. Auf der Platine befindet sich auch kein Optokoppler. Das Steuer-IC in diesem Netzteil erhält also auch keinerlei aktuelle Spannungswerte. Ob Sie solche Technik reparieren oder (unbeaufsichtigt) in Betrieb nehmen wollen oder sollten, lasse ich mal dahingestellt sein. Ich persönlich nehme davon Abstand.

Beispiel Elektroherd

Bei einigen Geräten würde ich unbedingt von einer eigenständigen Reparatur abraten, und das aus gutem Grund. Dazu gehören bestimmte Haushaltsgeräte, etwa Elektroherde, deren Reparatur Sie besser Fachbetrieben überlassen sollten.

In einem konkreten Fall ging es um die Reparatur eines solchen Elektroherdes, der über eine Herdanschlussdose mit dem Stromnetz verbunden ist. Diese Technik ist zwar an sich keine Hexerei, aber alleine aus Sicherheitsgründen und aus versicherungstechnischen Gründen würde ich davon dringend abraten, solche Reparaturen selbst durchzuführen.

Lieber klein anfangen?

Fangen Sie, wenn Sie sich für Reparaturen und eine Weiternutzung Ihrer defekten Geräte interessieren, besser mit relativ einfachen und vor allem ungefährlichen Projekten an.

Wenn Sie dafür weiterführende Informationen benötigen, etwa spezifische Infos zu einem bestimmten Gerät und/oder Fehler, können Sie auf die einschlägige Fachliteratur zurückgreifen.

Niemand kann schließlich alles wissen. Einiges an Grundwissen sollte zwar vorhanden sein, aber wenn es etwas spezifischer wird oder Sie sich vielleicht sogar auf eine bestimmte Art von elektronischen Geräten spezialisieren wollen, ist zusätzliche Literatur aus dem von Ihnen bevorzugten Bereich empfehlenswert.

Einige Elektronikeinsteiger interessieren sich besonders für Hi-Fi-Technik, andere für Geräte aus vergangenen Zeiten, wieder andere für PCs, Laptops, Tablets und alles rund um die Computertechnik.

Mit dem notwendigen Hintergrundwissen lässt sich sehr vieles reparieren, das im Normalfall auf dem Werkstoffhof oder im Elektromüll landet. Und darum geht es ja hier.

Außerdem sind es nicht immer gleich die großen und teuren Defekte, die Geräte außer Betrieb setzen. Oft sind es Kleinigkeiten, die aber ebenso behoben werden müssen, damit es wieder rundläuft.

Kapitel 25: Welche Bauteile brauche ich am Anfang?

Als ich zu Beginn des Buches darüber geschrieben habe, was für den Anfang benötigt wird, ging es um die Werkzeuge und um die Ausstattung der Heimwerkstatt. Hier können Sie natürlich erst klein oder so groß beginnen, wie Sie wollen.

Gleiches gilt prinzipiell auch für die Bauteile, die Sie für den Anfang bereitlegen wollen. Hier eine allgemeine Aufstellung zu machen, ist natürlich sehr schwer.

Schließlich hängt es auch davon ab, auf welche Art von Geräten Sie sich möglicherweise spezialisieren wollen, sollte dies überhaupt der Fall sein.

Aber eine gewisse Basisausstattung an Bauteilen wie Widerstände, Kondensatoren oder verschiedene Transistoren bereitliegen zu haben, kann schließlich nicht schaden. Deshalb folgen hier nun einige Tipps, die sich in meiner Praxis zum Thema Bauteilsortiment bewährt haben. Denn schließlich ist es sehr ärgerlich, wenn Sie ein Gerät reparieren möchten, aber noch nicht einmal die gängigsten Bauteile bereitstehen und jede Kleinigkeit erst bestellt werden muss.

Widerstände

Widerstände werden in so gut wie jedem elektronischen Gerät verwendet. Dementsprechend ist es sinnvoll, ein gewisses Sortiment dazu vorrätig zu haben.

Es gibt hier die sogenannten E-Reihen, in denen Widerstände mit verschiedenen Werten enthalten sind. Die Tabelle auf der folgenden Seite zeigt die Widerstandswerte aus der Reihe E12.

Widerstandsreihe E12

1 Ohm	10 Ohm	100 Ohm	1 k Ohm	10 k Ohm	100 k Ohm	1 M Ohm	10 M Ohm
1.2 Ohm	12 Ohm	120 Ohm	1.2 k Ohm	12 k Ohm	120 k Ohm	1.2 M Ohm	12 M Ohm
1.5 Ohm	15 Ohm	150 Ohm	1.5 k Ohm	15 k Ohm	150 k Ohm	1.5 M Ohm	15 M Ohm
1.8 Ohm	18 Ohm	180 Ohm	1.8 k Ohm	18 k Ohm	180 k Ohm	1.8 M Ohm	18 M Ohm
2.2 Ohm	22 Ohm	220 Ohm	2.2 k Ohm	22 k Ohm	220 k Ohm	2.2 M Ohm	22 M Ohm
2.7 Ohm	27 Ohm	270 Ohm	2.7 k Ohm	27 k Ohm	270 k Ohm	2.7 M Ohm	27 M Ohm
3.3 Ohm	33 Ohm	330 Ohm	3.3 k Ohm	33 k Ohm	330 k Ohm	3.3 M Ohm	33 M Ohm
3.9 Ohm	39 Ohm	390 Ohm	3.9 k Ohm	39 k Ohm	390 k Ohm	3.9 M Ohm	39 M Ohm
4.7 Ohm	47 Ohm	470 Ohm	4.7 k Ohm	47 k Ohm	470 k Ohm	4.7 M Ohm	47 M Ohm
5.6 Ohm	56 Ohm	560 Ohm	5.6 k Ohm	56 k Ohm	560 k Ohm	5.6 M Ohm	56 M Ohm
6.8 Ohm	68 Ohm	680 Ohm	6.8 k Ohm	68 k Ohm	680 k Ohm	6.8 M Ohm	68 M Ohm
8.2 Ohm	82 Ohm	820 Ohm	8.2 k Ohm	82 k Ohm	820 k Ohm	8.2 M Ohm	82 M Ohm

Die Werte der Widerstandsreihe E12 in einer Übersicht

Und solche Sortimente mit Widerständen mit einer Leistung von ¼ Watt gibt es bereits sehr preisgünstig im Fachhandel oder im Internet zu kaufen. Eine größere Auswahl verschiedener Widerstandswerte bieten Sortimente der Reihe E 24. Für welches Sie sich entscheiden, bleibt natürlich Ihnen selbst überlassen.

Kondensatoren und Elektrolytkondensatoren

Auch diese Bauteile finden Sie in fast jedem Gerät mit einer elektronischen Schaltung. Auch hier gibt es verschiedene E-Reihen mit unterschiedlichen Kapazitätswerten. Diese E-Reihen bezeichnen übrigens die Grundwerte, die sich dann bei den verschiedenen Multiplikatoren wiederholen. Sie können das anhand der gezeigten Tabelle für die Widerstände sehr schnell nachvollziehen.

Diese Zahlenreihen gelten auch für Kapazitätswerte, ähnlich wie bei Widerstandswerten. Haben Sie einen Widerstandswert von 470 Ohm, so finden Sie auch 47 Ohm, 47 Kiloohm und so weiter. Genauso funktioniert das auch bei den Kondensatoren sowie Elektrolytkondensatoren und den Kapazitätswerten, hier natürlich mit den Angaben in Pikofarad (pF), Nanofarad (nF) oder Mikrofarad (µF).

Die Zahl hinter dem Buchstaben E bezeichnet dabei nur die Anzahl der unterschiedlichen Zahlenwerte, die in dieser Reihe verwendet werden. Die Reihe E12 hat demzufolge 12 Werte, die Reihe E24 24 verschiedene Werte und so weiter.

Auch die Sortimente mit Kondensatoren (je nach den benötigten Typen zum Beispiel Keramikkondensatoren oder Folienkondensatoren) gibt es bereits zu günstigen Preisen im Fachhandel zu kaufen. Gleiches gilt auch für die Elektrolytkondensatoren. Auch diese verwenden Kapazitätswerte der eben genannten E-Reihen.

Dioden und Z-Dioden

Dioden gibt es für unterschiedliche Spannungs- und Stromwerte. Bei diesen Bauteilen stehen zahlreiche Sorten und Ausführungen zu Verfügung. Es macht keinen Sinn, sich alle zuzulegen. Aber ein paar gängige Diodentypen sollten schon vorrätig sein, zum Beispiel die folgenden:

- 1N4148 (100V/150mA)
- 1N4001 (50V/1A)
- 1N4007 (höhere Spannungsfestigkeit von bis zu 1000V)

Ob es Sinn macht, auch Z-Dioden zu bevorraten, ist fraglich. Möglicherweise benötigen Sie einmal welche für Stabilisierungsschaltungen in Netzteilen oder Ähnliches. Gängige Werte sind hier 5,1 V, 12 V und noch ein paar andere, soweit man hier überhaupt von einer Häufigkeit sprechen kann. Wenn Sie wollen, legen Sie sich ruhig ein kleines Sortiment zu, in dem Sie verschiedene Werte zwischen 2,7 und 33 Volt finden. Damit sind Sie schon einmal für viele Eventualitäten mit den benötigten Spannungswerten gerüstet.

Transistoren

Auch Transistoren gibt es in vielen verschiedenen Ausführungen und mit den unterschiedlichsten Typenbezeichnungen. Außerdem gibt es Transistoren für kleine, mittlere oder hohe Ströme. Bei Letzteren handelt es sich um Leistungstransistoren. Außerdem gibt es spezielle Hochvolt- und Schalttransistoren für verschiedene Einsatzbereiche. Am sinnvollsten ist es, wenn Sie die jeweils benötigten Transistoren nur bei Bedarf kaufen, da es schwierig ist, hier universell nutzbare Typen zu benennen, die als Ersatz verwendet werden können.

Für das Elektronikbasteln eignen sich sehr gut universelle Typen wie BC548 (NPN) oder BC558 (PNP). Für höhere Leistungen sind das Transistortypen wie BD139 (NPN) oder BD140 (PNP) sowie 2N3055 (NPN).

Welche Transistortypen Sie sonst noch benötigen (auch MOSFETs oder andere Typen), hängt von Ihrem Schwerpunkt bei den Reparaturvorhaben ab. Meistens stellt sich das auch erst später heraus, und die Erfahrung zeigt, welche Werte Sie am häufigsten benötigen werden.

Spannungsregler

Einige der gängigsten integrierten Spannungsregler sollten Sie ruhig vorrätig haben, am besten für positive oder negative Ausgangsspannungen. Dazu zählen folgende: 7805, 7806, 7808, 7809, 7812, 7815, 7818 sowie die jeweiligen Ausführungen mit negativen Ausgangsspannungen (79XX). Auch einige variable Spannungsregler wie LM317 sollten Sie in Ihren Bauteilevorrat aufnehmen.

Weitere Bauteile

Natürlich gibt es noch andere Bauteile, die immer wieder benötigt werden. Die Praxis wird zeigen, welche das in Ihrem Fall sein werden. Aber einige weitere Bauteile möchte ich hier nicht unerwähnt lassen:

- Leuchtdioden in verschiedenen Größen (3 und 5 Millimeter) und Farben, am besten als Sortiment
- Sicherungen (5 x 20 Millimeter) mit verschiedenen Werten (am besten ein Sortiment mit 0,2 A, 0,5 A, 1 A, 2 A, 3 A, 5 A, 6 A, 8 A, 10 A), gibt es für wenig Geld in Sets mit 100 Stück oder mehr
- IC-Sockel in verschiedenen Ausführungen (zum Beispiel 8-, 16- und 18-polig, gut verwendbar beim Austausch von integrierten Schaltungen)
- Steckverbindungen unterschiedlicher Art (Bananenstecker, Cinchstecker und Buchsen, Klinkenstecker)

Setzen Sie diese Liste gerne selbst fort und legen Sie sich die Bauteile zu, die Sie vermutlich später benötigen werden. Vollständig ist eine Bauteilesammlung sowieso nie (zumindest nach meiner Erfahrung).

Fangen Sie am besten mit einem kleinen, aber gut sortierten Vorrat an. Sie werden sehr schnell feststellen, was Ihnen an Bauteilen noch fehlt und (nach-) gekauft werden muss. Verstehen Sie die in der (unvollständigen) Liste genannten Bauteile nur als Vorschlag zu Beginn Ihrer erfolgreichen Karriere als Hobbyelektroniker.

Kapitel 26: Hat Elektronik eine begrenzte Lebensdauer?

Ob man bei elektronischen Komponenten von einem Verschleiß sprechen kann, sei einmal dahingestellt. Ich würde es eher als Alterungserscheinung bezeichnen, wenn ein Bauteil aufgrund eines gewissen Alters nicht mehr oder nicht mehr richtig funktioniert.

Viele Materialien, aus denen elektronische Bauteile gefertigt werden, unterliegen einer gewissen Alterung.

Natürlich tragen auch äußere Einflüsse dazu bei, ob diese Alterung früher oder später Folgeerscheinungen zeigt. Denken Sie an die gute alte Glühlampe, deren Glühfaden nicht ewig halten kann. Eine Glühlampe brennt durch, weil der Glühfaden im Inneren mit der Zeit durch den Betrieb immer dünner wird und schließlich reißt.

Aber auch die Materialien in elektronischen Bauteilen verändern ihre Eigenschaften im Lauf der Jahre und Jahrzehnte. Kondensatoren sind gute Beispiele dafür, wie Materialveränderungen im Laufe der Zeit für Ausfälle bei diesen Bauteilen sorgen. Mit den Elektrolytkondensatoren ist es nicht anders. Sie haben bereits Beispiele dazu in diesem Buch gesehen.

Veränderungen der elektrischen Eigenschaften durch äußere Einflüsse wie starke Temperaturschwankungen oder Hitze sind ebenfalls möglich. Sogar die als lange haltbar geltenden Leuchtdioden sind im Prinzip Verschleißteile mit begrenzter Lebensdauer, die nach und nach an Helligkeit verlieren.

Ein typisches Beispiel dafür:

Werden Leuchtdioden ständig an ihrer Leistungsgrenze betrieben (wie im bereits genannten Beispiel mit der defekten LED-Hintergrundbeleuchtung in einem Fernsehgerät) kann dies ihre Lebensdauer sogar massiv beeinträchtigen.

Auch die äußeren Bedingungen, unter denen ein elektronisches Gerät betrieben wird, können sich massiv auf dessen Lebensdauer auswirken. Das gilt besonders dann, wenn Staub und Schmutz, extreme Temperaturen oder Feuchtigkeit auf die Materialien im Gerät und auf die Bauteile einwirken. Ebenso beeinträchtigt ein Betrieb unter rauen Betriebsbedingungen (zum Beispiel in Fahrzeugen, die starken Erschütterungen ausgesetzt sind) die Lebensdauer von elektronischen Komponenten. Anschlüsse können abreißen, Lötstellen können sich lösen und zu Wackelkontakten führen.

Einen direkten Verschleiß kann man es also kaum nennen. Aber die Alterung der Werkstoffe, die äußeren Einflüsse auf diese und natürlich die Umgebungsbedingungen, unter denen elektronische Geräte eingesetzt werden, machen zum Teil erhebliche Unterschiede aus, wenn es ums Thema Haltbarkeit geht.

Und dann gibt es ja noch die Geräte, die neben der Elektronik eine mehr oder weniger komplizierte und für Fehler anfällige Mechanik enthalten. Hier gibt es immer einen gewissen Verschleiß und darüber hinaus auch Materialermüdung, etwa bei Gummiteilen wie Antriebsriemen oder Reibrädern. Auch hierzu haben Sie schon ein paar Beispiele in diesem Buch gesehen.

Natürlich gibt es immer Ausnahmen. Viele elektronische Geräte funktionieren bereits über viele Jahrzehnte ohne jegliche Fehler. Oft kommen bei einem Defekt mehrere ungünstige Umstände zusammen. Wenn dann noch die Qualität oder Dimensionierung der im Gerät verbauten Elektronik nicht die allerbeste ist, beeinträchtigt das natürlich auch die Lebensdauer und Fehleranfälligkeit.

Kapitel 27: Nachhaltigkeit und geplante Obsoleszenz

Die Haltbarkeit von elektronischen Geräten, die Reparaturmöglichkeiten und das kontroverse Thema der geplanten Obsoleszenz sind Dinge, die uns alle betreffen. Das gilt besonders in einer Zeit, in der die Technologie in einem sehr großen Teil unseres täglichen Lebens eine wichtige Rolle spielt.

Viele Menschen sind der Meinung, dass gerade elektronische Geräte früher in einer wesentlich besseren Qualität hergestellt wurden und auch länger hielten. Viele schwärmen noch von ihrem ersten Fernsehgerät oder ihrem Tonbandgerät, das sie viele Jahre besessen hatten und das ihnen über mehrere Jahrzehnte treue Dienste leistete. Einige von diesen Geräten existieren sogar heute noch und bereiten ihren Besitzern viel Freude.

Tatsächlich ist dieses Thema sehr komplex. Wenn behauptet wird, dass die Geräte früher hochwertiger und langlebiger waren, ist da durchaus etwas dran. Aber das hat auch seine Gründe:

In früheren Zeiten waren elektronische Geräte wie der Fernseher oder die Stereoanlage (zuvor noch das Röhrenradio oder die Musiktruhe) ganz besondere Anschaffungen, die eines oder mehrere durchschnittliche Monatsgehälter kosteten. Heute bekommt man einfache Stereoanlagen für weniger als 100 Euro, Fernsehgeräte bereits für wenige 100 Euro, wenn man keine allzu großen Ansprüche stellt.

Bereits an diesen Preisen wird deutlich, dass solche Geräte nicht mehr in der Qualität hergestellt werden können, wie das früher der Fall war.

Außerdem kommen sie häufig aus Ländern, in denen ganz andere Produktionsbedingungen als früher bestehen, unter denen die Geräte mit deutlich niedrigeren Kosten hergestellt werden können, als das früher der Fall war.

Daraus resultiert auch das Thema Reparaturen. Wer will sich heute noch mehrere Stunden mit der Instandsetzung eines Fernsehgerätes aufhalten, das vielleicht noch einen Restwert von 100 oder 150 Euro hat?

Und vor allem: Wer ist heute noch bereit, die dabei anfallenden Lohnkosten zu bezahlen?

Haltbarkeit von Elektronik

Es scheint daran kein Zweifel zu bestehen: Elektronische Geräte wie Smartphones, Laptops und Haushaltsgeräte haben eine begrenzte Lebensdauer, die oft kürzer ist, als wir es uns wünschen. Die Lebensdauer dieser Geräte wird von verschiedenen Faktoren beeinflusst:

- der Qualität der verwendeten Materialien
- der Intensität der Nutzung
- der Pflege durch den Benutzer
- der Funktion bei Softwareerneuerungen
- der daraus resultierenden Hardwareanforderungen

Zu den letzten beiden Punkten ein Beispiel:

Wenn ein Smartphone oder Tablet in Zukunft keine Softwareupdates mehr erhält, kann es nach einer gewissen Zeit möglicherweise nicht mehr mit neueren Apps, Funktionen oder Sicherheitsstandards Schritt halten. Auch wenn das Gerät selbst technisch noch einwandfrei funktioniert, kann es aufgrund veralteter Software zu Kompatibilitätsproblemen kommen. Neue Softwareversionen erfordern meist leistungsfähigere Hardware. Das führt dazu, dass ältere Geräte irgendwann nicht mehr unterstützt werden und deshalb ausgedient haben. Das heißt, das Gerät wird zwar nicht sofort unbrauchbar, aber mit der Zeit wird es weniger funktional.

Moderne Geräte sind nicht nur hochkomplex und miniaturisiert, was ihre Reparatur erschwert und dadurch einer Langlebigkeit entgegensteht. Vieles hängt auch von der Art der Benutzung und deren Intensität ab. Da wäre zum Beispiel das Thema defekte Displays, das nicht nur Fernsehgeräte betrifft, sondern auch tragbare Geräte wie Smartphones, Tablets oder Notebooks. Schon hier kann ein Fehler dazu führen, das Gerät komplett ersetzen zu müssen, weil sich eine Reparatur nicht lohnt.

Und: Wer tauscht heute noch ein TV-Display aus und vor allem: Woher bekommt man ein passendes Ersatzteil zu moderaten Preisen?

Und da wären wir schon beim folgenden Thema.

Die Reparaturmöglichkeiten

Die Reparaturmöglichkeiten von elektronischen Geräten sind ein weiteres wichtiges Thema. Leider ist es oft so, dass die Hersteller der Geräte den Zugang zu Ersatzteilen und Reparaturanleitungen stark einschränken. Leider führt auch dieser Umstand dazu, dass die Besitzer der Geräte immer häufiger gezwungen werden, ihre defekten Geräte durch neue zu ersetzen, anstatt sie zu reparieren (oder reparieren zu lassen).

Glücklicherweise gibt es einen wachsenden Trend zur Förderung des sogenannten „Right to Repair“ (Recht auf Reparatur). Diese Bewegung setzt sich dafür ein, dass die Hersteller verpflichtet werden, Ersatzteile und Reparaturanleitungen über eine bestimmte Zeit bereitzustellen, sodass defekte Geräte repariert und dadurch länger genutzt werden können. So gibt es seit dem Frühjahr 2024 in der Europäischen Union ein neues Recht auf Reparatur, mit dem Abfälle reduziert werden sollen und welches die Reparaturbranche wieder stärken soll.

Dieses Recht auf Reparatur wurde vom Europäischen Parlament in einer Pressemitteilung bekannt gegeben. Es geht unter anderem um folgende Punkte:

- Die Hersteller müssen auch nach der gesetzlichen Gewährleistungszeit zu angemessenen Preisen Reparaturen für ihre Geräte anbieten, und das innerhalb festgelegter Zeiträume.
- Außerdem müssen Verbraucher Zugang zu geeigneten Ersatzteilen, Werkzeugen sowie Informationen zu Reparaturen erhalten.
- Es gibt sogar Reparaturanreize wie Fördergelder für Reparaturen oder Gutscheine.
- Außerdem unterstützen verschiedene Onlineplattformen die Nutzer bei der Suche nach geeigneten Reparaturbetrieben vor Ort oder Verkäufern von generalüberholten Geräten.

Alle diese Vorschriften sollen in der EU den Reparaturmarkt stärken und zur Senkung der Reparaturkosten führen. Das ist bereits ein guter Ansatz, um Geräte länger im Verkehr zu halten und der Massenentsorgung durchaus noch reparabler Geräte entgegenzuwirken. Die Folgen dieses Massenkonsums und der

Entsorgung zahlreicher ausgedienter elektronischer Geräte in Entwicklungsländer sind ja hinreichend bekannt.

Geplante Obsoleszenz

Ein besonders kontroverses Thema ist die geplante Obsoleszenz. Darunter versteht man die bewusste Verkürzung der Lebensdauer von Produkten durch die Hersteller, um den Umsatz durch den Verkauf neuer Geräte zu steigern. Also der typische Neukauf-statt-Reparatur-Ansatz. Dies wird durch verschiedene Maßnahmen erreicht.

Einige Beispiele gefällig? Minderwertige Materialien werden verwendet, dazu auch schwer zu ersetzende Batterien, oder es werden Software-Updates ausgegeben, die ältere Modelle langsamer machen.

Da wären auf der einen Seite die hardwarebedingten Fehler.

Diese können auf vorschnell alternde Bauteile zurückzuführen sein. Es gibt einen gewissen Verschleiß, durch den die Bauteile vorzeitig unbrauchbar werden und ein technisches Versagen des gesamten Gerätes herbeiführen. Beispiele dafür sind elektronische Bauteile, die von ihren technischen Daten her an den jeweiligen Betriebsgrenzen betrieben werden, was natürlich deren Leistungsfähigkeit bzw. Lebensdauer massiv einschränkt.

Elektrolytkondensatoren altern wesentlich schneller, wenn sie starken Temperaturschwankungen oder dauerhaft hohen Temperaturen ausgesetzt sind. Und auch andere Bauteile können vorzeitig ihren Dienst versagen, wenn sie nicht ausreichend gekühlt oder ständig an ihrer Leistungsgrenze betrieben werden.

Und auf der Softwareseite? Auch da gibt es Möglichkeiten, die Lebensdauer der Geräte künstlich einzuschränken.

Vielleicht kennen Sie das Phänomen: Ihr in die Jahre gekommenes Smartphone oder Tablet ist technisch noch vollkommen in Ordnung und arbeitet zu Ihrer vollen Zufriedenheit. Aber sobald Sie die neuesten Updates auf das Gerät spielen, ist es vorbei mit der Nutzbarkeit. Oft ist das dann der Fall, wenn bei Android-Geräten die Google-Dienste aktualisiert werden, nachdem das Google-Konto auf dem Smartphone oder Tablet eingerichtet wurde (so bei mir schon auf einem Tablet *und* auf einem Smartphone geschehen).

Das Gerät wird plötzlich sehr langsam und reagiert nur mehr träge auf Eingaben, sodass Sie es nicht mehr nutzen wollen. Schließlich drängt sich der Verdacht auf, dass die Obsoleszenz, wenn es schon nicht über die Hardware geschieht, eben mithilfe der Software umgesetzt wird.

Also: Es ist keineswegs immer nur eine Sache von Hardwarefehlern. Auch die Software kann gewissermaßen auf eine Dringlichkeit zum Neukauf programmiert werden.

Ein Thema ist dies auf jeden Fall. Auch die Medien berichten immer wieder darüber. Auch wenn verschiedene Untersuchungen dazu bisher zu keinen eindeutigen Ergebnissen geführt haben, lässt sich das Thema nicht ganz von der Hand weisen. Immerhin gibt es durchaus Maßnahmen, mit deren Hilfe die Geräte so preisgünstig wie möglich unter die Kunden gebracht werden sollen, die natürlich auf die günstigen Preise anspringen. Und dabei hat die Sache gleich mehrere Vorteile:

Die Unternehmen können ihre Produktionskosten minimieren und gleichzeitig ihren Umsatz beim Verkauf neuer Geräte ankurbeln.

Natürlich können Verbesserungen an den Geräten vorgenommen werden, um sie langlebiger zu machen. Und diese Verbesserungen sind oft sogar bereits mit nur sehr geringen Kosten möglich. Aber schon bei einer minimalen Kostensteigerung summieren sich die Kosten für den Hersteller. Ausnahmen gibt es natürlich immer. Es gibt durchaus Beispiele für langlebige Geräte, und das auch noch in der heutigen Zeit.

Eine Möglichkeit, ein geeignetes Gerät zu finden, das Ihren Erwartungen entspricht, besteht darin, sich vorher so genau wie möglich über seine Reparierbarkeit und die Verfügbarkeit von Ersatzteilen auch in Zukunft zu informieren. Und wenn es dann doch einmal vorzeitig zu einem Defekt außerhalb der Garantiezeit kommt, können Sie immer noch eine Reparatur in Erwägung ziehen oder sich sogar, mit dem notwendigen Wissen ausgestattet, selbst damit beschäftigen, wenn Sie das wollen.

Auswirkungen auf Umwelt und Gesellschaft

Die kurze Lebenszeit und ihr dadurch bedingter vorzeitiger Ersatz von Elektronikgeräten haben erhebliche Auswirkungen auf die Umwelt. Die Produktion von Elektronik verbraucht wertvolle Ressourcen und Energie, und der Elektroschrott, der durch weggeworfene Geräte entsteht, ist eine wachsende Bedrohung für unsere Umwelt. Elektroschrott enthält gefährliche Stoffe, die bei unsachgemäßer Entsorgung freigesetzt werden können.

Darüber hinaus hat die begrenzte Lebensdauer von Geräten auch soziale Auswirkungen. Verbraucher werden ständig dazu gezwungen, Geld für neue Geräte auszugeben, was eine finanzielle Belastung darstellt, besonders für Menschen mit niedrigem Einkommen. Die Abhängigkeit von ständig neuen Geräten führt immer mehr zu einer Wegwerfkultur. Und die steht einem nachhaltigen Konsum und damit einer verantwortungsvollen Nutzung wertvoller und begrenzter Ressourcen im Wege.

Die Haltbarkeit von elektronischen Geräten, Reparaturmöglichkeiten und geplante Obsoleszenz sind eng miteinander verknüpfte Themen, die sowohl die Verbraucher als auch die Gesellschaft als Ganzes betreffen.

Ohne Zweifel bieten technologische Fortschritte viele Vorteile. Und der Fortschritt der Technik ist auch weiterhin nicht aufzuhalten. Dennoch (oder gerade deshalb) ist es wichtig, dass wir uns auch der damit verbundenen Herausforderungen bewusst sind und Maßnahmen ergreifen, um die Lebensdauer unserer Geräte zu verlängern und damit auch die Umweltbelastung zu minimieren.

Kapitel 28: Reparieren und dabei lernen

Lange Zeit war es gar keine Frage, was im Falle eines Defekts zu tun war: reparieren natürlich. Die Elektronik aus den Anfangstagen galt als kostbarer Luxus. Das erste Radio und der erste Fernseher waren sehr wertvolle Dinge, für die lange gespart werden musste, wenn man nicht gerade zu den besser verdienenden Menschen gehörte.

Ein Radio- oder Fernsehgerät, für das in früheren Zeiten durchaus einmal ein oder mehrere durchschnittliche Monatsgehälter fällig waren, gab man nicht so schnell auf, zumal die Reparaturkosten im Vergleich zum Neuwert des Gerätes oft wesentlich günstiger waren.

Mit dem Aufkommen der günstigen Technik aus fernöstlichen Ländern, die zu Dumpingpreisen und in Massen Elektronik produzieren, änderte sich das grundlegend. Auf einmal hieß es: Neukauf statt Reparatur und damit entstand mitunter ein wirtschaftlicher Totalschaden. Kostet das Mainboard eines Laptops so viel wie der ganze Laptop neu, wer will da noch reparieren? Ich erwähne dieses Beispiel, weil ich das genau so schon erlebt habe. Und kostet ein Mainboard für einen Fernseher nicht viel weniger als ein vergleichbares Neugerät, verzichtet man ebenfalls auf die Reparatur.

Ich schreibe hier ständig vom Austausch eines Mainboards. Woher oder besser gesagt, wie kommt das eigentlich?

Ganz einfach. Einzelne Bauteile auf den Platinen werden zumindest bei vielen professionellen Betrieben kaum noch ausgewechselt. Wenn überhaupt, erfolgt der Austausch ganzer Platinen oder Module, wie ich das schon häufiger erleben musste. Und das hat einen einfachen Grund:

Es sind die Lohnkosten, die bei einer stundenlangen Fehlersuche anfallen können.

Niemand möchte diese wirklich bezahlen, vor allem auch deshalb, weil alleine durch die Fehlersuche noch nicht ein einziges Bauteil gewechselt und der Fehler dadurch behoben wäre. Was aber für den kommerziellen Bereich heute kaum noch eine wirkliche Alternative darstellt, kann für das Hobby sehr wertvoll sein. Es geht um die Schlüsselerfahrungen bei der Reparatur elektronischer Geräte, natürlich unter Einhaltung entsprechender Sicherheitsmaßnahmen und immer mit Blick auf die eigene Sicherheit. Denn kein Gerät, und sei es noch so wertvoll, ist es wert, dass Sie Ihre Gesundheit oder gar Ihr Leben dafür riskieren.

Reparieren und dabei lernen, genau darum geht es hier.

An erster Stelle stehen dabei natürlich die einschlägigen Sicherheitsvorkehrungen, auf die in diesem Buch schon eingegangen wurde. Aber es geht auch um etwas anderes, nämlich um erste Erfolgserlebnisse und um wertvolle Erfahrungen in technischer Hinsicht, die möglicherweise auch in anderen Bereichen wie etwa im Beruf wertvoll sein können.

Man könnte auch sagen: Reparieren bildet und vermittelt wertvolle Einsichten. Man lernt vieles über technische Geräte, über deren Aufbau und Funktion. Und ist etwas unklar bei einem bestimmten Gerät, hilft heute das Internet sehr schnell und auf einfache Weise weiter, um die Wissenslücken zu füllen. Und dann gibt es da ja auch noch die geeignete Fachliteratur, mit deren Hilfe sehr schnell noch nicht vorhandenes Wissen beschafft werden kann.

Aber beim Reparieren (und das gilt nicht nur für die Reparatur von elektronischen Geräten) geht es auch noch um etwas anderes:

Es geht um Nachhaltigkeit, um die Erweiterung der eigenen Kenntnisse über mögliche Fehlerquellen und eine systematische Fehlersuche sowie um die verschiedenen Möglichkeiten, an Informationen und an passende Ersatzteile zu gelangen.

Weitere wichtige Kompetenzen, die beim Reparieren gefördert werden, sind selbstständiges Lernen, Konzentration sowie Durchhaltevermögen und der Mut, sich auf (noch) unbekannte Technologien einzulassen. Die Fähigkeit, mit neuen Techniken und Situationen umgehen zu können, ist auch oft in beruflicher Hinsicht interessant.

Fachleute, die Intuition zeigen und auch mit neuen oder veränderten Situationen sehr gut klarkommen, dürften wesentlich bessere berufliche Chancen haben als Menschen, die nur nach vorgegebenen Strukturen und Denkmustern agieren.

Es geht außerdem darum, keine allzu große Entfremdung von den Dingen, die täglich benutzt werden, zu erfahren, da sie früher als eigentlich nötig ersetzt werden müssen. Außerdem ist das Bewusstsein, Dinge reparieren und damit selbst etwas ändern zu können, für viele Menschen eine neue und auch wichtige Erfahrung, die mit einem guten Gefühl verbunden ist. Und möglicherweise schätzen Sie bestimmte Gebrauchsgegenstände wesentlich mehr, wenn Sie mehr über deren komplizierten Aufbau, mögliche Fehlerquellen und den Aufwand einer Reparatur erfahren. Die Unwissenheit über solche Dinge führt leider häufig auch dazu, dass die modernen technischen Einrichtungen kaum noch geschätzt und schon gar nicht als besonders wertvoll wahrgenommen werden.

Repaircafés sind auf jeden Fall ein Schritt in die richtige Richtung. Es gibt mittlerweile sogar einige Schulprojekte, in denen einfachere Reparaturen vorgenommen werden.

Hierbei handelt es sich um eine sehr sinnvolle Angelegenheit, da hier bereits in sehr jungen Jahren neue Konzepte, Ressourcenschonung und das Bewusstsein für Nachhaltigkeit gefördert werden. Und nicht zuletzt geht es ja auch um die Freude daran, wenn defekte Geräte durch eine erfolgreiche Reparatur wieder einen neuen Wert erhalten.

Wenn Sie Hilfe und weitere Infos benötigen

Oft braucht es Hilfe bei spezifischen Reparaturen, etwa beim Beheben eines Defekts bei einem Hi-Fi-Gerät. Oder Sie möchten einen Laptop oder ein Tablet öffnen, ohne dabei das Gehäuse zu beschädigen. Gerade Letzteres ist oft gar nicht so einfach oder offensichtlich.

Und warum sollten Sie Schäden am Gehäuse riskieren, wenn das gar nicht nötig ist?

Wenn Sie zum Beispiel einen Laptop öffnen wollen, aber nicht wissen, wie etwa die Tastatur entfernt werden muss und welche Schrauben was zusammenhalten, suchen Sie am besten nach einem Video auf YouTube, in dem das für den jeweiligen Gerätetyp gezeigt wird.

Nicht in allen, aber doch in vielen Fällen gibt es solche Videos.

Kommen Sie bei einem Fehler in einem Hi-Fi-Verstärker oder anderen Geräten nicht weiter, hilft Ihnen möglicherweise jemand in einem Hi-Fi-Forum, der den gleichen Fehler schon einmal gefunden und ein solches Gerät erfolgreich repariert hat.

So müssen Sie das Rad nicht neu erfinden.

Auch andere nützliche Informationen finden Sie im Internet, zum Beispiel Anschlussbelegungen bei allen möglichen Arten von Steckverbindungen und elektronischen Bauteilen. Auch verschiedene Grundschaltungen für Transistoren sind zu finden.

Kapitel 29: Fazit und Tipps für die Praxis

Nur was kaputtgeht, wird auch neu gekauft. Das ist die gängige Einstellung der Industrie. Und sie bedeutet das oft vorzeitige Aus für unzählige Mengen an elektronischen Geräten.

Die defekten Geräte landen in der Entsorgung und leider oft auch in Entwicklungsländern. Was dort damit geschieht, steht auf einem anderen Blatt. Viele Geräte werden entsorgt, auch wenn vielleicht nur ein kleines Bauteil zu Kosten im Cent-Bereich defekt war. Oder Smartphones, Tablets und Fernsehgeräte, wobei letztere heute auch schon Computer enthalten, sind technisch noch völlig in Ordnung, aber softwareseitig bereits veraltet. Die Internetfunktionen oder Softwareanwendungen laufen auf diesen Geräten nur noch mit stark verlangsamter Geschwindigkeit oder gar nicht mehr.

Es kann durchaus Sinn ergeben, viele dieser Geräte, die keinen hardwaretechnischen Defekt aufweisen, auch weiterhin einem sinnvollen Zweck zuzuführen. Und wenn doch ein Defekt vorliegt, lohnt sich in den meisten Fällen eine nähere Untersuchung, vor allem dann, wenn sich dabei ein leicht zu behebender Fehler herausstellt und das Gerät vielleicht noch für einige Jahre weiter genutzt werden kann.

Es lohnt sich auf jeden Fall, sich mit dem faszinierenden Thema Reparaturen näher auseinanderzusetzen und damit auch aktiv etwas für die Nachhaltigkeit zu tun, die ja heute in aller Munde ist. Beteiligen Sie sich aktiv daran und entdecken Sie möglicherweise dabei sogar ein neues und interessantes Hobby.

Doch bei aller Begeisterung für die Technik und die Werterhaltung elektronischer Geräte:

Denken Sie bei Ihren Reparaturvorhaben unbedingt immer zuerst an Ihre eigene Sicherheit.

Noch einmal zum Thema Fehlersuche:

Es gibt eine Sache, die wahrscheinlich wichtiger ist als jeder Teilbereich der Elektronik, das Wissen über die Bauteile und welche Werkzeuge vorhanden sind.

Und das ist die Fehlersuche. Alles, was Sie über Elektronik, Mechanik und das ganze Drumherum wissen, nützt Ihnen nichts, wenn Sie bei einem Fehler in einem elektronischen Gerät das eigentliche Problem nicht identifizieren können.

Und wenn man Fachkenntnisse in der Elektronik hat, heißt das noch nicht unbedingt, dass man sofort weiß, was das jeweilige Problem in einem Gerät ist. Jedes Problem muss von Fall zu Fall untersucht werden.

Ausgehend von den Symptomen ist dazu ein individueller Prozess erforderlich, um die Ursache für einen Geräteausfall zu ermitteln. Dazu muss man das Gerät kennen (oder kennenlernen) und wissen, wie es funktionieren sollte. Beobachtung ist notwendig, um festzustellen, was tatsächlich geschieht oder nicht geschieht, oder, wenn gar nichts funktioniert, eine Hypothese darüber, was das Problem verursacht haben könnte.

Das klingt jetzt etwas kompliziert, ist aber im Grunde eine ganz einfache Sache.

Ein einfaches Beispiel, um den Prozess der Fehlersuche zu verdeutlichen, ist ein defekter Fernseher. Stellen Sie sich vor, der Fernseher lässt sich nicht mehr einschalten. Ohne eine systematische Fehlersuche wäre es schwer zu sagen, was das Problem ist.

Aus eigener Erfahrung kenne ich Fragen wie: „Mein Fernseher geht nicht mehr an, woran kann das liegen?“

Zunächst sollte man überprüfen, ob der Fernseher überhaupt Spannung erhält (ja, auch hier kann das Problem bereits liegen, auch wenn es jetzt banal klingen mag). Leuchtet die kleine Kontrollleuchte am Gerät? Falls nicht, könnte die Ursache des Fehlers so einfach sein wie eine kaputte Mehrfachsteckdose oder ein defektes Netzkabel. Das habe ich alles schon erlebt, es ist also nicht ausgedacht.

Funktioniert die Spannungsversorgung, könnte man als Nächstes prüfen, ob vielleicht eine interne Sicherung im Gerät durchgebrannt ist. Erst nachdem man solche grundlegenden Dinge untersucht hat, sollte man sich der Möglichkeit komplexerer Problemursachen widmen, etwa einem defekten Netzteil oder einem fehlerhaften elektronischen Bauteil im Inneren des Gerätes.

Der Schlüssel ist, Schritt für Schritt vorzugehen und durch Beobachtung sowie durch logische Schlussfolgerungen das Problem einzugrenzen, bis schließlich die genaue Ursache gefunden ist. Und das ist ein Prozess.

Für die Fehlersuche eignet sich eine gut strukturierte Vorgehensweise. Informationen darüber finden Sie in Kapitel 4 und 5. Eine kleine Übersicht über die Vorgehensweise finden Sie am Schluss des Buches.

Man braucht sich nur die Fragen anzusehen, die in diversen Foren gestellt werden, um festzustellen, dass die viele der Fragesteller keine Vorstellung davon haben, wie sie die Ursache ihres Problems überhaupt angehen können. Und warum? Sie haben diesen Prozess nicht gelernt.

Sie haben vielleicht alle Werkzeuge und das Fachwissen, um das Problem zu lösen, sie wissen aber nicht, wie sie die Ursache für ein technisches Problem finden. Deshalb kommen sie mit einer kurzen Beschreibung eines Symptoms in ein Forum und fragen, ob jemand weiß, was das Problem ist.

In einigen Fällen funktioniert das sogar, etwa dann, wenn es sich um einen Fehler handelt, der bei einer bestimmten Geräteserie immer wieder auftritt. Es gibt sogar ganze Datenbanken, die solche Fehlersymptome und deren mögliche Ursachen enthalten. Leider sind diese nicht allen Interessenten zugänglich.

Über Fehlersuche ist schon viel geschrieben worden. Und ist lohnt sich so gut wie immer, eine Fehlersuche durchzuführen und sich intensiv mit dem Prozess einer Fehlersuche auseinanderzusetzen. Man lernt dabei sehr viel über den Aufbau und die Funktion von Elektronik und Technik im Allgemeinen.

Also bleiben Sie dran, auch wenn der Weg mal nicht so eindeutig in Richtung Fehlerursache und Lösung verläuft. Aber es ist ein tolles Gefühl, wenn man einem Fehler auf die Spur gekommen ist, ihn beheben und damit ein wertvolles Gerät vor dem Müll bewahren kann.

Links

Hier sind einige Links, die für Sie nützlich sein könnten, wenn Sie sich weitergehend mit den Themen Elektronik und Reparaturen beschäftigen wollen.

Weitere Tipps zur Fehlersuche in Elektronikschaltungen gibt es auf Wikibooks.org:

https://de.wikibooks.org/wiki/Fehlersuche_in_Elektronik-Schaltungen

Wenn Sie Umrechner und Kalkulatoren für die Elektronik benötigen (Reihen- und Parallelschaltungen von Widerständen, Ohmsches Gesetz, Längeneinheiten, Kalkulator für den Timer 555 und vieles mehr:

https://www.digikey.de/de/resources/online-conversion-calculators

Viele Schritt-für-Schritt-Anleitungen für häufiger auftretende Fehler, das Öffnen verschiedener Geräte und vieles andere mehr:

https://de.ifixit.com/Anleitung

Wenn Sie einen Vergleichstyp für einen defekten Transistor benötigen, den Sie als Originaltyp nur noch schwer, überteuert oder gar nicht mehr bekommen:

https://www.elektronik-kompendium.de/service/trsvgldb.php

Weitere Informationen zu Transistoren und anderen Halbleitern sowie geeigneten Vergleichstypen finden Sie hier:

https://de.web-bcs.com/index.php?ssize=mob

Hier die Links zu meinen Webseiten:

Viele Basteleien und Infos rund um die Elektronik:

https://bastelnmitelektronik.de/

Die Bandmaschinenseite: Hier geht es rund um die Geräte mit den großen und kleinen Spulen, also Tonbandgeräte, Kassettenrekorder und einiges mehr rund um die Tonbandtechnik:

https://bandmaschinenseite.de/

Meine Autorenseite mit Blog und weiteren Büchern sowie E-Books von mir:

https://gerdweichhaus.de/

Weitere Bücher zum Thema Elektronik von mir:

Elektronik für Dummies, ISBN: 978-3527714568

Elektronik-Basteln für Dummies, ISBN: 978-3527716562

Röhrentechnik für Einsteiger, ISBN: 978-3752648546

CB-Funk - der neue Einstieg, ISBN: 978-3752659603

CB-Funktechnik, ISBN: 978-3749469284

Das Bandmaschinenbuch, ISBN: 978-3754301227

Vom Phonograph zum Stream, ISBN: 978-3347969421

Andere Bücher zum Thema Elektronik (und Reparaturen):

Elemente der angewandten Elektronik (Böhmer, Erhardt, Oberschelp)

How to Diagnose and Fix Everything Electronic (Michael Geier)

Practical Electronics for Inventors (Paul Scherz, Simon Monk)

Wenn Sie sachliche Hinweise zum Buch oder Anregungen sowie Vorschläge haben, schreiben Sie mir. Ich freue mich natürlich auch, wenn Ihnen das Buch gefällt und Sie mir dies mitteilen möchten. (gwtext@web.de)

Mehr zu diesem Buch und Aktualisierungen hier:
https://gerdweichhaus.de/elektronik-reparaturen/

Schema für eine strukturierte Fehlersuche

1. Vorbereitung

- Gerätespezifikationen prüfen: Handbuch, Schaltpläne und technische Daten besorgen.
- Sicherheitsvorkehrungen treffen: Gerät ausschalten, Netzstecker ziehen, antistatische Maßnahmen ergreifen (z. B. ESD-Armband).

2. Problemdefinition

- Kundenbefragung/Benutzerfeedback: Beschreibungen des Fehlers einholen (z. B. „Gerät startet nicht").
- Fehlerbild beobachten: Gerät unter sicheren Bedingungen einschalten und das Problem selbst reproduzieren.

3. Erste Sichtprüfung

- Äußere Schäden inspizieren: Suchen nach offensichtlichen physischen Schäden wie gebrochenen Gehäuseteilen, Kabelbrüchen oder verschmorten Komponenten.
- Sichtkontrolle im Inneren: Nach aufgeblähten Kondensatoren, verbrannten Bauteilen oder lockeren Verbindungen suchen.

4. Funktionstests

- Spannungsversorgung prüfen: Sicherstellen, dass das Gerät richtig mit Strom versorgt wird. Netzteil und Batterien testen.
- Messungen durchführen: Mit Multimeter Spannungen an verschiedenen Punkten messen (z. B. Sicherungen, Platinen, Netzteile).

5. Schrittweise Fehlersuche

- Modulare Analyse: Gerät in funktionale Module (z. B. Netzteil, Steuerung, Peripherie) aufteilen und jedes separat testen.
- Austausch und Simulation: Verdächtige Komponenten durch funktionierende austauschen oder Simulationstools nutzen.

6. Diagnose

- Fehler auf bestimmte Komponenten eingrenzen: Defekte Bauteile wie Transistoren, Widerstände oder ICs identifizieren.
- Softwarefehler ausschließen: Prüfen, ob Software-Updates oder Konfigurationsfehler vorliegen (bei Geräten mit Firmware).

7. Behebung

- Reparatur durchführen: Defekte Bauteile ersetzen oder reparieren.
- Gerät wieder zusammensetzen und testen: Sicherstellen, dass der Fehler behoben ist und das Gerät ordnungsgemäß funktioniert.

8. Dokumentation

- Fehlerursache und Maßnahmen notieren: Details der Diagnose und durchgeführten Reparatur dokumentieren.
- Endtest durchführen und dem Kunden Bericht erstatten: Gerät unter realen Bedingungen testen und dem Kunden den Zustand erklären.

Stichwortverzeichnis

Dieses Buch wurde in Übereinstimmung mit den GPSR-Richtlinien der EU zur Sicherheit von Produkten erstellt.

Die Verordnung über die allgemeine Produktsicherheit ist der aktualisierte Rahmen der Europäischen Union, um sicherzustellen, dass alle Verbraucherprodukte, einschließlich Bücher, für Verbraucher sicher sind.

Dieses Buch wurde von CPI books GmbH gedruckt. Der Drucker hat Sicherheitszertifikate für die verwendeten Materialien wie Tinte, Papier und Kleber ausgestellt.

Die Produktkennung ist: 9789403761756

Der Autor ist für den Inhalt des Buches verantwortlich und hat das Buch von Bookmundo produzieren lassen.

Sollten Sie Fragen zur Sicherheit des Produkts haben, kontaktieren Sie uns bitte.

Bookmundo
Delftsestraat 33
3013AE Rotterdam
Die Niederlande
info@bookmundo.com

MIX
Papier | Fördert gute Waldnutzung
FSC® C083411

Zeitfracht Medien GmbH
Ferdinand-Jühlke-Straße 7
99095 Erfurt, Deutschland
produktsicherheit@kolibri360.de